数控车床加工任务化教程

主　编　李军法

副主编　李　伟　刘武常

中国水利水电出版社
www.waterpub.com.cn

内 容 提 要

本书是根据数控技术专业相关要求编写，以大量真实案例为基础，注重理论知识和操作技能互补的基本要求，以实际操作加工任务为导向，按照国家社会保障部制定的数控技术相关职业标准及职业技能鉴定规范为依据，结合编者多年的教学、培训、实际加工经验等实际工作和生产实践加工而编写的。

本书以案例教学的方法介绍了相关工程材料、机械制图与公差配合、机械加工工艺等内容，使学生较系统地了解机械加工基本理论，为学生掌握数控技术实践技能打好基础。本书各任务章节内容层次分明，重点突出，充分考虑教学与行业实际需求，真实件加工有效地介绍了数控车床操作加工过程中需要用到的知识和技能，重点系统地介绍了数控车削加工技术，包括数控技术基本理论、数控车床加工技术，从图纸、工艺、仿真、加工等多角度阐述，重点培养学生分析问题和解决问题的能力。

本书可作为各高职高专院校数控专业的教材，也可作为各类数控培训班的培训资料或广大数控技术爱好者的自学参考书。

本书配有免费电子教案，读者可以从中国水利水电出版社网站以及万水书苑下载，网址为（www.waterpub.com.cn）或（www.wsbookshow.com）。

图书在版编目（ＣＩＰ）数据

数控车床加工任务化教程 / 李军法主编. -- 北京 : 中国水利水电出版社, 2015.6（2025.2 重印）

ISBN 978-7-5170-3220-5

Ⅰ. ①数… Ⅱ. ①李… Ⅲ. ①数控机床－车床－加工工艺－高等职业教育－教材 Ⅳ. ①TG519.1

中国版本图书馆CIP数据核字(2015)第118608号

策划编辑：杨庆川　　责任编辑：张玉玲　　加工编辑：宋　杨　　封面设计：李　佳

书　　名	数控车床加工任务化教程
作　　者	主　编　李军法 副主编　李　伟　刘武常
出版发行	中国水利水电出版社 （北京市海淀区玉渊潭南路 1 号 D 座　100038） 网址：www.waterpub.com.cn E-mail：mchannel@263.net（答疑） sales@mwr.gov.cn 电话：（010）68545888（营销中心）、82562819（组稿）
经　　售	北京科水图书销售有限公司 电话：（010）68545874、63202643 全国各地新华书店和相关出版物销售网点
排　　版	北京万水电子信息有限公司
印　　刷	三河市鑫金马印装有限公司
规　　格	184mm×260mm　16 开本　16.25 印张　405 千字
版　　次	2015 年 8 月第 1 版　2025 年 2 月第 7 次印刷
印　　数	9261—10760 册
定　　价	32.00 元

前　言

本书是根据国家数控技术专业技能紧缺型人才培养方案的基础知识和操作技能的基本要求，以国家劳动和社会保障部制定的数控技术相关职业标准及职业技能鉴定规范为依据，结合编者多年的教学、培训工作实际和生产实践编写的。

本书力求基础理论知识以“必需、够用”为度，以阐述概念、强化应用为重点，把引入对初学者最直观、有效的例题作为突破，开阔其思路，增长其见识，突出基础理论的应用和实践技能的培养，以例题论证和实际练习题为重，增强本书的实用性。其目的是使得21世纪高素质应用型机械类人才掌握数控加工技术的基础理论知识和实践技能。

本书较系统地介绍了数控加工技术，包括数控技术基本理论、数控车床加工技术、数控加工工艺，强化实用性，重点培养学生分析问题和解决问题的能力。

本书由西安航空职业技术学院的李军法担任主编，由李伟、刘武常担任副主编；由李伟、刘武常老师担任主审。

本书的编写得到了国家数控技术专家李文杰老师，数控教师崔福霞、赵向杰老师，西安航空职业技术学院实训中心主任李万军老师的大力支持和帮助，在此表示衷心感谢！

本书可作为高职高专机械类、近机类专业学生学习数控车床技术的实训教材，可作为数控车床技术职业工种培训教材，也可供机械行业工程技术人员自学和参考。

本书编写力求适应21世纪高等技术应用型人才教育的改革和发展的要求，但由于编者水平有限，书中难免有错误和不妥之处，敬请读者批评指正。

编　者

2015年3月

目　录

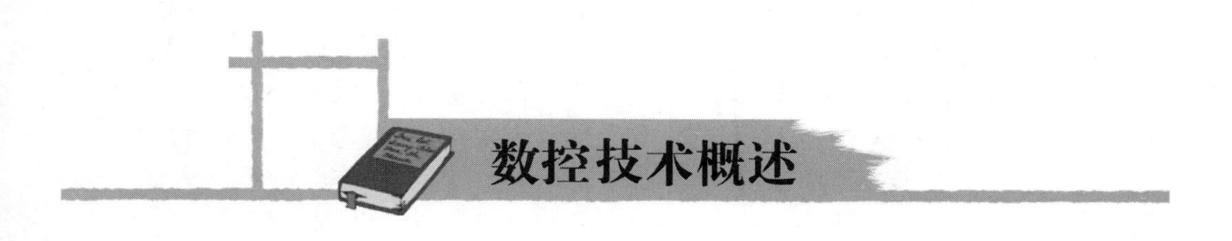

数控技术概述

从20世纪中叶数控技术创立以来，它给机械制造业带来了革命性的变化。现在数控技术已成为制造业实现自动化、柔性化、集成化生产的基础技术，现代的CAD/CAM、FMS和CIMS、敏捷制造和智能制造等，都建立在数控技术之上；数控技术是提高产品质量和劳动生产率必不可少的物质手段；是国家的战略技术；基于它的相关产业是体现国家综合国力水平的重要基础性产业，21世纪机械制造业的竞争，其实质是数控技术的竞争。

数字控制（Numerical Control，NC）是一种借助数字、字符或其他符号对某一工作过程（如加工、测量、装配等）进行可编程控制的自动化方法。

数控技术（Numerical Control Technology）采用数字控制的方法对某一工作过程实现自动控制的技术。

数控机床（Numerical Control Machine Tools）是采用数字控制技术对机床的加工过程进行自动控制的一类机床。它是数控技术典型应用的例子。

数控系统（Numerical Control System）是实现数字控制的装置。

计算机数控系统（Computer Numerical Control，CNC）是以计算机为核心的数控系统。

一、数控机床的产生和发展

（一）数控机床的产生

数字化技术革命以来，随着科学技术和社会生产的发展，机械零件形状复杂、改型频繁、精度要求高的情况日渐突出，迫切需要一种精度高、柔性好的加工设备来满足上述需求。电子技术和计算机技术的飞速发展则为NC机床的进步提供了坚实的技术基础。数控技术正是在这种背景下诞生和发展起来的。它的产生给自动化技术带来了新的概念，推动了加工自动化技术的发展。

1947年美国巴森兹（Parsons）公司提出了数控机床的初步设想，1949年与麻省理工学院（MIT）合作，于1952年试制成功世界上第一台数控机床——三坐标立式铣床。

我国从1958年开始研究数控技术，直到20世纪60年代末至20世纪70年代初研制成功X53K-G立式数控铣床、CJK-18数控系统和数控非圆齿轮插齿机。随之，在国外技术的引进下，国产数控机床飞速发展。

（二）数控机床的发展

1. 我国数控机床的发展历史

从1952年至今，NC机床按NC系统的发展经历了五代。

第一代：1955年，NC系统由电子管组成，体积大，功耗大。

第二代：1959年，NC系统由晶体管组成，广泛采用印刷电路板。

第三代：1965年，NC系统采用小规模集成电路作为硬件，其特点是体积小、功耗低、可靠性进一步提高。

以上三代NC系统，由于其数控功能均由硬件实现，故又称其为“硬线NC”。

第四代：1970年，NC系统采用小型计算机取代专用计算机，其部分功能由软件实现，它具有价格低、可靠性高和功能多等特点。

第五代：1974年，NC系统以微处理器为核心，不仅价格进一步降低，体积进一步缩小，使实现真正意义上的机电一体化成为可能。这一代又可分为六个发展阶段：

（1）1974年：系统以位片微处理器为核心，有字符显示、自诊断功能。

（2）1979年：系统有CRT显示、VLIC、大容量磁泡存储器、可编程接口和遥控接口等。

（3）1981年：具有人机对话、动态图形显示、实时精度补偿功能。

（4）1986年：数字伺服控制诞生，大惯量的交直流电机进入实用阶段。

（5）1988年：采用高性能32位机为主机的主从结构系统。

（6）1994年：基于PC的NC系统诞生，使NC系统的研发进入了开放型、柔性化的新时代，新型NC系统的开发周期日益缩短。它是数控技术发展的又一个里程碑。

2. 数控机床的发展趋势

进入20世纪90年代以来，随着国际上计算机技术突飞猛进的发展，数控技术不断采用计算机、控制理论等领域的最新技术，使其朝着加工高精化、功能复合化、控制智能化、运行高速化、体系开放化、驱动并联化、交互网络化等方向发展，分别介绍如下。

（1）运行高速化、加工高精化。

速度和精度是数控设备的两个重要指标，它们是数控技术永恒追求的目标。因为它直接关系到加工效率和产品质量。

1）运行高速化：使进给率、主轴转速、刀具交换速度、托盘交换速度实现高速化，并且具有高加（减）速率。

进给率高速化：在分辨率为1μm时，F_{max}=240m/min。在F_{max}下可获得复杂型面的精确加工；在程序段长度为1mm时，F_{max}=30m/min，并且具有1.5g的加减速率。

主轴高速化：采用电主轴（内装式主轴电机），即主轴电机的转子轴就是主轴部件。主轴最高转速达200000r/min。主轴转速的最高加（减）速为1.0g，即仅需1.8s即可从0提速到15000r/min。

换刀速度：刀具交换速度可达到0.9s（刀到刀）、2.8s（切削到切削）。

工作台（托盘）交换速度：托盘交换速度可达到6.3s。

2）加工高精化：提高机械设备的制造和装配精度；提高数控系统的控制精度；采用误差补偿技术。

提高CNC系统控制精度：采用高速插补技术，以微小程序段实现连续进给，使CNC控制单位精细化，采用高分辨率位置检测装置，提高位置检测精度（日本交流伺服电机已有装上106脉冲/r的内藏位置检测器，其位置检测精度能达到0.01μm/脉冲）；位置伺服系统采用前馈控制与非线性控制等方法。

采用误差补偿技术：采用反向间隙补偿、丝杆螺距误差补偿和刀具误差补偿等技术；采用设备的热变形误差补偿和空间误差的综合补偿技术。研究结果表明，综合误差补偿技术的应用，可将加工误差减少60%～80%。

由于计算机技术的不断进步，促进了数控技术水平的提高，数控装置、进给伺服驱动装置和主轴伺服驱动装置的性能也随之提高，使得现代数控设备在新的技术水平下，可同时具备运行高速化、加工高精化的性能。

（2）功能复合化。

复合化是指在一台设备能实现多种工艺手段加工的方法。

镗铣钻复合——加工中心（ATC）、五面加工中心（ATC，主轴立卧转换）；

车铣复合——车削中心（ATC，动力刀头）；

铣镗钻车复合——复合加工中心（ATC，可自动装卸车刀架）；

铣镗钻磨复合——复合加工中心（ATC，动力磨头）；

可更换主轴箱的数控机床——组合加工中心。

（3）控制智能化。

随着人工智能技术的不断发展，并为满足制造业生产柔性化、制造自动化发展需求，数控技术智能化程度不断提高，具体体现在以下几个方面：

1）加工过程自适应控制技术。

通过监测加工过程中的切削力、主轴和进给电机的功率、电流、电压等信息，利用传统的或现代的算法进行识别，以辨识出刀具的受力、磨损以及破损状态，机床加工的稳定性状态，并根据这些状态实时修调加工参数（主轴转速，进给速度）和加工指令，使设备处于最佳运行状态，以提高加工精度，降低工件表面粗糙度以及设备运行的安全性。Mitsubishi Electric 公司的用于数控电火花成型机床的 Miracle Fuzzy 基于模糊逻辑的自适应控制器，可自动控制和优化加工参数；日本牧野在电火花 NC 系统 Makino_Mce20 中，用专家系统代替人进行加工过程监控；以色列的外置式力自适应控制器；意大利 Mandelli 公司数控系统具有可编程功率自适应控制功能。

2）加工参数的智能优化与选择。

将工艺专家或技工的经验、零件加工的一般与特殊规律，用现代智能方法，构造基于专家系统或基于模型的“加工参数的智能优化与选择器”，利用它获得优化的加工参数，从而达到提高编程效率和加工工艺水平、缩短生产准备时间的目的。采用经过优化的加工参数编制的加工程序，可使加工系统始终处于较合理和较经济的工作状态。目前已开发出带自学习功能的神经网络电火花加工专家系统。日本大隈公司的 7000 系列数控系统带有人工智能式自动编程功能。国内清华大学在加工参数的智能优化与选择及 CAPP 方面的研究也取得了一些成果，但有待进行实用化开发。

3）智能故障诊断与自修复技术。

智能故障诊断技术：根据已有的故障信息，应用现代智能方法（AI、ES、ANN 等），实现故障快速准确定位的技术。智能故障诊断技术在日本、美国一些公司生产的数控系统中已有应用，基本上都是应用专家系统实现的。

智能故障自修复技术：能根据诊断确定故障原因和部位，以自动排除故障或指导故障的排除技术。智能自修复技术集故障自诊断、故障自排除、自恢复、自调节于一体，并贯穿于加工过程的整个生命周期。智能化自修复技术还在研究之中。

4）智能化交流伺服驱动装置。

目前已开始研究能自动识别负载，并自动调整参数的智能化伺服系统，包括智能主轴交流驱动装置和智能化进给伺服装置。这种驱动装置能自动识别电机及负载的转动惯量，并自动对控制系统参数进行优化和调整，使驱动系统获得最佳运行。

5）智能 4M 数控系统。

在制造过程中，加工、检测一体化是实现快速制造、快速检测和快速响应的有效途径，将测量（Measurement）、建模（Modelling）、加工（Manufacturing）、机器操作（Manipulator）四者（即 4M）融合在一个系统中，形成 4M 智能系统，实现信息共享，促进测量、建模、加工、装夹、操作一体化。

（4）体系开放化。

体系开放化是指在不同的工作平台上均能实现系统功能，且可以与其他系统应用进行互操作。

开放式数控系统特点：系统构件（软件和硬件）具有标准化（Standardization）、多样化（Diversification）和互换性（Interchangeability）的特征，允许通过对构件的增减来构造系统，实现系统“积木式”的集成（见图 0-1）。构造应该是可移植的和透明的。

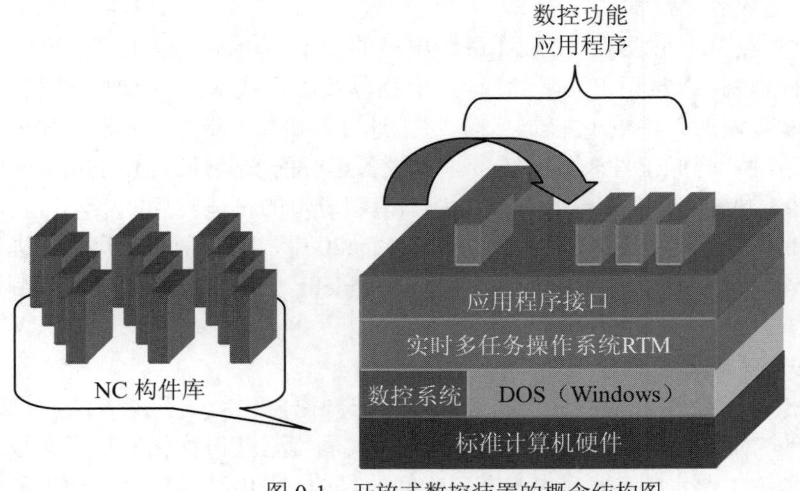

图 0-1　开放式数控装置的概念结构图

开放体系结构 CNC 的优点如下：

1）向未来技术开放：由于软硬件接口都遵循公认的标准协议，只需少量的重新设计和调整，新一代的通用软硬件资源就可能被现有系统所采纳、吸收和兼容，这就意味着系统的开发费用将大大降低，而系统性能与可靠性将不断改善并处于长生命周期。

2）标准化的人机界面：标准化的编程语言，方便用户使用，降低了与操作效率直接有关的劳动消耗。

3）向用户特殊要求开放：更新产品、扩充能力、提供可供选择的软硬件产品的各种组合以满足特殊应用要求，给用户提供一个方法，从低级控制器开始，逐步提高，直到达到所要求的性能为止。另外，用户自身的技术诀窍能方便地融入，创造出自己的名牌产品；可减少产品品种，便于批量生产、提高可靠性和降低成本，增强市场供应能力和竞争能力。

（5）驱动并联化。

并联加工中心（又称 6 条腿数控机床、虚轴机床，见图 0-2）是数控机床在结构上取得的重大突破。

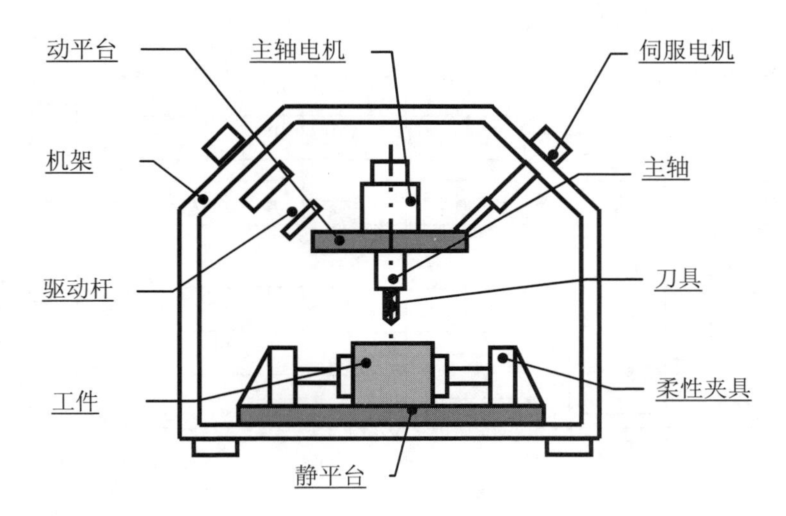

图 0-2 并联机床结构示意图

并联机床的特点如下：

1）并联结构机床是现代机器人与传统加工技术相结合的产物；

2）由于它没有传统机床所必需的床身、立柱、导轨等制约机床性能提高的结构，具有现代机器人的模块化程度高、重量轻和速度快等优点。

（6）交互网络化。

支持网络通信 WYG 协议，既满足单机需要，又能满足 FMC、FMS、CIMS 对基层设备集成的要求，该系统是形成“全球制造”的基础单元，具有网络资源共享；数控机床的远程（网络）监视、控制；数控机床的远程（网络）培训与教学（网络数控）；数控装备的数字化服务（数控机床故障的远程（网络）诊断、远程维护、电子商务）等功能。

综上所述，数控机床与传统机床相比具有高度柔性，加工精度高，加工质量稳定、可靠，生产率高，改善劳动条件，利于生产管理现代化等特点。

二、数控机床的组成和分类

（一）数控机床的组成

数控机床一般由输入/输出装置、机床主体、控制部分、伺服系统、检测反馈系统等部分组成（见图 0-3）。

1. 输入/输出装置

输入/输出装置是机床与外部设备的接口。

2. 机床主体

机床主体是加工运动的机械部件，主要包括：主运动部件、进给运动部件（如工作台、刀架）和支承部件（如床身、立柱），还有冷却、润滑、转位部件（如夹紧、换刀机械手）等辅助装置。

3. 控制部分

控制部分也称数控装置或 CNC 系统，是数控机床的核心，它接收输入装置送到的数字化信息，经过数控装置的控制软件和逻辑电路进行译码、运算和逻辑处理后，将各种指令信息输出给伺服系统，使设备按规定的动作执行。

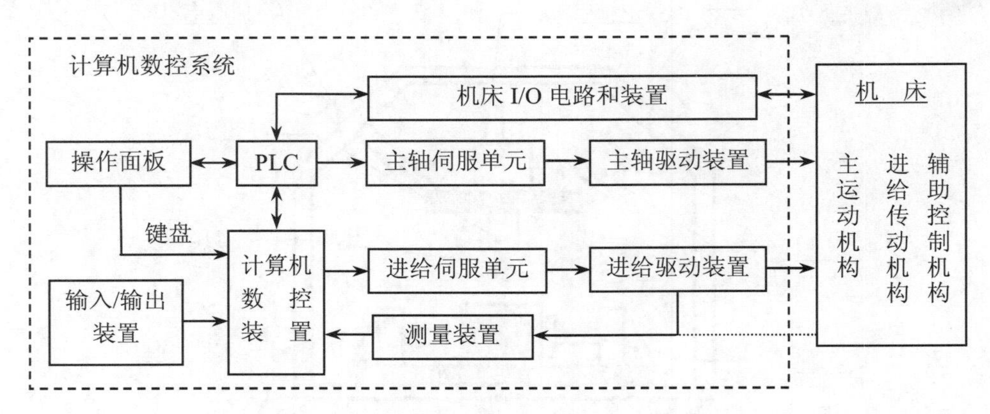

图 0-3　数控机床组成图

4. 伺服系统

伺服系统是数控机床的执行部分，它的作用是把来自数控装置的脉冲信号转换成机床移动部件的运动。每一个脉冲信号使机床移动部件产生的位移量称为脉冲当量。

5. 检测反馈装置

检测反馈装置的作用是对机床的实际运动速度、方向、位移量以及加工状态加以检测，并把检测结果转化为电信号反馈给数控装置，由数控装置通过比较，计算出实际位置和指令位置的偏差，并向执行部件发出纠正误差指令。

（二）数控机床的分类

1. 按工艺用途分类

数控机床是在普通机床的基础上发展起来的，各种类型的数控机床基本源于同类型的普通机床，按工艺用途来分类大致如下：

（1）普通数控机床。普通数控机床有数控车床（见图 0-4）、数控铣床（见图 0-5）、数控钻床、数控镗床、数控磨床、数控齿轮加工机床等。

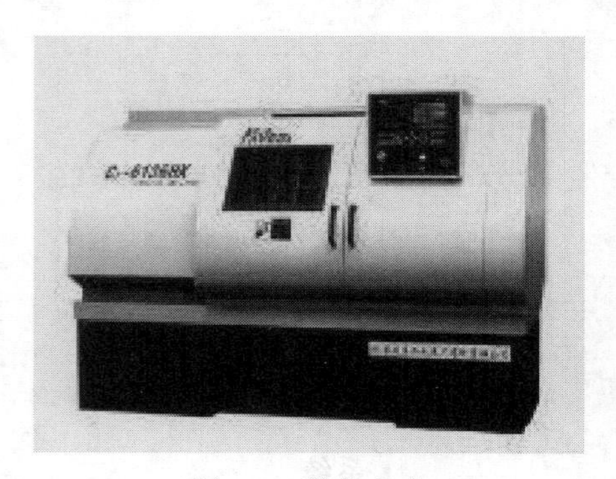

图 0-4　数控车床

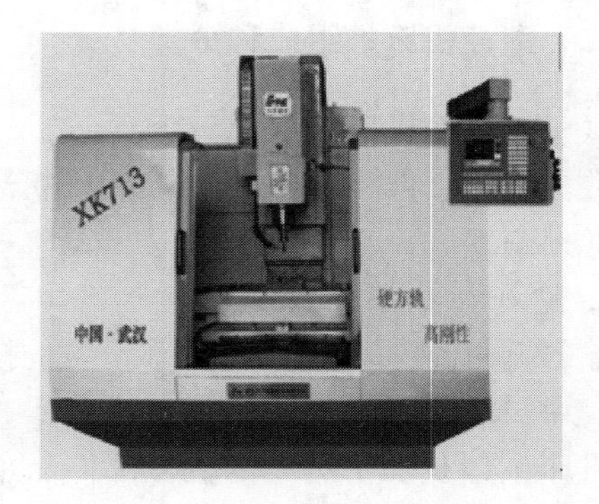

图 0-5　数控铣床

（2）加工中心。加工中心是带有刀库和自动换刀机构的数控机床。常见的有数控车削中心（见图 0-6）、数控镗铣中心（见图 0-7）、数控车铣复合中心。

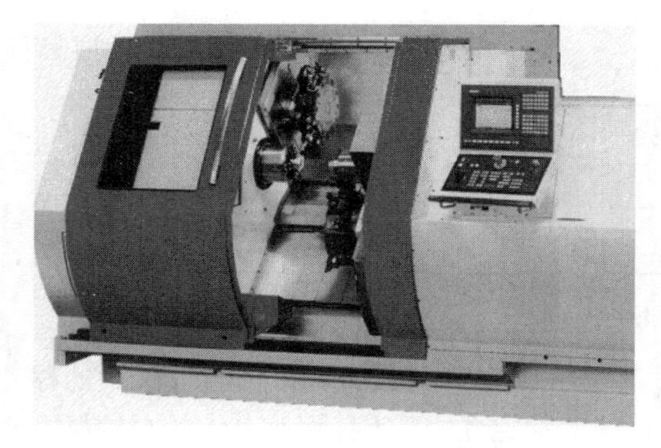

图 0-6　数控车削中心

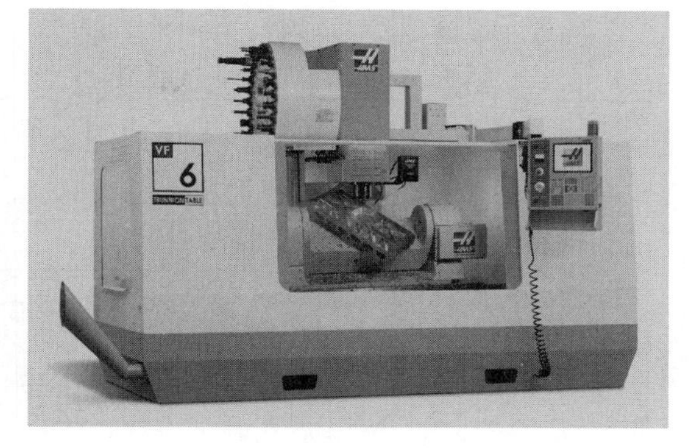

图 0-7　数控镗铣中心

（3）数控特种加工机床。数控特种加工机床有数控线切割机床、数控电火花加工机床、数控激光切割机床等。

（4）其他类型的数控机床。有数控三坐标测量机等。

2. 按伺服系统分类

（1）开环伺服数控机床。机床没有检测反馈装置，即数控装置发出的信号流程是单向的，如图 0-8 所示。工作台的移动速度和移动量是由输入脉冲的频率和脉冲数决定的。开环伺服系统的结构简单、成本低、调试维修方便、工作稳定可靠，适用于精度、速度要求不高的场合。

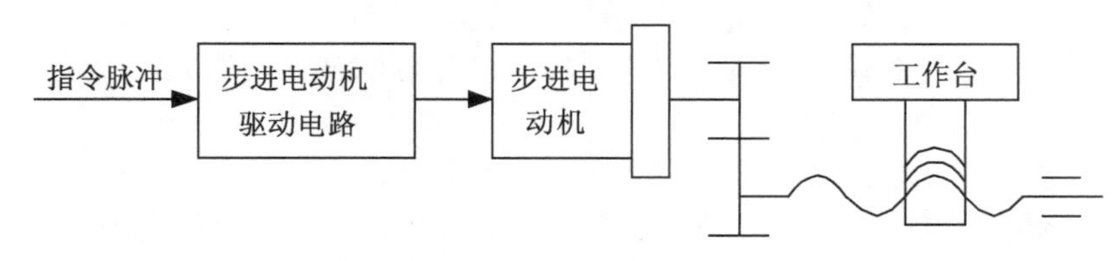

图 0-8　开环伺服系统构成原理图

（2）闭环伺服数控机床。闭环伺服系统是在机床移动部件上安装直线位移检测装置，如图 0-9 所示，它将检测到的实际位置反馈到数控装置中，与指令要求的位置进行比较，用差值进行控制，直到差值为零为止，最终实现移动部件的高精度。

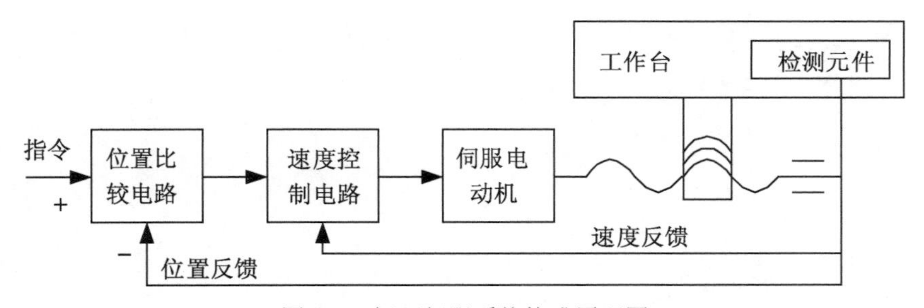

图 0-9　闭环伺服系统构成原理图

在闭环伺服系统中，机械系统包括在位置环之内，从而增加了系统设计和调试的难度。

（3）半闭环伺服数控机床。半闭环伺服系统对移动部件的实际位置不进行检测，而是通过检测伺服电动机的转角间接地测知移动部件的实际位移量，用此值与指令值比较，通过差值进行控制，如图 0-10 所示。

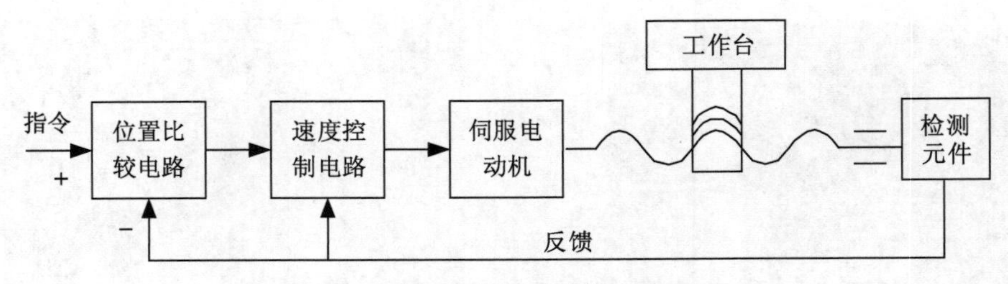

图 0-10 半闭环伺服系统构成原理图

对于半闭环伺服系统，由于其角位移检测装置结构简单，安装方便，而且惯量大的移动部件不包括在环内，所以系统调试方便，并且有很好的稳定性。半闭环伺服系统的控制精度介于开环和闭环之间，应用广泛。

3. 按联动轴数分

按照控制的轴数分类，数控机床可分为：两轴联动（平面曲线）机床、三轴联动（空间曲面，球头刀）机床、四轴联动（空间曲面）机床、五轴联动及六轴联动（空间曲面）机床。

联动轴数越多，数控系统的控制算法就越复杂。

（三）常用数控机床简介

1. 数控车床

数控车床一般具有两轴联动功能，Z 轴是与主轴平行方向的运动轴，X 轴是在水平面内与主轴垂直方向的运动轴。主要用于加工轴套类、轮盘类等回转体零件，能够通过程序控制自动完成内外圆柱面、锥面、圆弧、螺纹等的切削加工，并可以进行切槽、钻、扩、铰孔等工作。

2. 数控铣床

数控铣床一般具有三轴联动功能，主要用于各类复杂的零件、曲面和壳体类零件的加工。目前由于其具有价格较低、操作方便灵活、生产准备时间较短等特点，仍被广泛使用。

3. 加工中心

加工中心与数控铣床的不同之处在于其具有刀库和自动换刀装置，主要用于箱体类零件和复杂曲面零件的加工，能进行铣、镗、钻、扩、铰、攻螺纹等加工。

任务1 数控车床基本操作

任务内容：

1. 数控车床的功能、基本结构及常用刀具
2. 数控车床的基本操作
3. 数控车床的维护与保养

相关知识：

一、数控车床简介

1. 数控车床的功能特点

利用数字程序对金属或非金属棒料、锻件、铸件等回转体毛坯进行切削加工的数控机床被称为数控车床。其主要功能是：按照预先编制的数控加工程序自动完成轴类与盘类回转体零件的内外圆柱面、圆锥面、圆弧面、螺纹等项目的切削加工任务，并且能够完成切槽、钻孔、扩孔、铰孔或镗孔作业。随着控制系统性能的不断提高，机械结构的不断完善，数控车床已成为一种高自动化、高柔性的加工设备，且具有以下特点：

（1）加工精度高、质量稳定。数控车床的机械传动系统和结构都具有较高的精度、刚度和热稳定性。数控车床的加工精度基本不受零件复杂程度的影响，零件加工精度和质量由机床保证，消除了操作者的人为误差。所以数控车床加工精度高，而且同一批零件加工尺寸一致性好，加工质量稳定。

（2）加工效率高。数控车床结构刚性好、功率大，能自动进行切削加工，所以能采用较大的、合理的切削用量，可以在一次装夹中完成全部或大部分工序，随着新刀具材料的应用和机床机构不断完善，其加工效率也不断提高，是普通车床的2～5倍，且加工零件形状越复杂，越能体现数控车床高效率的特点。

（3）适应范围广，灵活性好。数控车床能自动完成轴类及盘类零件内外圆柱面、圆锥面、圆弧面、螺纹以及各种回转曲面的切削加工，并能进行切槽、钻孔、扩孔和铰孔等工作。

如对由非圆曲线或列表曲线（如流线形曲线）构成其旋转面的零件，各种非标螺距的螺纹或变螺距螺纹等多种特殊旋转类零件，以及表面粗糙度要求非常均匀、Ra又很小的变径表面类零件，都可以通过数控系统所具有的同步运行和恒线速度等功能保证其精度要求。加工程序可以根据加工零件的要求而变化，所以它的适应性和灵活性强，可以加工普通车床无法加工的形状复杂的零件。

2. 数控车床的结构组成及分类

数控车床与卧式普通车床相比，其结构上仍然是由主轴箱、刀架、进给传动系统、床身、液压系统、冷却系统、润滑系统等部分组成，只是数控车床的进给系统与卧式车床的进给系统在结构上存在着本质上的差别。卧式车床主轴的运动经过挂轮架、进给箱、滑板箱传到刀架，实现纵向和横向进给运动。而数控车床是采用伺服电动机，经滚珠丝杠传到滑板和刀架，实现Z向（纵向）和X向（横向）进给运动。数控车床也有加工各种螺纹的功能，主轴旋转与刀架移动间的运动关系通过数控系统来控制。数控车床主轴箱内安装有脉冲编码器，主轴的运动通过同步齿形带1:1地传到脉冲编码器。当主轴旋转时，脉冲编码器便发出检测脉冲信号给数控系统，使主轴电动机的旋转与刀架的切削进给保持加工螺纹所需的运动关系，即实现加工螺纹时主轴转一转，刀架Z向移动工件一个导程。

（1）数控车床的布局。

数控车床的主轴、尾座等部件相对床身的布局形式与普通卧式车床等基本相同，而刀架和导轨的布局形式有了大的改变，这是由于数控车床在工作时需要提供更高的加工效率和精度要求，此外，在床身上安装了封闭式防护罩和其他防护装置，以保证操作人员的安全。

1）车床本体与导轨。

车床的本体与导轨的布置形式相对于水平位置有4种，如图1-1所示：平床身、斜床身、平床身斜滑板和立床身。水平床身的工艺性好，便于导轨面的加工。水平床身配上水平配置的刀架可提高刀架的运动速度，一般可用于大型数控车床或小型精密数控车床的布局。但是水平床身由于下部空间小，导致排屑困难。从结构尺寸上看，刀架水平放置使得滑板横向尺寸较长，从而加大了机床宽度方向的结构尺寸。

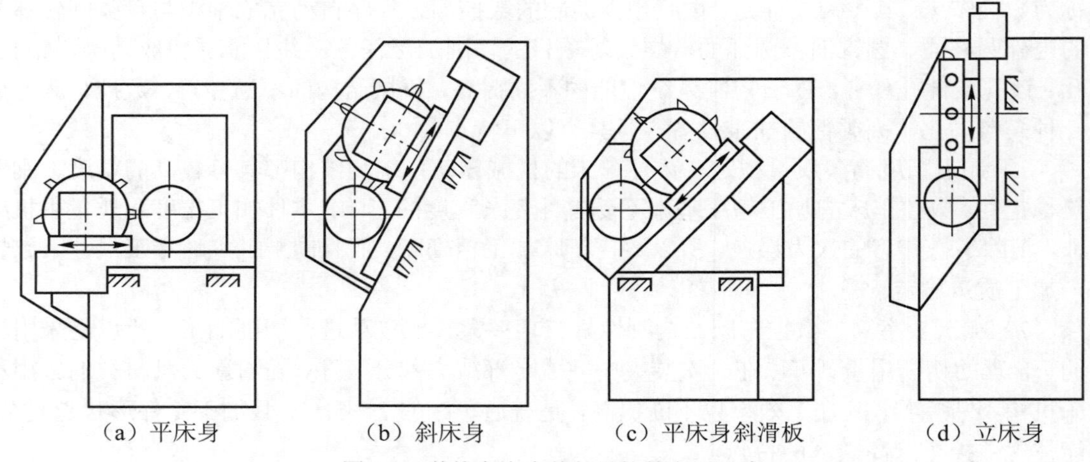
（a）平床身　（b）斜床身　（c）平床身斜滑板　（d）立床身

图1-1　数控车床本体与导轨的布局形式

水平床身配上倾斜放置的滑板，并配置倾斜式导轨防护罩的布局形式，一方面有水平床身工艺性好的特点；另一方面机床宽度方向的尺寸较水平配置滑板的要小，且排屑方便。

水平床身配上倾斜放置的滑板和斜床身配置斜滑板布局形式被中、小型数控车床普遍采用。这是由于此两种布局形式排屑容易，铁屑不会堆积在导轨上，也便于安装自动排屑器；操作方便，易于安装机械手，以实现单机自动化；机床占地面积小，外形简洁、美观，容易实现封闭式防护。

斜床身的导轨倾斜角度可为30°、45°、60°、75°和90°（称为立式床身）等几种。倾斜角度小，排屑不便；倾斜角度大，导轨的导向性差，受力情况也差。导轨倾斜角度的大小还会直接影响机床外形尺寸高度与宽度的比例。综合考虑上面的诸因素，中小规格的数控车床，其床身的倾斜度以60°为宜。

2）刀架的布局见图 1-2，数控车床的刀架是机床的重要组成部分，刀架是用于夹持切削刀具的，因此其结构直接影响机床的切削性能和切削效率，在一定程度上，刀架结构和性能体现了数控车床的设计与制造水平。随着数控车床不断发展，刀架结构形式不断创新，但总体来说大致可以分两大类，即四刀位卧式回转刀架和转塔式刀架。

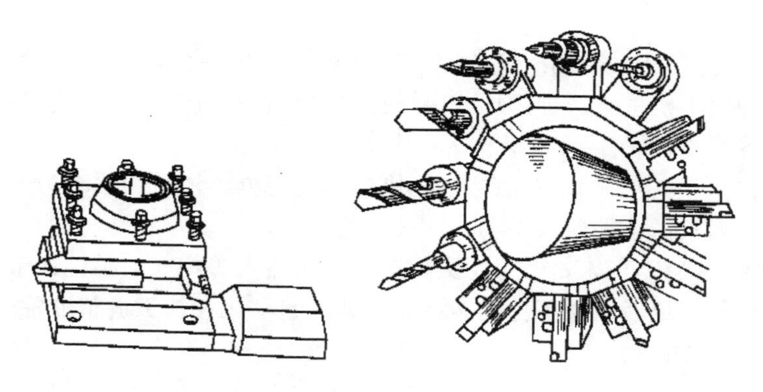

图 1-2　数控车床常见刀架

有的车削中心还采用带刀库的自动换刀装置，四刀位卧式回转刀架一般用于小型数控车床，换刀时可实现自动定位。

转塔式刀架也称刀塔或刀台，有立式和卧式两种结构形式。转塔刀架具有多刀位自动定位装置，通过转塔头的旋转、分度和定位来实现机床的自动换刀动作。转塔刀架因分度准确、定位可靠、重复定位精度高、转位速度快、夹紧刚性好，即可保证数控车床的高精度和高效率。有的转塔刀架不仅可以实现自动定位，而且可以传递动力。目前两坐标联动车床多采用 12 工位的回转刀架，也有采用 6 工位、8 工位、10 工位的。回转刀架在机床上的布局有两种形式：一种是用于加工盘类零件的回转刀架，其回转轴垂直于主轴；另一种是用于加工轴类和盘类零件的回转刀架，其回转轴平行于主轴。

四坐标控制的数控车床的床身上安装有两个独立的滑板和回转刀架，故称为双刀架四坐标数控车床。其中，每个刀架的切削进给量是分别控制的，因此两刀架可以同时切削同一工件的不同部位，既扩大了加工范围，又提高了加工效率。四坐标数控车床的结构复杂，且需要配置专门的数控系统，实现对两个独立刀架的控制。这种机床适合加工曲轴、飞机零件等形状复杂、批量较大的零件。

（2）数控车床分类。

按加工零件的基本类型分类：

1）卡盘式数控车床。这类数控车床未配置尾座，适合车削盘类零件。其夹紧方式多为电动或液压控制，卡盘结构多数具有卡爪。

2）顶尖式数控车床。这类数控车床配有普通尾座或液压尾座，适合车削较长的轴类零件以及直径不大的盘、套类零件。

按主轴的配置形式分类：

1）卧式数控车床。其主轴轴线处于水平位置，床身和导轨有多种布局形式，是应用最广泛的数控车床。

2）立式数控车床。其主轴轴线处于垂直位置，并有一个直径很大的圆形工作台供装夹工件用。这类机床主要用于加工径向尺寸大、轴向尺寸小的大型复杂零件。

按数控系统功能分类：

1）经济型数控车床。经济型数控车床是以配置经济型数控系统为特征，常用于开环或半闭环伺服系统控制，这类机床结构简单，价格低廉，无刀尖圆弧半径自动补偿和恒线速度切削等功能。

2）全功能型数控车床。全功能型数控车床主轴一般采用能调速的直流或交流主轴控制单元来驱动，采用伺服电机进给，半闭环或闭环控制，数控系统功能多，这类机床具有高刚度、高精度和高效率等特点。

3）车削中心。车削中心除了具有数控车削加工功能外，还采用了动力刀架，并可在刀架上安装铣刀等回转刀具，该刀架具备动力回转功能。

4）FMC 车床。FMC 车床是一个由数控车床、机器人等构成的柔性加工单元。它除了具备车削中心的功能外，还能实现工件的搬运、装卸的自动化和加工调整准备的自动化。

3. 数控车床的常用刀具（图 1-3）

（1）数控车削常用的车刀一般分为三类，即尖形车刀、圆弧形车刀和成型车刀。

1）尖形车刀。

以直线形切削刃为特征的车刀一般称为尖形车刀。这类车刀的刀尖（同时也为其刀位点）由直线形的主、副切削刃构成，如 90°内、外圆车刀，左、右端面车刀，切断（车槽）车刀及刀尖倒棱很小的各种外圆和内孔车刀。用这类车刀加工零件时，其零件的轮廓形状主要由一个独立的刀尖或一条直线形主切削刃位移后得到。

尖形车刀的几何参数主要指车刀的几何角度，可根据不同加工对象进行选择。在数控车削加工中，总希望能按照轮廓一刀连续车削出所需要的外形，这时就要对刀具进给路线及加工过程中可能出现的刀具干涉等进行全面考虑和认真核算。

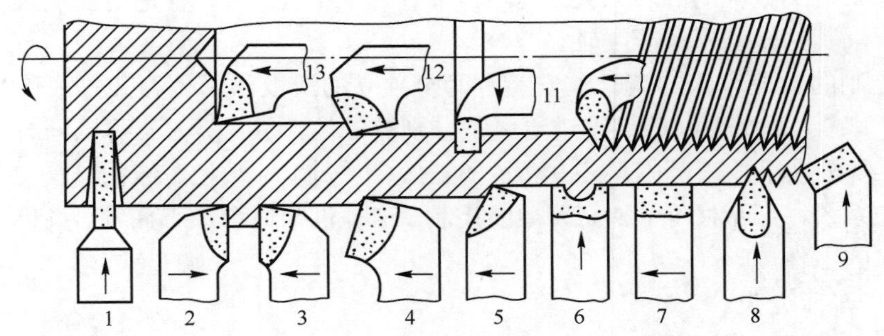

1—切槽（断）刀；2—90°反（左）偏刀；3—90°正（右）偏刀；4—弯头车刀；
5—直头车刀；6—成型车刀；7—宽刃精车刀；8—外螺纹车刀；9—端面车刀；
10—内螺纹车刀；11—内切槽车刀；12—通孔车刀；13—不通孔车刀

图 1-3　数控车床常用刀具

2）圆弧形车刀。

圆弧形车刀是较为特殊的数控加工用车刀。其特征是：构成主切削刃的刀刃形状为一圆度误差或轮廓度误差很小的圆弧；该圆弧刃每一点都是圆弧形车刀的刀尖。因此，刀位点不在圆弧上，而在该圆弧的圆心上（通过精确测量的圆弧半径作为半径补偿值，并利用数控机床的圆弧半径补偿功能，可方便地进行工件加工轮廓的编程）。当某些尖形车刀或成型车刀（如螺纹车刀）的刀尖具有一定的圆弧形状时，如果车刀刀尖的形状为一圆弧，编程时又考虑了对其经测量认定的刀具圆弧半径，并进行刀尖半径补偿时，则车刀属圆弧车刀性质，应作为圆弧车刀使用，使用半径补偿编程。

圆弧形车刀可以用于车削内、外表面，特别适合车削各种光滑连接（凹形）的成型面。对于某些精度要求较高的凹曲面车削或大外圆弧面的批量车削，以及尖形车刀所不能完成加工的过象限的圆弧面，宜选用圆弧形车刀进行加工，圆弧形车刀具有宽刃切削（修光）性质，能使精车余量保持均匀而改善切削性能，还能一刀车出跨多个象限的圆弧面。

圆弧形车刀的几何参数除了前角及后角外，主要为车刀圆切削刃的形状及半径。选择车刀圆弧半径的大小时，应考虑两点：第一，车刀切削刃的圆弧半径应当不大于零件凹形轮廓的最小半径，以免发生加工干涉；第二，该半径不宜选择太小，否则既难以制造，又会因其刀头强度太弱或刀体散热能力差，使车刀损坏。圆弧形车刀前、后角的选择，原则上与普通车刀相同，只不过形成其前角（大于 0°时）前刀面一般都为凹球面，形成其后角的后刀面一般为圆锥面。圆弧形车刀前、后刀面圆锥面形状，是为满足在刀刃的每一个切削点上，都具有恒定的前角和后角，以保证切削过程的稳定性及加工精度和为了制造车刀的方便，在精车时，其前角多选择为 0°（无凹球面）。

3）成型车刀。

成型车刀俗称样板车刀，其加工零件的轮廓形状完全由车刀刀刃的形状和尺寸决定。数控车削加工中，常见的成型车刀有小半径圆弧车刀、非矩形车槽刀和螺纹车刀等。

（2）车刀在组成结构上又可分为整体式车刀、焊接式车刀和机械夹固式车刀三类。

1）整体式车刀。

主要是整体式高速钢车刀。通常用于小型车刀、螺纹车刀和形状复杂的成型车刀。它具有抗弯强度高、冲击韧性好、制造简单和刃磨方便、刃口锋利等优点，但加工时容易磨损，影响加工质量。

2）焊接式车刀。

焊接式车刀是将硬质合金刀片用焊接的方法固定在刀体上，经刃磨而成。这种车刀结构简单，制造方便，刚性较好，但抗弯强度低，冲击韧性差，切削刃不如高速钢车刀锋利，不易制作复杂刀具。

3）机械夹固式不重磨车刀。

机械夹固式不重磨（可转位）车刀的刀片为多边形，有多条切削刃，当某条切削刃磨损钝化后，只需松开夹固元件，将刀片转一个位置便可继续使用。其最大优点是车刀几何角度完全由刀片保证，切削性能稳定，刀杆和刀片已标准化，加工质量好。

可转位车刀的刀片材料主要有高速钢、硬质合金、涂层硬质合金、陶瓷、立方氮化硼和金刚石等。在数控车床加工中，应用最多的是硬质合金和涂层硬质合金刀片。一般使用机夹可转位硬质合金刀片以方便对刀。

（3）数控车床刀具的安装。

安装车刀与对刀是数控车床加工操作中非常重要和复杂的一项基本工作。装刀与对刀的精度将直接影响到加工程序的编制及零件的尺寸精度。

车刀安装的正确与否，将直接影响切削能否顺利进行和工件的加工质量。安装车刀时，应注意下列几个问题：

1）车刀安装在刀架上，伸出部分不宜太长，伸出量一般为刀杆高度的1～1.5倍。伸出过长会使刀杆刚性变差，切削时易产生振动，影响工件的表面粗糙度值。

2）车刀垫铁要平整，数量要少，垫铁应与刀架对齐。车刀至少要用两个螺钉压紧在刀架上，并逐个轮流拧紧。

3）车刀刀尖应与工件轴线等高，否则会因基面和切削平面的位置发生变化，而改变车刀工作时的前角和后角的数值。车刀刀尖高于工件轴线，使后角减小，增大了车刀后刀面与工件间的摩擦；车刀刀尖低于工件轴线，使前角减切削力增加，切削不顺利。车端面时，车刀刀尖若高于或低于工件中心，车削后工件端面中心处会留有凸头。使用硬质合金车刀时，如不注意这一点，车削到中心处会使刀尖崩碎。

4）车刀刀杆中心线应与进给方向垂直，否则会使主偏角和副偏角的数值发生变化。如果螺纹车刀在安装时发生歪斜，会导致螺纹牙型半角产生误差。用偏刀车削台阶轴时，应该使车刀的主切削刃与工件轴线之间的夹角在安装后大于或等于90°，否则，车削出来的台阶面将与工件的轴线不垂直，导致工件精度不能满足图纸的技术要求。

4. *常见数控车刀的装刀方法*

外圆车刀装刀

（1）装刀规则。

1）车刀刀杆不能伸出刀架过长。车刀刀杆伸出过长则刀杆刚性减弱，切削时在主切削力的作用下，容易产生变形和振动，影响工件表面的粗糙度。因此车刀安装时应尽可能伸出短些，一般不超过刀杆厚度的1.5倍。

2）车刀的垫片要平整、数量少。垫片一般只用2～3片，并与刀架对齐。

3）车刀刀尖高度要适当。

①车端面、锥面和成型面时，刀尖应与工件轴线等高。

②粗车外圆时，刀尖一般应比工件轴线稍高。

③精车细长轴时，刀尖一般应比工件轴线稍低。

4）车刀刀杆装刀方向要正确。

（2）外圆车刀刀尖与工件中心线等高的安装方法。

1）根据尾座顶尖的高度装刀，使外圆车刀刀尖与尾座顶尖的高度等高。

2）把车刀靠近工件端面，目测车刀的高低，然后紧固车刀，试车端面，再根据工件端面中心装准车刀。

3）根据车床主轴中心高度，用钢直尺测量方法装刀。

（3）紧固方法。

车刀装上后，要紧固刀架螺钉。紧固时要轮流拧紧螺钉，一定要使用专用扳手，不允许再加管套作为加力工具，以免螺钉受力过大而损坏。

内孔车刀装刀

（1）伸出长度。

内孔车刀伸出长度要根据加工孔的深度确定，既要保证加工到要求的孔深，刀架不与工件相碰，又不能悬出刀架太长，否则会减弱刀杆刚性，一般车到要求的孔深后刀架与下件还有

5～10mm间隙即可。

（2）装刀高度。

1）粗车孔时，刀尖一般应比工件轴线稍低。

2）精车孔时，刀尖一般应比工件轴线稍高。

3）装刀方向。内孔车刀刀杆中心线应与走刀方向平行，否则会影响车刀工作的主、副偏角。

螺纹车刀装刀

（1）安装方法。

螺纹车刀采用角度样板安装。

（2）刀尖装刀高度。

螺纹车刀刀尖安装高度应和工件轴线等高。为防止硬质合金车刀高速车削时扎刀，刀尖允许高于螺纹大径百分之一。低速切削的高速钢螺纹车刀的刀尖，则允许稍低于工件轴线。

（3）装刀方向。

螺纹车刀刀尖角的平分线应垂直螺纹轴线。

切槽、切断刀装刀

（1）伸出长度。

切槽、切断刀安装时，不宜伸出过长，以防止切断时刀头颤动。装刀时确保切刀槽底或切断不发生碰撞，而刀杆伸出长度最小。

（2）安装方向。

切槽、切断刀的中心线必须与工件轴线垂直，以保证两副偏角对称。

（3）安装底面。

切断刀安装部位的底面要修磨平直，否则安装时会引起副后角的变化，在刃磨切断刀之前，先把底面磨平，刃磨后用直角尺测量两侧副后角的大小。

（4）装刀高度。

1）切槽或切实心工件时，切槽、切断刀的主切削刃与工件中心在同一水平线，否则会使工件中心形成凸台，并损坏刀头。

2）切断空心工件时，切断刀主切削刃一般比轴线稍低。

二、数控车床的坐标结构

1. 坐标轴和运动方向的命名原则

为了简化程序的编制方法和保证程序的互换性及通用性，国际标准化组织对数控机床的坐标和方向制订了统一的标准，原则如下：

（1）假定刀具相对于静止的工件运动：这一原则使编程人员在编程时不必考虑是刀具移向工件，还是工件移向刀具，只需根据零件图样进行编程。规定：永远假定工件是静止的，而刀具是相对于静止的工件运动。

（2）标准中规定：机床某一部件运动的正方向是使刀具远离工件的方向。

（3）标准坐标系符合右手直角笛卡尔坐标系（如图1-4所示）。

（4）机床主轴旋转运动的正方向是按照右旋螺纹进入工件的方向。

2. 坐标轴的规定

（1）Z 坐标轴。在标准中规定：平行于机床主轴（传递切削力）的刀具运动坐标轴为 Z 轴，取刀具远离工件的方向为正方向（即+Z）。当机床有多个主轴时，则选一个垂直于工件装夹面的主轴为 Z 轴。

（2）X 坐标轴。X 轴为水平方向，且垂直于 Z 轴并平行于工件的装夹面。对于工件做旋转运动的机床（车床、磨床等），取平行于横向滑座的方向（工件的径向）为 X 轴坐标，同样取刀具远离工件的方向为正方向（即+X）。前置刀架坐标如图 1-5 所示。

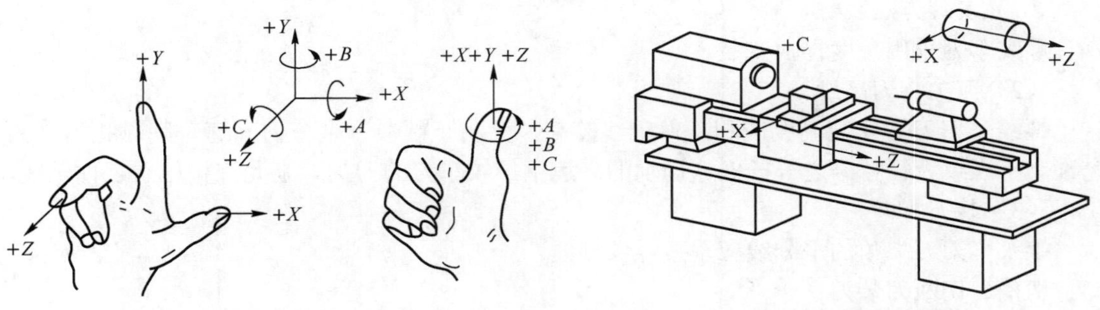

图 1-4 右手直角笛卡尔坐标系　　图 1-5 前置刀架数控车床坐标图

（3）Y 坐标轴。Y 轴垂直于 X 轴和 Z 轴。当+X、+Z 确定后，按右手直角笛卡尔法则即可确定+Y 方向（数控车床没有 Y 轴，但是 Y 轴的正方向在判断圆弧插补、刀尖圆弧半径补偿时用到）。

注意：上述正方向都是刀具相对静止工件运动而言。

3. 数控车床的坐标结构

数控车床坐标系一般有两种形式，一种是前置刀架（即下位刀架），另一种是后置刀架（即上位刀架）。根据刀架位置的不同，我们再用坐标轴的一些规定来进行确定，分别可得到，如图 1-6 所示的两种坐标结构。

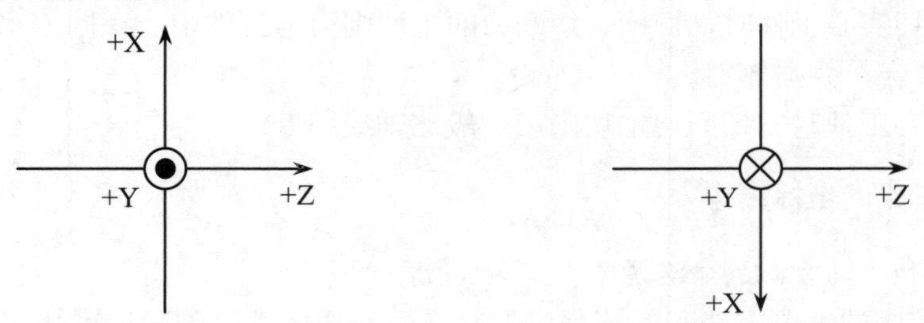

（a）后置刀架（即上位刀架）坐标结构　　（b）前置刀架（即下位刀架）坐标结构

图 1-6 数控车床坐标结构

4. 坐标系

（1）机床坐标系（参考点）。机床参考点是机床坐标系中一个固定不变的位置点，它是厂家在机床上用行程开关设置的一个物理位置，相对位置是固定的。一般来说，加工中心的机床参考点为机床的自动换刀位置，习惯上说的回零操作又称为返回参考点操作。

（2）工件坐标系。为了编程方便，在工件图样上设置一个坐标系，坐标系的原点就是工件原点，也称为工件零点。与机床坐标系不同，工件坐标系是由编程人员根据零件图样的情况自行选择的。

一般选择工件坐标系零点的原则是：

1）工件零点应选在工件图样的基准上，以利于编程；

2）工件零点应尽量选在尺寸精度高、粗糙度值低的工件表面上；

3）工件零点应最好选在工件的对称中心上；

4）工件零点的选择应便于测量和检验。

通过以上条件选出的工件坐标系我们又命名为编程坐标系。

三、数控车床的基本操作

1. 华中（HNC-21T3）数控车床系统的操作面板功能

本书重点以华中（HNC-21T3）数控车床系统的操作面板（图 1-7）讲解其基本操作功能，下面主要讲解其软件操作界面的功能。

图 1-7　华中（HNC-21T3）数控车床系统的操作面板

HNC-21T3 的软件操作界面如图 1-8 所示。其界面由如下几个部分组成：

（1）主显示窗口。

可以根据需要，用功能键 F9 设置窗口的显示内容（详见后续章节介绍）。

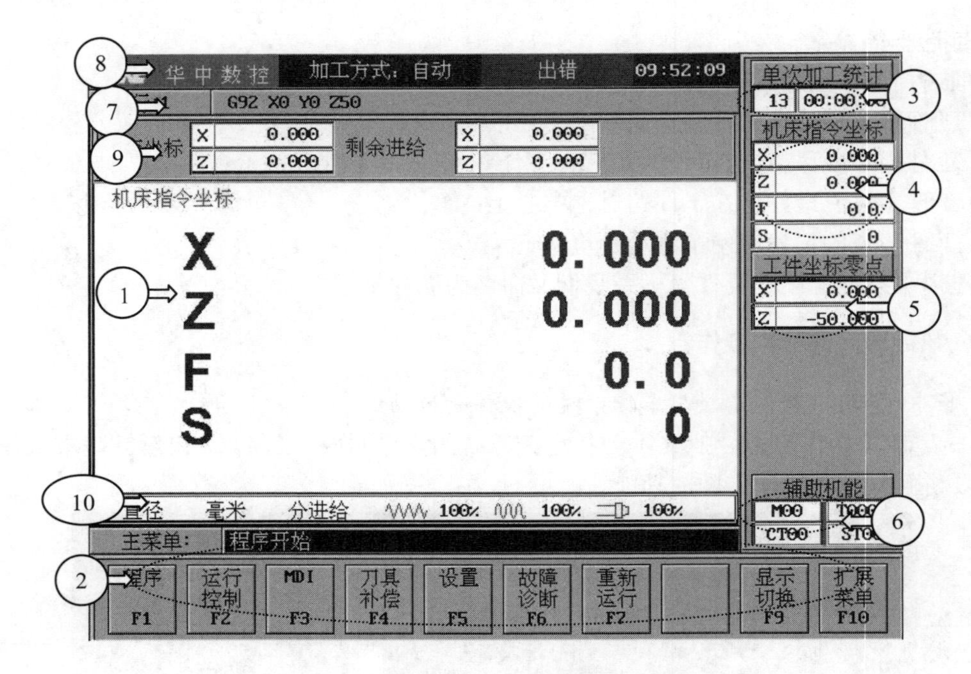

图 1-8　HNC-21T3 的软件操作界面

（2）菜单命令条。

通过菜单命令条中的功能键 F1～F10 来完成系统功能的操作。

（3）单次加工统计。

统计本次自动加工的累计加工次数和时间。

（4）选定坐标系下的坐标值。

- 坐标系可在机床坐标系、工件坐标系、相对坐标系之间切换。
- 显示值可在指令位置、实际位置、剩余进给、跟踪误差、补偿值之间切换。

（5）工件坐标零点。

工件坐标系零点为在机床坐标系下的坐标。

（6）辅助机能。

自动加工中的 M、S、T 代码。

（7）当前加工程序行。

当前正在或将要加工的程序段。

（8）当前工作方式、运行状态及系统时钟。

- 工作方式：系统工作方式根据机床控制面板上相应按键的状态，可在自动（运行）、单段（运行）、手动（运行）、增量（运行）、回零、急停等之间切换。
- 运行状态：系统工作状态在“运行正常”和“出错”间切换。
- 系统时钟：当前系统时间（机床参数里可选）。

（9）机床坐标、剩余进给。

- 机床坐标：刀具当前位置在机床坐标系下的坐标。
- 剩余进给：当前程序段的终点与实际位置之差。

⑩直径/半径显示、公制/英制显示、每分进给/转进给、快速修调、进给修调、主轴修调。

2. 华中（HNC-21T3）数控车床系统的基本操作

主要介绍机床、数控装置的上电、关机、急停、复位、回参考点和超程解除等操作。

（1）上电。

1）检查机床状态是否正常。

2）检查电源电压是否符合要求，接线是否正确、牢固。

3）按下“急停”按钮。

4）机床上电。

5）数控上电。

6）检查风扇电机运转是否正常。

7）检查面板上的指示灯是否正常。

接通数控装置电源后，HNC-21T3 自动运行系统软件。此时，液晶显示器显示系统上电屏幕（软件操作界面），工作方式为“急停”。

（2）复位。

系统上电进入软件操作界面时，初始工作方式显示为“急停”，为控制系统运行，需右旋并旋起操作台右上角的“急停”按钮使系统复位，并接通伺服电源。系统默认进入“手动”方式，软件操作界面的工作方式变为“手动”。

（3）复位键。

HNC21 三代系统面板上新增了“复位”键，方便了用户的操作。具体功能如下：

1）清除系统和 PLC 报警信息。

2）使所有轴停止运动，所有辅助功能输出无效，机床停止运动。

3）系统呈初始上电状态，加工程序复位。

（4）返回机床参考点。

控制机床运动的前提是建立机床坐标系，为此，系统接通电源并复位后，首先应进行机床各轴回参考点操作，方法如下：

1）如果系统显示的当前工作方式不是回零方式，按下控制面板上的“回参考点”按键，确保系统处于“回零”方式。

2）根据 X 轴参数“回参考点方向”，按下“+X”（“回参考点方向”为“+”）或“-X”（“回参考点方向”为“-”）按键，X 轴回到参考点后，“+X”或“-X”按键内的指示灯亮。

3）用同样的方法使用“+Z”、“-Z”按键，使 Z 轴回参考点。

所有轴回参考点后，即建立了机床坐标系。

注意：

1）在每次电源接通后，必须先完成各轴的返回参考点操作，然后再进入其他运行方式，以确保各轴坐标的正确性；

2）同时按下 X、Z 轴向选择按键，可使 X、Z 轴同时返回参考点；

3）在回参考点前，应确保回零轴位于参考点的“回参考点方向”相反侧（如 X 轴的回参考点方向为负，则回参考点前，应保证 X 轴当前位置在参考点的正向侧）；否则应手动移动该轴直到满足此条件；

4）在回参考点过程中，若出现超程，请按住控制面板上的“超程解除”按键，向相反方向手动移动该轴，使其退出超程状态。

5）系统各轴回参考点后，在运行过程中只要伺服驱动装置不出现报警，其他报警出现都不需要重新回零（包括按下“急停”按键）。

（5）急停。

机床运行过程中，在危险或紧急情况下，按下“急停”按钮，CNC 即进入急停状态，伺服进给及主轴运转立即停止工作（控制柜内的进给驱动电源被切断）；松开“急停”按钮（右旋此按钮，自动跳起），CNC 进入复位状态。

解除急停前，应先确认故障原因是否已经排除，而急停解除后应重新执行回参考点操作，以确保坐标位置的正确性。

注意：在上电和关机之前，应按下“急停”按钮以减少设备电冲击。

（6）超程解除。

在伺服轴行程的两端各有一个极限开关，作用是防止伺服机构碰撞而损坏。每当伺服机构碰到行程极限开关时，就会出现超程。当某轴出现超程（“超程解除”按键内指示灯亮）时，系统视其状况为紧急停止，要退出超程状态时，可进行如下操作：

1）置工作方式为“手动”或“增量”；

2）一直按着“超程解除”按键（控制器会暂时忽略超程的紧急情况）；

3）在手动（手摇）方式下，使该轴向相反方向退出超程状态；

4）松开“超程解除”按键。

若显示屏上的运行状态栏“运行正常”取代了“出错”，表示恢复正常，可以继续操作。

注意：在操作机床退出超程状态时，请务必注意移动方向及移动速率，以免发生撞刀。

（7）关机。

1）按下控制面板上的“急停”按钮，断开伺服电源。

2）断开数控电源。

3）断开机床电源。

3. 华中（HNC-21T3）数控车床系统的手动操作

机床的手动操作主要包括以下内容：

（1）手动移动机床坐标轴（手动、增量、手摇）。

（2）手动控制主轴（启停、点动）。

（3）机床锁住、刀位转换、卡盘松紧、冷却液启停。

（4）手动数据输入（MDI）运行。

机床手动操作主要由手持单元（即手轮和机床控制面板）共同完成，机床控制面板如图 1-9 所示。

4. 坐标轴移动

手动移动机床坐标轴的操作由手持单元和机床控制面板上的方式选择、轴手动、增量倍率、进给修调、快速修调等按键共同完成。

（1）手动进给。

按下“手动”按键（指示灯亮），系统处于手动运行方式，可点动移动机床坐标轴（下面以点动移动 X 轴为例说明）：

1）按下“+X”或“-X”按键（指示灯亮），X 轴将产生正向或负向连续移动。

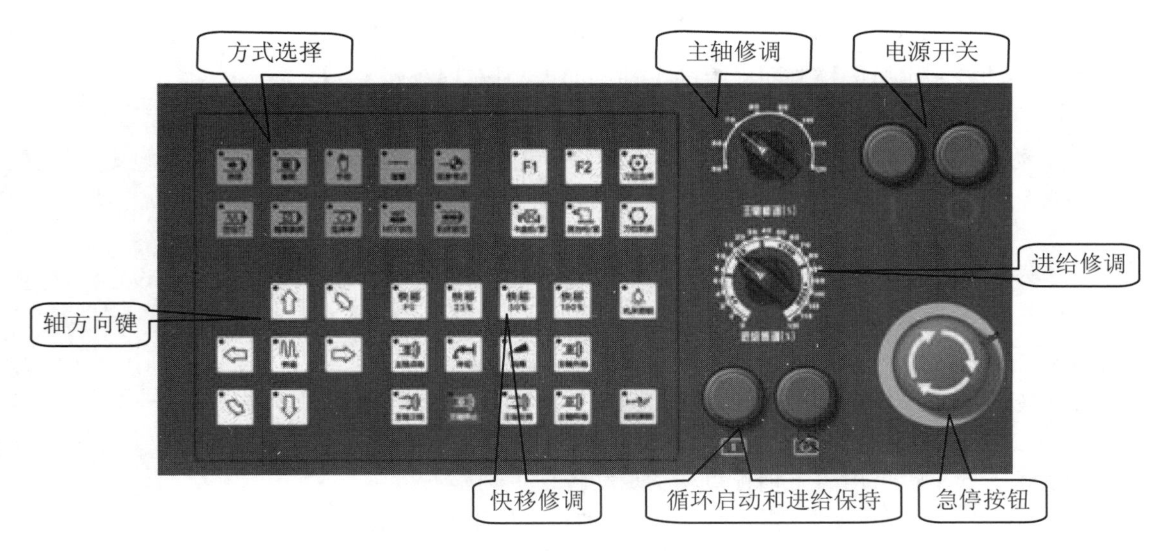

图 1-9　机床控制面板

2）松开“+X”或“-X”按键（指示灯灭），X 轴即减速停止。

用同样的操作方法，使用“+Z”、“-Z”按键可使 Z 轴产生正向或负向连续移动。

在手动运行方式下，同时按压 X、Z 方向的轴手动按键，能同时手动控制 X、Z 坐标轴连续移动。

（2）手动快速移动。

在手动进给时，若同时按下“快移”按键，则产生相应轴的正向或负向快速运动。

（3）手动进给速度选择、快移速度调整。

旋转进给修调波段开关，进给修调倍率的范围为 0%～120%。

上电后快速修调倍率的默认值为 25%，共有四个档位，分别为 0%、25%、50%、100%。

（4）增量进给（手摇进给）。

按下控制面板上的“增量”按键（指示灯亮），再按一次，当系统显示处于手摇进给方式时，可手摇进给机床坐标轴。

以 X 轴手摇进给为例：

1）按下“+X”键，即“+X”按键亮。

2）顺时针/逆时针旋转手摇脉冲发生器一格，可控制 X 轴向正向或负向移动一个增量值。

用同样的操作方法使用手持单元，可以控制 Z 轴向正向或负向移动一个增量值。

手摇进给方式每次只能控制一个坐标轴。

（5）手摇倍率选择。

手摇进给的增量值（手摇脉冲发生器每转一格的移动量）由手持单元的增量倍率波段开关“×1”、“×10”、“×100”、“×1000”控制。增量倍率波段开关的位置和增量值的对应关系见表 1-1：

表 1-1　增量倍率波段开关的位置和增量

位置	×1	×10	×100	×1000
增量值（mm）	0.001	0.01	0.1	1

5. 主轴控制

主轴手动控制由机床控制面板上的主轴手动控制按键完成。

（1）主轴正转。

在手动方式下，按下“主轴正转”按键（指示灯亮），主轴电机以 PMC 参数设定的转速正转，直到按下“主轴停止”按键。

（2）主轴反转。

在手动方式下，按下“主轴反转”按键（指示灯亮），主轴电机以 PMC 参数设定的转速反转，直到按下“主轴停止”按键。

（3）主轴停止。

在手动方式下，按下“主轴停止”按键（指示灯亮），主轴电机停止运转。

（4）主轴点动。

在手动方式下，可用“主轴正点动”点动转动主轴：

1）按下“主轴正点动”（指示灯亮），主轴将产生正向连续转动；

2）松开“主轴正点动”按键（指示灯灭），主轴即减速停止。

（5）主轴速度修调。

1）主轴正转及反转的速度可通过主轴修调波段开关调节。

2）旋转主轴修调波段开关，倍率的范围为 50%和 120%之间。

3）机械齿轮换档时，主轴速度不能修调。

6. 机床锁住与 MST 锁住

机床锁住即禁止机床所有运动。在手动运行方式下，按下“机床锁住”按键（指示灯亮），此时再运行程序，坐标轴位置信息变化，但不输出伺服轴的移动指令，所以机床停止不动。“机床锁住”按键只在手动方式下有效，在自动方式下无效。

MST 锁住用于禁止 M、S、T 指令运行。在只需要校验 XZ 平面的机床运动轨迹时，可使用此功能。在手动方式下，按下“Z 轴锁住”按键（指示灯亮），再切换到自动方式运行加工程序，坐标轴运动，但 M、S、T 指令不生效。“Z 轴锁住”键只在手动方式下有效，在自动方式下无效。

7. 其他手动操作

（1）刀位转换。

在手动方式下，按下“刀位选择”按键，系统会预先计数转塔刀架将转动一个刀位，依此类推，按几次“刀位选择”键，系统就预先计数转塔刀架将转动几个刀位；接着按“刀位转换”键，转塔刀架才真正转动至指定的刀位。此为“预选刀”功能，可避免因换刀不当而导致的撞刀。

操作示例如下：当前刀位为 1 号刀，要转换至 4 号刀，可连按“刀位选择”键 3 次，再按下“刀位转换”键，4 号刀就会转至正确的位置。

（2）冷却启动与停止。

在手动方式下，按下“冷却开/停”按键，冷却液开（默认值为冷却液关），再按一下为冷却液关，如此循环。

（3）卡盘松紧。

在手动方式下，按下“卡盘松紧”按键，松开工件（默认值为夹紧），可以进行更换工件操作；再按一下为夹紧工件，可以进行加工工件操作，如此循环。

8. 手动数据输入

在图 1-8 所示的主操作界面下，按 F3 键进入 MDI 功能子菜单。命令行与菜单条的显示如图 1-10 所示。

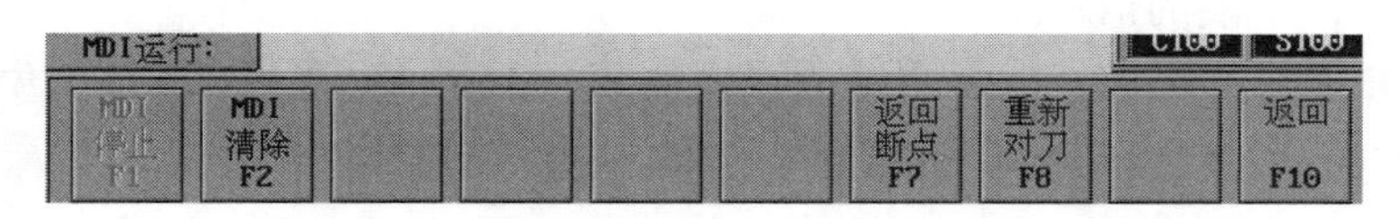

图 1-10 MDI 功能子菜单

进入 MDI 菜单后，命令行的底色变为白色，并且有光标在闪烁，如图 1-11 所示。这时可以从 NC 键盘输入并执行一个 G 代码指令段，即“MDI 运行”。

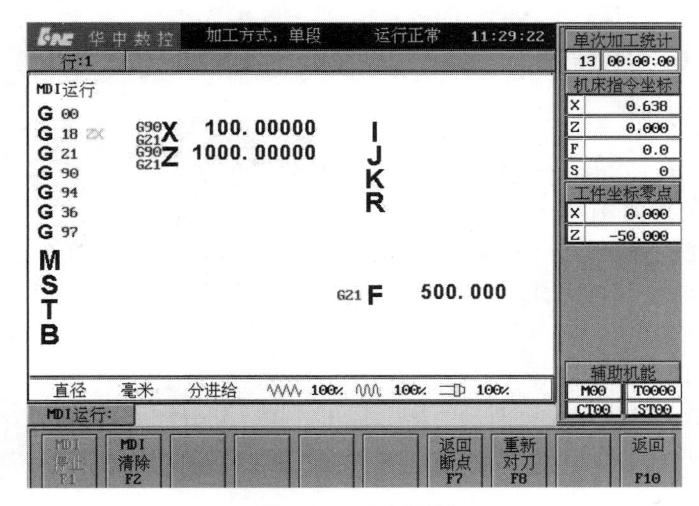

图 1-11 MDI 运行

注意：自动运行过程中，不能进入 MDI 运行方式，可在进给保持后进入。

（1）输入 MDI 指令段。

MDI 输入的最小单位是一个有效指令字。因此，输入一个 MDI 运行指令段可以有以下两种方法：

1）一次输入，即一次输入多个指令字的信息。

2）多次输入，即每次输入一个指令字信息。

例如：要输入“G90 X100 Z1000”MDI 运行指令段，可以：

1）直接输入“G90 X100 Z1000”并按 Enter 键，图 1-11 显示窗口内关键字 G、X、Z 的值将分别变为 90、100、1000。

2）先输入 G90 并按 Enter 键，图 1-11 显示窗口内左上角将显示字符 G90，再输入 X100 并按 Enter 键，然后输入 Z1000 并按 Enter 键，显示窗口内将依次显示大字符 X100、Z1000。

在输入命令时，可以在命令行看见输入的内容，在按 Enter 键之前发现输入错误，可用 BS、►、◄键进行编辑；按 Enter 键后，系统发现输入错误，会提示相应的错误信息，此时可按 F2 键将输入的数据清除。

（2）运行 MDI 指令段。

在输入完一个 MDI 指令段后，按下操作面板上的“循环启动”键，系统即开始运行所输入的 MDI 指令。如果输入的 MDI 指令信息不完整或存在语法错误，系统会提示相应的错误信息，可按 F2 键后重新输入。

（3）修改某一字段的值。

在运行 MDI 指令段之前，如果要修改输入的某一指令字，可直接在命令行上输入相应的指令字符及数值。例如：在输入 X100 并按 Enter 键后，希望 X 值变为 109，可在命令行中输入 X109 并按 Enter 键。

（4）清除当前输入的所有尺寸字数据。

在输入 MDI 数据后，按 F2 键可清除当前输入的所有尺寸字数据（其他指令字依然有效），显示窗口内 X、Z、I、K、R 等字符后面的数据全部消失。此时可重新输入新的数据。

（5）停止当前正在运行的 MDI 指令。

在系统正在运行 MDI 指令时，按 F1 键可停止 MDI 运行。

四、数控车床的维护

数控车床具有集机、电、液于一体、技术密集和知识密集的特点，是一种自动化程度高、结构复杂且又昂贵的先进加工设备。为了充分发挥其效益，减少故障的发生，必须做好日常维护工作，所以要求数控技术人员不仅要有机械、加工工艺以及液压、气动方面的知识，也要具备电子计算机、自动控制、驱动以及测量技术等知识，这样才能全面了解、掌握数控车床，及时做好维护工作。

主要的维护工作有以下内容：

（1）选择合适的使用环境。数控车床的使用环境（如温度、湿度、振动、电源电压、频率及干扰等）会影响机床的正常运转，故在安装机床时应严格做到符合机床说明书规定的安装条件和要求。

（2）应为数控车床配备数控系统编程、操作和维护的专门人员。这些人员应熟悉所用机床的机械、数控系统、强电设备、液压、气压等及使用环境、加工条件等，并能按机床和数控系统使用说明书的要求正确使用数控车床。

（3）伺服电机的保养。对于数控车床的伺服电机，要在 10～12 个月进行一次维护保养，加速或者减速变化频繁的机床要在 2～3 个月进行一次维护保养。维护保养的主要内容有：用干燥的压缩空气吹除电刷的粉尘，检查电刷的磨损情况，如需更换，需选用规格型号相同的电刷，更换后要空载运行一定时间，使其与换向器表面相吻合；检查清扫电枢整流子以防止短路；如装有测速电机和脉冲编码器，也要进行检查和清扫。

（4）及时清扫。如空气过滤器、电器柜及印制线路板等的清扫。

（5）机床电缆线的检查。主要检查电缆线的移动接头、拐弯处是否出现接触不良、断路和短路等故障。

（6）有些数控系统的参数存储器采用 CMOS 元件，其存储内容在断电时靠电池供电保持。一般应在一年内更换一次电池，并且一定要在数控系统通电的状态下进行，否则会使存储参数丢失，导致数控系统不能工作。

（7）长期不用的数控机床的保养。在数控机床闲置不用时，应经常给数控系统通电，在机床锁住的情况下，使其空运行。在空气湿度较大的霉雨季节应天天通电，利用电器元件本身发热驱走数控柜内的潮气，以保证电子部件的性能稳定可靠。

如表1-2所示为数控车床日常保养一览表。

表1-2 数控车床日常保养一览表

序号	检查周期	检查部位	检查要求
1	每天	导轨润滑油箱	检查油量，及时添加润滑油，检查润滑油泵是否定时启动打油及停止
2	每天	机床液压系统	油箱泵有无异常噪声，工作油面是否合适，压力表指示是否正常，管路及接头有无泄漏
3	每天	X、Z轴导轨面	清除切屑和脏物，检查导轨面有无划伤损坏，润滑油是否充足
4	每天	各防护装置	机床防护罩是否齐全有效
5	每天	电器柜各散热通风装置	各电器柜中冷却风扇是否工作正常，风道过滤网有无堵塞，及时清洗过滤器
6	每周	各电器柜过滤网	清洗粘附的灰尘
7	不定期	排屑器	经常清理铁屑，检查有无卡住现象
8	不定期	冷却液箱	随时检查液面高度，及时添加冷却液，太脏时应及时更换
9	半年	检查主轴驱动皮带	按照说明书要求调整皮带松紧程度
10	半年	各轴导轨上的镶条，压紧滚轮	按照说明书要求调整松紧状态
11	一年	检查和更换电机电刷	检查换向器表面，去除毛刺，吹净碳粉，磨损太多的碳刷应及时更换
12	一年	液压油路	清洗溢流阀、减压阀、滤油器、油箱，过滤或更换液压油
13	一年	冷却油泵过滤器	清洗冷却油池，更换过滤器
14	一年	滚珠丝杠	清洗丝杠上旧的润滑脂，涂上新油脂

五、数控机床安全操作规程

（1）数控系统的编程、操作和维护人员必须经过专门的技术培训，熟悉所用数控机床的使用环境、条件和工作参数等，严格按照机床和系统的使用说明书要求，正确、合理地操作机床。

（2）数控机床的使用环境要避免光的直接照射和其他热辐射，避免太潮湿或粉尘过多的场所，特别要避免有腐蚀气体的场所。

（3）为避免电源不稳定给电子元器件造成损坏，数控机床应采用专线供电或增设稳压装置。

（4）数控机床的开机、关机顺序，一定要按照机床说明书的规定操作。

（5）主轴启动开始切削之前一定要关好防护罩门，程序正常运行时严禁开启防护罩门。

（6）在每次电源接通后，必须先完成各轴的返回参考点操作，然后再进入其他运行方式，以确保各轴坐标的正确性。

（7）机床在正常运行时不允许打开电器柜的门。

（8）加工程序必须经过严格的检查后方可进行操作运行，启动运行程序后，手不能离开进给保持按钮，如有紧急情况，立即按下“进给保持”按钮。

（9）手动对刀时，应注意选择合适的进给速度；手动换刀时，刀具和工件之间要有足够的距离，避免发生碰撞。

（10）加工过程中，如出现异常危机情况，可按下“急停”按钮，以确保人身和设备的安全。

（11）机床发生事故，操作者要注意保留现场，并向维修人员如实说明事故发生前后的情况，以利于分析问题，查找事故原因。

（12）数控机床的使用一定要有专人负责，严禁其他人员随意动用数控设备；学生必须在老师的指导下进行数控机床操作，严禁多个人同时操作机床，必须是一个人操作。

（13）要认真填写数控机床的工作日志，做好交接工作，消除事故隐患。

（14）不得随意更改数控系统内部制造厂家设定的参数，并及时做好备份。

（15）要经常润滑机床导轨、防止导轨生锈，并做好机床的清洁保养工作。

六、数控车床常见的操作故障

数控车床的故障种类较多，有电气、电路、机械、数控系统、液压、气动等部件的故障，产生的原因也比较复杂，但大部分故障是由操作人员操作机床不当引起的，数控车床常见的操作故障有：

（1）防护门未关，机床不能运转。

（2）有回零要求的机床开机后未回零。

（3）主轴转速 S 超过最高转速限定值。

（4）加工程序内没有设置 F 或 S 值。

（5）进给修调 F%或主轴修调 S%开关设为空档。

（6）回零时离零点太近或回零速度太快，引起超程。

（7）程序中 G00 位置超过限定值。

（8）刀具补偿测量设置错误。

（9）刀具换刀位置不正确（换刀点离工件太近）。

（10）G40 撤消不当，引起刀具切入已加工表面。

（11）程序中使用了非法代码。

（12）弄错刀具半径补偿方向。

（13）切入、切出方式不当。

（14）切削用量太大。

（15）刀具安装不正确或刀具钝化。

（16）工件材质不均匀，引起振动。

（17）机床被机械锁定未解除（工作台不动）。

（18）工件未夹紧或伸出量不符合要求。

（19）对刀位置不正确，工件坐标系设置错误。

（20）使用了不合理的G功能指令。

（21）机床处于报警状态。

（22）断电后或报过警的机床没有重新回零。

（23）加工程序不正确；传输程序时乱码或中断。

七、数控车床安全操作注意事项

1. 数控车床安全操作注意事项

数控车床安全操作注意事项：

（1）工作时请穿好工作服、安全鞋，戴好工作帽及防护镜，严禁戴手套操作机床。

（2）不要移动或损坏安装在机床上的警告标牌。

（3）不要在机床周围放置障碍物，工作空间应足够大。

（4）某一项工作如需要两人或多人共同完成时，应注意相互间的协调一致。

（5）不允许采用压缩空气清洗机床、电气柜及NC单元。

（6）任何人员违反上述规定或学校的规章制度，实习指导人员或设备管理员有权停止其使用、操作，并根据情节轻重，报学校相关部门处理。

2. 工作前的准备工作

工作前的准备工作：

（1）机床开始工作前要有预热，认真检查润滑系统工作是否正常，如机床长时间未开动，可先采用手动方式向各部分供油润滑。

（2）使用的刀具应与机床允许的规格相符，有严重破损的刀具要及时更换。

（3）不要将调整刀具所用工具将遗忘在机床内。

（4）检查大尺寸轴类零件的中心孔是否合适，以免发生危险。

（5）刀具安装好后应进行一、二次试切削。

（6）认真检查卡盘夹紧的工作状态。

（7）机床开动前必须关好机床防护门。

3. 工作过程中的安全事项

工作过程中的安全事项：

（1）禁止用手接触刀尖和铁屑，铁屑必须要用铁钩子或毛刷来清理。

（2）禁止用手或其他任何方式接触正在旋转的主轴、工件或其他运动部位。

（3）禁止加工过程中测量工件，变速，更不能用棉丝擦拭工件，也不能清扫机床。

（4）车床运转中，操作者不得离开岗位，发现机床有异常现象应立即停车。

（5）经常检查轴承温度，过高时应找有关人员进行检查。

（6）在加工过程中，不允许打开机床防护门。

（7）严格遵守岗位责任制，机床由专人使用，未经同意不得擅自使用。

（8）工件伸出车床100mm以外时，必须在伸出位置设防护物。

（9）禁止进行尝试性操作。

（10）手动原点回归时，注意机床各轴位置要距离原点-100mm以上，机床原点回归顺序为：首先+X轴，其次+Z轴。

（11）使用手轮或快速移动方式移动各轴位置时，一定要看清机床X、Z轴各方向“+、-”

号标牌后再移动。移动时先慢转手轮观察机床移动方向，无误后方可加快移动速度。

（12）编完程序或将程序输入机床后，需先进行图形模拟，准确无误后再进行机床试运行，并且刀具应离开工件端面 200 mm 以上。

（13）程序运行注意事项：

1）对刀应准确无误，刀具补偿号应与程序调用刀具号符合。

2）检查机床各功能按键的位置是否正确。

3）光标要放在主程序头。

4）加注适量冷却液。

5）站立位置应合适，启动程序时，右手做按“停止”按钮准备，程序运行时手不能离开“停止”按钮，如有紧急情况应立即按下“停止”按钮。

（14）加工过程中认真观察切削及冷却状况，确保机床、刀具的正常运行及工件的质量，并关闭防护门，以免铁屑、润滑油飞出。

（15）在程序运行中需暂停测量工件尺寸时，要待机床完全停止、主轴停转后方可进行测量，以免发生人身事故。

（16）未经许可，禁止打开电器箱。

（17）各手动润滑点必须按说明书要求润滑。

4. 工作完成后的注意事项

工作完成后的注意事项：

（1）清除切屑、擦拭机床，使机床与环境保持清洁状态。

（2）注意检查或更换磨损机床导轨上的油擦板。

（3）检查润滑油、冷却液的状态，及时添加或更换。

（4）依次关掉机床操作面板上的电源和总电源。

（5）使用机床时应注意先了解机床的型号及机械结构。

（6）注意所使用机床的刀架形式及结构。

（7）注意开、关机床的先后顺序及相关按钮的作用。

（8）注意回零时应该先回 X 轴后回 Z 轴，以免发生机床碰撞。

课后练习题

1．正确的开机步骤为：________。

2．打开机床后，首先要回机床参考点，在数控车床上手动回参考点的具体操作是：________。

3．手动运行包括：________、________、________等。

4．自动运行工作方式选择________，在主菜单下按________键进入自动加工子菜单，按________键选择要运行的程序，按下________按钮，自动加工开始。自动加工期间，按钮内指示灯亮。

5．单段运行：工作方式选择________，程序控制将逐段执行，即执行一段后机床停止，再按一下________按钮，即执行下一程序段，执行完后又再次停止。

6．自动运行暂停：在自动运行过程中按下________键，暂停执行程序，按下“主轴停止”

键，主轴停止，暂停期间，________按钮内指示灯亮。

7. 进给保持后的再启动：在自动运行暂停状态下，按下“主轴正转”键，再按下________按钮，系统将重新启动，从暂停前的状态继续运行。

8. 进给速度修调：在________工作方式下，当进给速度偏高或偏低时，可按操作面板上的________键，修调程序中编制的进给速度，此键可提供________%～________%的修调范围。

9. 机床锁住：机床锁住后禁止机床坐标轴________。在自动运行之前，按“机床锁住”键，再按“循环启动”键，坐标位置信息________，但机床________；这个功能用于________。

注意：

（1）机床锁住后即便是用 G28、G29 功能，刀具也不运动到参考点。

（2）机床辅助功能 M、S、T 仍然有效。

（3）在自动运行过程中，按“机床锁住”键，机床锁住无效。

（4）在自动运行过程中，只有在运行结束时，方可解除机床锁住。

10. 增量（步进）进给及增量倍率：工作方式选择________，在增量进给方式下，旋钮选择 X 或 Y，手轮顺时针或逆时针旋转一格，选择的轴将向正向或负向移动________个增量值。增量值的大小由增量倍率×________、×________、×________、×________控制，增量倍率开关的位置和增量值的对应关系如下表，请完成。

位置				
增量值（mm）	0.001	0.01	0.1	1

11. 机床运行过程中，当出现紧急情况时，按下________按钮，伺服进给及主轴运转立即停止工作，CNC 即进入急停状态；松开________按钮，CNC 进入复位状态。

12. 当某轴出现超程，要退出超程状态时，必须松开“急停”按钮，一直按压着________键，然后在手动方式下，使该轴向相反方向退出超程状态。

13. 位于显示屏右方的菜单命令条的运行程序索引显示当前________；工件坐标零点显示辅助机能。

14. 位于显示屏上方显示当前的________、________、________及________。

15. 菜单命令条是操作界面中最重要的部分，它由键盘上 F1～F10 十个按键控制，界面中按________键，菜单条将切换到华中数控车床的“扩展功能”项，而图形显示窗口的内容保持不变，按________键又回到前面的界面。

16. 显示窗口的显示模式分别有________、________、________、________。

17. 显示窗口的显示值分别有________、________、________、________、________、________。

18. 显示窗口的坐标系分别有________、________、________。

19. 在主界面下，按________键进入故障诊断功能。如果在系统启动或加工的过程中出现了错误，即可用故障诊断功能中的报警显示来查看出错信息。

20. 数控车床一般是由________、________、________、________和机床本体五部分组成。

21. 数控车床主要用于________和________回转体零件的加工，能够通过________自动完成内外________、________、________、________等工序的切削加工，并可进行________、

________、________、铰孔和各种回转曲面的加工。数控车床加工效率高，精度稳定性好，操作劳动强度低，特别适用于________或________零件的加工。

22．数控车床与普通车床相比，具有三个方面的特色：①________；②________；③________。

23．数控车床对进给伺服系统的要求可大致概括为以下几个方面：________、快速响应、________、低速大转矩、________。

24．目前常用的刀具材料有________、________、________、________。

25．数控机床坐标轴和运动方向的命名原则：

（1）____。

（2）____。

（3）____。

（4）____。

26. C2-6136HK/1 型数控车床的 Z 坐标轴的方向为________，X 坐标轴的方向为________，使用笛卡儿直角坐标系虚拟出来的 Y 坐标轴的方向为________。

27．一般选择工件坐标系的原则是：

（1）____。

（2）____。

（3）____。

（4）____。

28．数控车床对刀具性能方面的要求有________、________、切削速度和进给速度高、________、________、断屑及排屑性能好。

29．数控车床对刀具材料性能的要求有：较高的________和________、较高的________、足够的________和________、较好的导热性、良好的工艺性、较好的________。

30．数控车床车削的常用车刀一般可分为三类，即________、________、________。

任务2 基本编程指令及模拟加工

任务内容：

1. 数控车床的编程特点及程序格式
2. 数控车床的基本编程指令
3. 数控车床校验程序的方法——模拟加工

相关知识：

一、数控车床的编程特点及程序格式

1. 数控车床的编程特点

（1）绝对值编程和增量值编程。采用绝对编程时，用 X、Z 表示 X 轴与 Z 轴的坐标值；采用增量值编程时，用 U、W 表示 X 轴与 Z 轴的移动量或使用 G91 X、Z 表示 X 轴与 Z 轴的移动量；数控车床编程时，也可以采用绝对值编程和增量值编程混和起来进行编程，称为混和编程，例如：G00 X20 W10 或 G01 U15 Z20。需要说明的是初学者编程时尽量采用绝对值编程。

（2）直径编程 G36 和半径编程 G37。X 和 U 坐标值，数控车床编程时有直径编程和半径编程两种方法，一般系统出厂时均设为直径编程，所以编程时与 X 轴有关的项目一定要用直径量。如果要用半径编程则要改变系统参数使系统处于半径编程状态。一般对于回转体类零件用直径编程方便。

（3）车削循环功能。数控车床具有各种不同形式的固定循环功能，大大缩短了数控程序，简化了编程。

（4）刀具补偿功能。数控车床具有刀具补偿功能，可以完成刀具偏置、刀具磨损以及刀尖圆弧半径补偿。

2. 数控车床的程序格式

数控车床加工程序是由若干程序段组成，而程序段是由一个或若干个指令字组成，指令字代表某一信息单元；每个指令字由地址符和数字组成，它表示机床的一个位置或动作；地址符由字母组成。

程序段中不同的指令字符及其后续数值确定了每个指令字的含义。在数控程序段中包含的主要指令字符如表 2-1 所示。

在加工程序的开始用%后跟不超过 4 位的数字表示程序名，用字母 N 后跟不超过 4 位的数字表示程序段编号，程序结束用“M02”或“M30”表示该程序段结束。一个程序段定义了一个将由数控装置执行的指令行。程序段的格式定义了每个程序段中功能字的句法，如图 2-1 所示。

表 2-1　指令字符一览表

机能	地址	意义
零件程序号	%	程序编号：%1～9999
程序段号	N	程序段编号：N0～4294967295
准备机能	G	指令动作方式（直线、圆弧等）G00～99
尺寸字	X、Y、Z A、B、C U、V、W	坐标轴的移动命令±99999.999
	R	圆弧的半径，固定循环的参数
	I、J、K	圆心相对于起点的坐标，固定循环的参数
进给速度	F	进给速度的指定　F0～24000
主轴机能	S	主轴旋转速度的指定　S0～9999
刀具机能	T	刀具编号的指定　T0～99
辅助机能	M	机床侧开/关控制的指定　M0～99
补偿号	D	刀具半径补偿号的指定　00～99
暂停	P、X	暂停时间的指定　秒
程序号的指定	P	子程序号的指定　P1～4294967295
重复次数	L	子程序的重复次数，固定循环的重复次数
参数	P、Q、R、U、W、 I、K、C、A	车削复合循环参数
倒角控制	C、R	

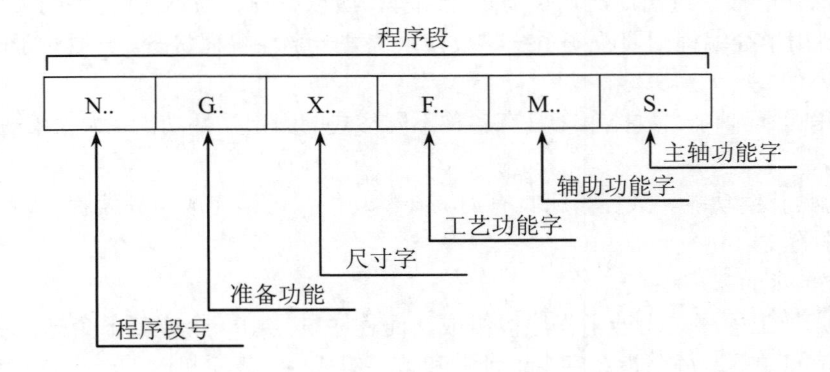

图 2-1　程序段格式

程序的一般结构：一个零件程序必须包括起始符和结束符。

一个零件程序是按程序段的输入顺序执行的，而不是按程序段号的顺序执行，但书写程序时，建议按升序书写程序段号。

华中世纪星数控装置 HNC-21T3 的程序结构为：

- 程序起始符：%（O 是 FANUC）符，%（O 是 FANUC）后跟程序号；
- 程序结束：M02 或 M30；

- 注释符：括号( )内或分号；
- 后续的内容为注释文字。

程序结构举例如下：

```
%1001                              程序号
N1  G90G54G00X0Y0S1000M03；        第一段程序
N2  Z100；                         第二段程序
N3  G41X20Y10D01；                 第三段程序
……
N10  M02或M30；                    程序结束
```

程序的文件名

CNC 装置可以装入许多程序文件，以磁盘文件的方式读写。文件名格式为（有别于 DOS 的其他文件名）：华中为%××××或 FANUC 为 O××××（地址 O 后面必须有四位数字或字母），本系统通过调用文件名来调用程序，进行加工或编辑。

需要说明的是，数控机床的指令格式根据不同的系统不完全一致，因此，在具体掌握某一数控机床时要仔细了解其数控系统的编程格式。

二、辅助功能 M 代码及主轴功能 S、进给速度 F 和刀具功能 T

1. 辅助功能

辅助功能代码由地址字 M 和其后的一或两位数字组成，主要用于控制零件程序的走向，以及机床各种辅助功能的开关动作。

辅助功能 M 不仅分为模态和非模态指令，另外，M 功能还可分为前作用 M 功能和后作用 M 功能两类。

模态指令（也称为续效代码）：一组可相互注销的指令，这些功能在被同一组的另一个功能注销前一直有效。

非模态指令（也称为当段有效代码）：只在书写了该代码的程序段中有效。

前作用 M 功能：在程序段编制的轴运动之前执行。

后作用 M 功能：在程序段编制的轴运动之后执行。

华中（HNC-21T3）数控车床系统 M 指令功能如表 2-2 所示（▶标记者为缺省值）：

表 2-2　M 代码及功能

代码	模态	功能说明	代码	模态	功能说明
M00	非模态	程序停止	M03	模态	主轴正转起动
M02	非模态	程序结束	M04	模态	主轴反转起动
M30	非模态	程序结束并返回程序起点	M05	模态	▶主轴停止转动
			M07	模态	切削液打开
M98	非模态	调用子程序	M08	模态	切削液打开
M99	非模态	子程序结束	M09	模态	▶切削液停止

注：在编程时，M 指令中前面的 0 可省略，如 M00、M03 可简写为 M0、M3。

对一些辅助指令的简介如下：

（1）程序停止 M00 指令为非模态后作用 M 功能。

当执行到 M00 指令时，将暂停执行当前程序，以方便操作者进行刀具更换和工件的尺寸测量、工件调头、手动变速等操作。

暂停时，机床的进给停止，而全部现存的模态信息保持不变，欲继续执行后续程序，重按操作面板上的“循环启动”键。

（2）程序结束 M02 指令为非模态后作用 M 功能。

M02 一般放在主程序的最后一个程序段中。当执行到 M02 指令时，机床的主轴、进给、冷却液全部停止，加工结束。

使用 M02 的程序结束后，若要重新执行该程序，就得重新调用该程序，或在自动加工子菜单下按子菜单 F4 键，然后再按操作面板上的“循环启动”键。

（3）程序结束并返回到零件程序头 M30。

M30 和 M02 功能基本相同，只是 M30 指令还兼有控制返回到零件程序头（%）的作用。使用 M30 的程序结束后，若要重新执行该程序，只需再次按操作面板上的“循环启动”键。

注意：*在此要说明的是一般在练习时，尽量不要使用 M30，特别是初学者或多人操作同一台机床时。*

（4）子程序调用 M98 及从子程序返回 M99。

M98 用来调用子程序。

M99 表示子程序结束，执行 M99 使控制返回到主程序。

（1）子程序的格式：

O1100

……

M99

在子程序开头，必须规定子程序号，以作为调用入口地址。在子程序的结尾用 M99，以控制执行完该子程序后返回主程序。

（2）调用子程序的格式

M98 P_L_

P：被调用的子程序号；L：重复调用次数。

5）主轴控制指令 M03、M04、M05。

- M03 启动主轴以程序中编制的主轴速度逆时针方向（从 Z 轴正向向负向看）旋转。
- M04 启动主轴以程序中编制的主轴速度顺时针方向旋转。
- M05 使主轴停止旋转。
- M03、M04 为模态前作用 M 功能；M05 为模态后作用 M 功能，M05 为缺省功能。M03、M04、M05 可相互注销。

6）冷却液打开、停止指令 M07、M08、M09。

- M07、M08 用于打开冷却液管道。
- M09 用于关闭冷却液管道。

M07、M08 为模态前作用 M 功能；M09 为模态后作用 M 功能，M09 为缺省功能。

2. 主轴功能 S

主轴功能 S 控制主轴转速，其后的数值表示主轴速度，单位为转/每分钟（r/min）。恒线速度功能时 S 指定切削线速度，其后的数值单位为米/每分钟（m/min）（G96 恒线速度有效，G97 取消恒线速度）。

注：S 是模态指令，S 功能只有在主轴速度可调节时有效。

3. 进给速度 F

F 指令表示工件被加工时刀具相对于工件的合成进给速度，F 的单位取决于 G94（每分钟进给量 mm/min）或 G95（主轴每转一转刀具的进给量 mm/r）。

当工作在 G01、G02 或 G03 方式下，编程的 F 一直有效，直到被新的 F 值所取代，而工作在 G00 方式下，快速定位的速度是各轴的最高速度，与所编 F 无关。

借助机床控制面板上的倍率按键，F 可在一定范围内进行倍率修调。当执行攻丝循环 G76、G82，螺纹切削 G32 时，倍率开关失效，进给倍率固定在 100%。

注：①当使用每转进给量方式时，必须在主轴上安装一个位置编码器。②直径编程时，X 轴方向的进给速度为：半径的变化量/分、半径的变化量/转。

4. 刀具功能（T 机能）

T 代码用于选刀，其后的 4 位数字分别表示选择的刀具号和刀具补偿号。执行 T 指令，转动转塔刀架，选用指定的刀具。当一个程序段同时包含 T 代码与刀具移动指令时，先执行 T 代码指令，而后执行刀具移动指令。

另外，刀具的补偿功能（包括刀具的偏置、磨损补偿及刀尖圆弧半径补偿）中，刀具的偏置和磨损补偿，是由 T 代码指定的功能，T 指令在调用刀具的同时调入刀补寄存器中的补偿值，因此，我们经常利用这一功能对刀和加工零件的精度进行控制，有关内容将在第四节中介绍。

三、基本准备功能 G 代码

准备功能 G 指令由 G 后一或二位数值组成，它用来规定刀具和工件的相对运动轨迹、机床坐标系、坐标平面、刀具补偿、坐标偏置等多种加工操作。

G 功能根据功能的不同分成若干组，其中 00 组的 G 功能称非模态 G 功能，其余组的称为模态 G 功能。模态 G 功能组中包含一个缺省 G 功能，上电时将被初始化为该功能。没有共同地址符的不同组 G 代码可以放在同一程序段中，而且与顺序无关。例如，G90、G41 与 G01 可放在同一程序段。

华中数控车床数控装置 G 功能指令见表 2-3（其中▶标记者为缺省值）。

表 2-3　准备功能一览表

G 代码	组别	功能	参数（后续地址字）
G00	01	快速定位	X，Z
▶G01		直线插补	同上
G02		顺圆插补	X，Z，I，K，R
G03		逆圆插补	同上
G04	00	暂停	P

续表

G代码	组别	功能	参数（后续地址字）
G20 ▶G21	08	英寸输入 毫米输入	X，Z 同上
G28 G29	00	返回到参考点 由参考点返回	
G32	01	螺纹切削	X，Z，R，E，P，F
▶G36 G37	17	直径编程 半径编程	
▶G40 G41 G42	09	刀尖半径补偿取消 左刀补 右刀补	 T T
▶G54 G55 G56 G57 G58 G59	11	坐标系选择	
G65		宏指令简单调用	P，A～Z
G71 G72 G73 G76 G80 G81 G82	06	外径/内径车削复合循环 端面车削复合循环 闭环车削复合循环 螺纹切削复合循环 外径/内径车削固定循环 端面车削固定循环 螺纹切削固定循环	X，Z，U，W，C，P， Q，R，E X，Z，I，K，C，P， R，E
▶G90 G91	13	绝对编程 相对编程	
G92	00	工件坐标系设定	X，Z
▶G94 G95	14	每分钟进给 每转进给	
G96 ▶G97	16	恒线速度切削 恒转速切削	S

注：①G指令根据功能的不同分成若干组，其中00组的G功能为非模态G指令，指令只在所规定的程序段中有效，程序段结束时被注销；其余组的G功能为模态G指令，这些功能一旦被执行，则一直有效，直到被同一组的G指令注销为止。

②模态G指令组中包含一个缺省G指令（表中带有▶记号的G指令），上电时将初始化该功能。

③没有共同地址符的不同组G指令代码可以放在同一程序段中，而且与顺序无关，如G90、G17可与G01放在同一程序段中。

④G指令后一般由两位数字组成，在编程时，G指令中前面的0可省略，如G00、G01、G02、G03、G04可简写为G0、Gl、G2、G3、G4。

部分指令说明

1. 暂停指令 G04

格式：G04 P_

其中 P 为暂停时间，单位为 s。

G04 在前一程序段的进给速度降到零之后才开始暂停动作。G04 为非模态指令，仅在其被规定的程序段中有效。G04 可使刀具做短暂停留，以获得圆整而光滑的表面。该指令除用于切槽、钻镗孔外，还可用于拐角轨迹控制。

2. 尺寸单位选择 G20、G21

格式：G20：英制输入制式；G21：公制输入制式。

G20、G21 为模态功能，可相互注销，G21 为缺省值。

两种制式下线性轴、旋转轴的尺寸单位如表 2-4 所示。

表 2-4　尺寸输入制式及其单位

制式	线性轴	旋转轴
英制(G20)	英寸	度
公制(G21)	毫米	度

3. 进给速度单位的设定 G94、G95

格式：G94：每分钟进给；G95：每转进给。

G94 为每分钟进给。对于线性轴，F 的单位以 G20/G21 的设定而为 mm/min 或 in/min；对于旋转轴，F 的单位为度/min。

G95 为每转进给，即主轴转一周时刀具的进给量。F 的单位依 G20/G21 的设定而为 mm/r 或 in/r。这个功能只在主轴装有编码器时才能使用。

G94、G95 为模态功能，可相互注销，G94 为缺省值。

4. 绝对值编程 G90 与相对值编程 G91

格式：G90：绝对值编程，每个编程坐标轴上的编程值是相对于程序原点的；G91：相对值编程，每个编程坐标轴上的编程值是相对于前一位置而言的，该值等于沿轴移动的距离。

G90、G91 为模态功能，可相互注销，G90 为缺省值。

例 1　如图 2-2 所示，表示刀具从 A 点到 B 点的移动，用以上两种方式编程分别如下：

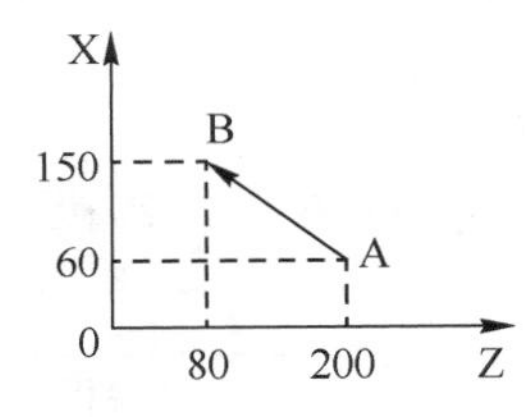

图 2-2　G90/G91 编程

参考程序：

绝对值编程	相对值编程
G90 G00 X150 Z80	G91 G00 X90 Z-120

5. 坐标系设定 G92

格式：G92 X_ Z_

其中 X、Z 为对刀点到工件坐标系原点的有向距离。

正确加工时，加工原点与程序原点必须一致，故编程时加工原点与程序原点考虑为同一点。实际操作时怎样使两点一致，由操作时对刀完成。具体的控制过程即为对刀，将在任务 3 中详细介绍。

X、Z 值的确定，即确定对刀点在工件坐标系下的坐标值。其选择的一般原则为：

（1）方便数学计算和简化编程。

（2）容易找正对刀。

（3）便于加工检查。

（4）引起的加工误差小。

（5）不要与机床、工件发生碰撞。

（6）方便拆卸工件。

（7）空行程不要太长。

一般取在工件毛坯范围以外的整数坐标位置。

6. 直径方式和半径方式编程

格式：G36：直径编程；G37：半径编程。

数控车床的工件外形通常是旋转体，其 X 轴尺寸可以用两种方式加以指定：直径方式和半径方式。G36 为缺省值，机床出厂一般设为直径编程。

例 2 按同样的轨迹分别用直径、半径编程，加工图 2-3 所示工件。

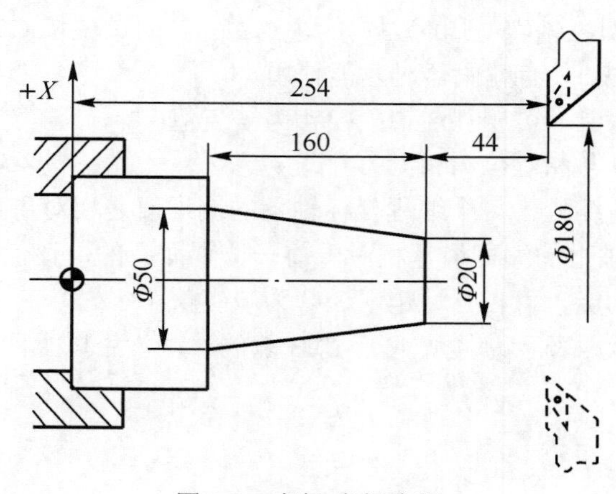

图 2-3 直径/半径编程

参考程序：

直径编程	半径编程
%0001	%0002
N1 G92 X180 Z254	N1 G92 X90 Z254
N2 G36 G01 X20 W-44	N2 G37 G01 X10 W-44
N3 U30 W-160	N3 U15 Z204

N4 G00 X180 Z254	N4 G00 X90 Z254
N5 M30	N5 M30

注意：使用直径、半径编程时，系统参数设置要求与之对应。

7. 恒线速度指令 G96、G97

指令格式：G96：恒线速度有效；G97：取消恒线速度（即恒转数有效）。

G96 后面的 S 值为切削的恒定线速度，单位为 m/min；G97 后面的 S 值为取消恒线速度后，指定的主轴转速，单位为 r/min；如缺省，则为执行 G96 指令前的主轴转速度。

（1）恒线速控制指令 G96。G96 实现恒线速控制，可以使数控装置依刀架在 X 轴的位置计算出主轴的转速，自动而连续地控制主轴转速，使之始终达到由 S 功能所指定的切削速度。

编程格式：G96 S _；

编程说明：

1）S 后面的数字表示的是恒定的线速度，单位为 m/min。例如，G96 S100 表示切削点线速度控制在 100m/min。

2）该指令用于车削端面或工件直径变化较大的场合。采用此功能，当工件直径变化时，可保证主轴的线速度不变，保证切削速度不变，从而提高表面加工质量。

例 3　如图 2-4 所示的零件，为保持 A、B、C 各点的线速度为 100m/min，则各点在加工时的主轴转速分别是多少？

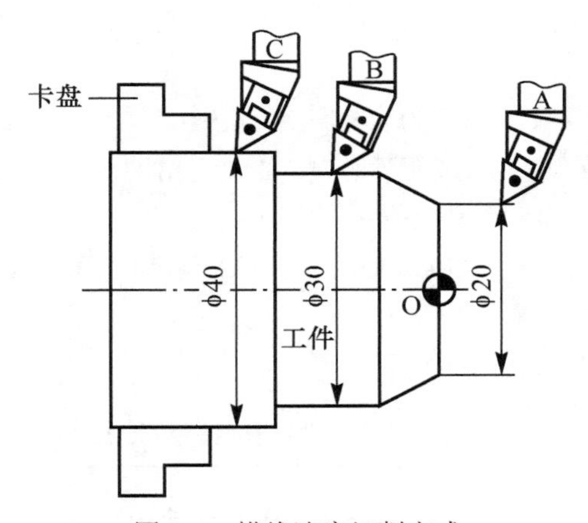

图 2-4　横线速度切削方式

各点在加工时的主轴转速分别为：

A 点：$n = 1000 \times 100 \div (\pi \times 20) \approx 1592$r/min

B 点：$n = 1000 \times 100 \div (\pi \times 30) \approx 1062$r/min

C 点：$n = 1000 \times 100 \div (\pi \times 40) \approx 796$r/min

（2）取消恒线速指令 G97。G97 指令可取消恒线速控制，此时使用 S 指定的数值表示主轴每分钟的转数。

编程格式：G97 S_；

编程说明：

1）S 后面的数字表示恒线速控制取消后的主轴转速，如 S 未指定，将保留 G96 指令的最终值，如 G97 S500 表示恒线速控制取消后主轴转速为 500r/min。

2）该指令用于车削螺纹或工件直径变化较小的场合。采用此功能，可设定主轴转速并取消恒线速度控制。

设定主轴速度分别为：

G96 S100；设定线速度恒定，切削点线速度为 100 m/min。

G97 S300；取消线速度恒定功能，主轴转速为 300 r/min。

注意：使用恒线速度功能，主轴必须能自动变速（如伺服主轴、变频主轴）。

G96、G97 为模态功能，可相互注销，G97 为缺省值。

8. 快速定位 G00

格式：G00 X(U)_ Z(W)_

执行 G00 指令时刀具相对于工件以各轴预先设定的速度，从当前位置快速移动到程序段指令定位的目标点。G00 指令中的快移速度由机床参数“快移进给速度”对各轴分别设定，不能用 F_规定（对于大多数生产型机床，快移速度可由面板上的快速修调按钮进行修正）。一般情况下，G00 用于加工前快速定位或加工后快速退刀。

G00 为模态功能，可由 G01、G02、G03 或 G32 功能注销。

注意：在执行 G00 指令时，由于各轴以各自速度移动，不能保证各轴同时到达终点，因而联动直线轴的合成轨迹不一定是直线。操作者必须格外小心，以免刀具与工件或尾座发生碰撞。常见的做法是，将 X 轴移动到安全位置，再放心地执行 G00 指令。

9. 直线进给 G01

格式：G01 X(U)_ Z(W)_ F_；（F 为合成进给速度）

G01 指令刀具以联动的方式，按 F 规定的合成进给速度，从当前位置按线性路线（联动直线轴的合成轨迹为直线）移动到程序段指令的终点。

G01 是模态代码，可由 G00、G02、G03 或 G32 功能注销。

10. 圆弧进给 G02/G03

圆弧进给指令 G02、G03 及说明见表 2-5。

表 2-5 按顺/逆圆弧径切削指令 G02、G03

指令	G02、G03
格式	$\begin{Bmatrix} G02 \\ G03 \end{Bmatrix}$ X（U）_Z(W)_ $\begin{Bmatrix} I\_K\_ \\ R\_ \end{Bmatrix}$ F_；
说明	G02/G03 指令使刀具分别按顺时针/逆时针进行圆弧加工。圆弧插补 G02/G03 的判断，是在加工平面内，根据其插补时的旋转方向为顺时针/逆时针来区分的。G02 指令，圆弧顺时针进给加工，该指令可以以一个程序段的编程完成凹圆弧切削（A→B）的步骤，从而达到简化编程的目的。G03 指令，圆弧逆时针进给加工，该指令可以以一个程序段的编程完成凸圆弧切削（A→B）的步骤，从而达到简化编程的目的 具体的判别方法是：从第三轴的正向向负向看（看刀具的实际切削方向），顺时针为顺圆插补；反之为逆圆插补。详见图 2-4

续表

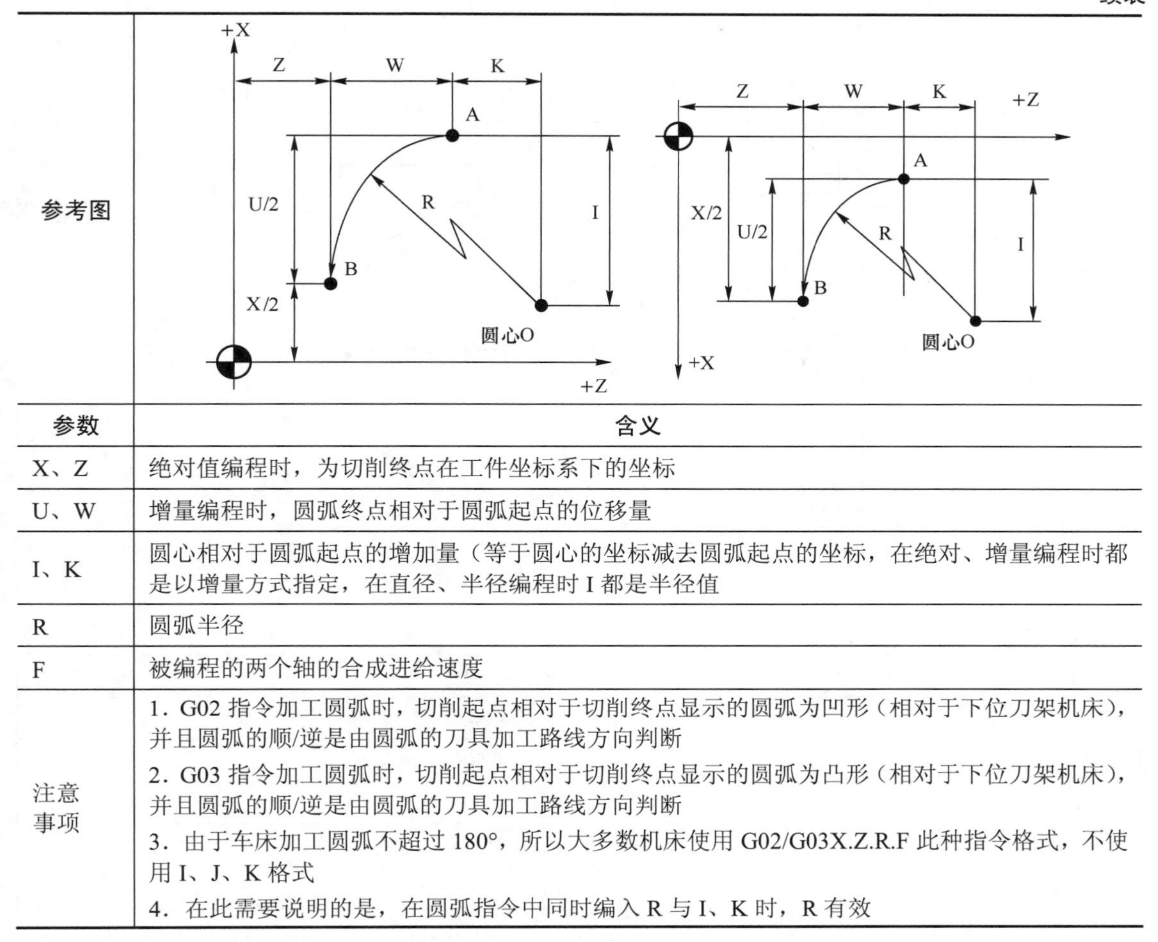

参考图	
参数	含义
X、Z	绝对值编程时，为切削终点在工件坐标系下的坐标
U、W	增量编程时，圆弧终点相对于圆弧起点的位移量
I、K	圆心相对于圆弧起点的增加量（等于圆心的坐标减去圆弧起点的坐标，在绝对、增量编程时都是以增量方式指定，在直径、半径编程时 I 都是半径值
R	圆弧半径
F	被编程的两个轴的合成进给速度
注意事项	1．G02 指令加工圆弧时，切削起点相对于切削终点显示的圆弧为凹形（相对于下位刀架机床），并且圆弧的顺/逆是由圆弧的刀具加工路线方向判断 2．G03 指令加工圆弧时，切削起点相对于切削终点显示的圆弧为凸形（相对于下位刀架机床），并且圆弧的顺/逆是由圆弧的刀具加工路线方向判断 3．由于车床加工圆弧不超过 180°，所以大多数机床使用 G02/G03X.Z.R.F 此种指令格式，不使用 I、J、K 格式 4．在此需要说明的是，在圆弧指令中同时编入 R 与 I、K 时，R 有效

由此得出结论：对于上位刀架数控车床，走刀轨迹为顺时针即为顺圆插补（图 2-5），反之为逆圆插补；对于下位刀架数控车床，走刀轨迹为顺时针时即为逆圆插补，反之为顺圆插补。

请思考：为什么圆弧插补判别不同，前面在介绍数控车床坐标结构时我们说两种刀架结构书写的程序是通用的。

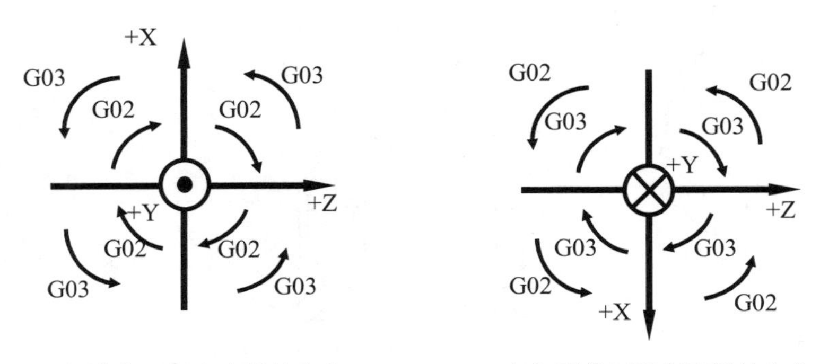

（a）上位刀架车床插补方向　　（b）下位刀架车床插补方向

图 2-5　G02/G03 插补方向

例 4 如图 2-6 所示，用圆弧插补指令编程。

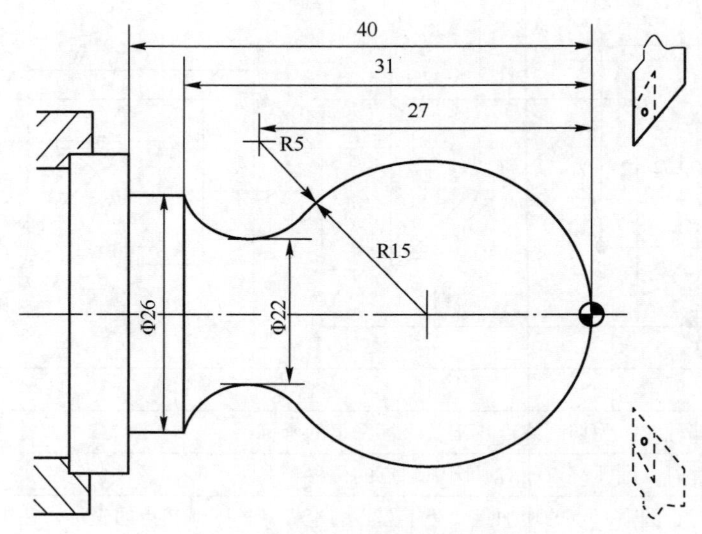

图 2-6 用圆弧插补指令编程

编程实例：

%0003	程序名
N1 G92 X40 Z5	设立坐标系，定义对刀点的位置
N2 M03 S500	主轴以 500r/min 旋转
N3 G00 X0	到达工件中心
N4 G01 Z0 F100	工进接触工件毛坯
N5 G03 X24 Z-24 R15	加工 R15 圆弧段
N6 G02 X26 Z-31 R5	加工 R5 圆弧段
N7 G01 Z-40	加工 Φ26 外圆
N8 X40 Z5	回对刀点
N9 M30	主轴停、主程序结束并复位

结合以上介绍的常用指令举例如下：

例 5 编制如图 2-7 所示的零件加工程序。

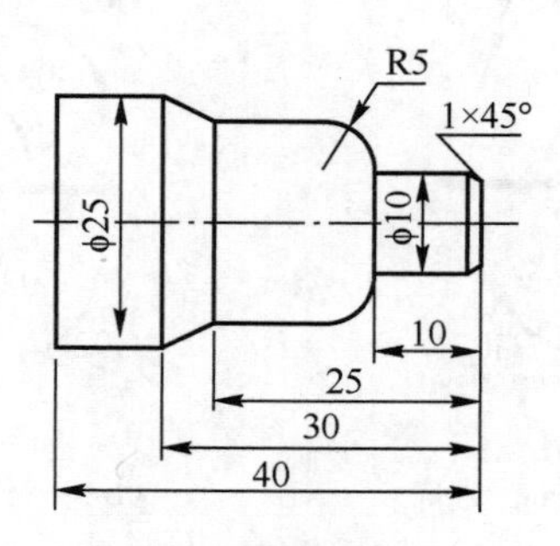

图 2-7 编程练习实例

参考程序：

%0004	程序名
N1 G92 X40 Z10	设立坐标系，定义对刀点的位置
N2 M03 S500	主轴正转，转数500r/min
N3 G00 X4 Z2	快速移动到倒角延长线
N4 G01 X10 Z-1 F100	倒1×45°直角
N5 Z-10	加工Φ10外圆
N6 G03 X20 Z-15 R5	加工R5圆弧
N7 G01 Z-25	加工Φ20外圆
N8 X25 Z-30	加工锥度
N9 Z-40	加工Φ25外圆
N10 G00 X50	快速X向退刀
N11 Z50	快速Z向退刀
N12 M05	主轴停转
N13 M02	程序结束

四、数控车床的程序校验——模拟加工

模拟加工步骤可以概括为：程序校验、调出程序、设置毛坯、刀具调用和移动刀架至合适位置等。

1. 模拟加工前，设置操作界面参数

（1）确定毛坯尺寸。注意长度和内端面必须互为相反数，这样在模拟加工过程中刀具的位置才准确。

（2）输入调刀指令。在菜单命令条下的MDI运行中输入刀具调用指令后，将工作方式设为自动，按循环启动按键即可实现刀具调用。

（3）在程序运行过程中，可按进给保持按键，程序段单段执行，或更改未运行到的程序段中的错误。

（4）必须把刀架移动到工作台中间位置，这样可避免机床刀架出现超程现象。

（5）在模拟加工过程中，可用功能键F9来改变窗口的显示内容。

2. 模拟加工前，设置操作面板的注意事项

（1）工作方式选择到自动或单段。

（2）按下机床锁住键后再按循环启动按键，这样比较安全。

（3）不要按下冷却开/停按键。

（4）在危险或紧急情况下可按下急停按钮。

3. 模拟加工时的模式切换

模拟加工时，应先在显示屏幕上切换程序模式，程序正确后切换到图形模式，如图2-8所示。

例6　圆柱轴类零件的加工。

根据零件图2-9，完成该零件的精加工车削编程（毛坯Φ45×80，材料：铝棒）。

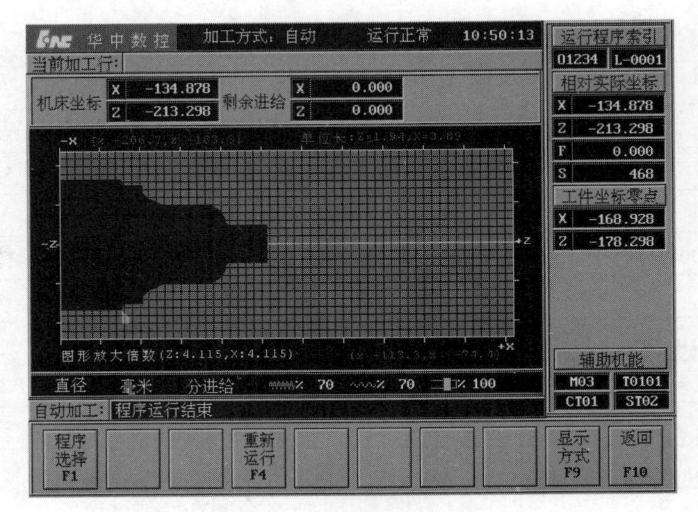

图 2-8　模拟加工图

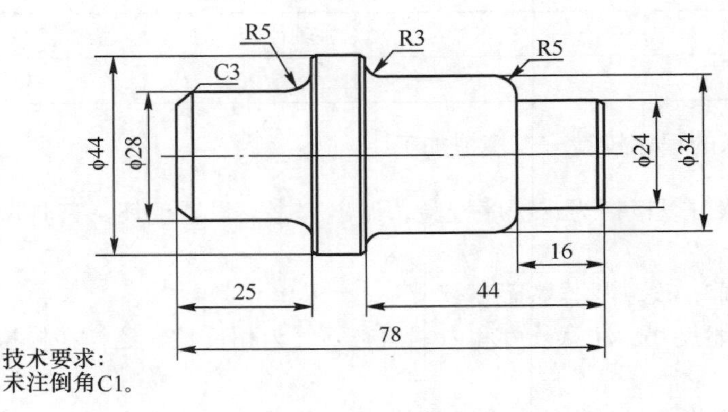

图 2-9　零件图

读图分析

（1）阅读与该任务相关的知识。

（2）分析零件图 2-8，确定装夹方案。

根据此零件的图形及尺寸，宜采用三爪卡盘夹紧工件，以轴心线与前端面的交点为编程原点。

（3）确定加工工艺。

1）夹住零件毛坯工件后其伸出长度不小于 57mm，车端面。

2）粗、精加工零件右端外形轮廓至尺寸要求。

3）零件调头，夹Φ34 外圆（校正）。

4）车端面，至零件总长尺寸要求。

5）粗、精加工零件左端外形轮廓至尺寸要求。

（4）参考程序。

%0005	程序名
N10 T0101	选择刀具及对应的补偿值

N20 M03 S600	主轴正转 600r/min
N30 G00 X46 Z2	快速接近工件
N40 G42 G00 X0	X 轴快速定位到零点，建立右刀补
N50 G01 Z0 F100	Z 轴以 0.2mm/r 的速度定位到零点
N60 X24 C1	加工 C1 倒角
N70 Z-16	加工 Φ24 轮廓
N80 G03 X34 W-5 R5	定位到 R5 倒角起点
N90 G01 Z-41	加工 Φ34 轮廓
N100 G02 X40 Z-44 R3	加工 R3 圆弧
N110 G1 X44 C1	加工 C1 倒角
N120 Z-55	加工 Φ44 轮廓
N130 G00 X100	X 轴快速退刀
N140 G40 Z200	Z 轴快速退刀，取消刀补
N150 M30	程序结束

调头装夹 Φ24 外圆（垫铜皮）。

%0006	程序名
N10 T0101	选择刀具及对应的补偿值
N20 M3 S600	主轴正转 600r/min
N30 G00 X46 Z2	快速接近工件
N40 G42 G00 X0	X 轴快速定位到零点，建立刀补
N50 G01 Z0 F100	Z 轴以 0.2mm/r 的速度定位到零点
N60 G01 X28 C3	加工 C3 倒角
N70 Z-25 R5	加工 Φ28 轮廓、R5 倒角
N80 X45 C1.5	加工 C1 倒角
N90 Z-27	
N110 G00 X100	X 轴快速退刀
N115 G40 Z200	Z 轴快速退刀，取消刀补
N120 M30	程序结束

注意事项：

（1）在使用数控车床之前必须熟悉机床的坐标结构及其默认状态。

（2）一定要了解数控系统的文件、程序段格式及各指令用法。

（3）要熟练掌握 G02、G03 方向的判断。

（4）模拟加工要注意具体的四个操作步骤。

课后练习题

1．数控程序的编制工作主要包括：

（1）____。

（2）____。

（3）____。

（4）____。

（5）____。

2．G00 指令常用于加工前________和加工后________情况下；在执行 G00 指令时，由于各轴以各自速度移动，不能保证各轴同时到达终点，因而联动直线轴的合成轨迹不一定是直线，操作者必须格外小心，以免刀具与工件或尾座发生碰撞，常见的解决方法是：________。

3．G00 指令和 G01 指令的主要区别：（1）________；（2）________。

4．在使用圆弧插补指令 G02/G03 时，需要判断零件图中的顺/逆圆弧，其判别方法是：________。

5．根据数控车床的坐标结构可知其刀架位置有两种形式，在两种刀架位置下所编制的程序________（能/否）通用，原因是________。

6．输入以下程序并进行自动运行操作，熟练掌握华中世纪星数控系统 HNC-21T3 程序编辑功能、程序校验功能及刀具中心轨迹显示功能。

%2003	程序名
N1 G92 X40 Z5	设立坐标系，定义对刀点的位置
N2 M03 S500	主轴以 500r/min 旋转
N3 G00 X0	到达工件中心
N4 G01 Z0 F100	工进接触工件毛坯
N5 G03 X24 Z-24 R15	加工 R15 圆弧段
N6 G02 X26 Z-31 R5	加工 R5 圆弧段
N7 G01 Z-40	加工 Φ26 外圆
N8 G00 X40	
N9 Z5	回对刀点
N10 M05	主轴停
N11 M02	主程序结束

注意：

（1）在按循环启动之前必须保证“机床锁住”键为开的状态或加工方式为“自动校验”。

（2）在按循环启动之前移动刀架到工作台中间位置，避免软超程现象。

7．简单编制图 2-10 所示的图形程序，并在机床上仿真校验。

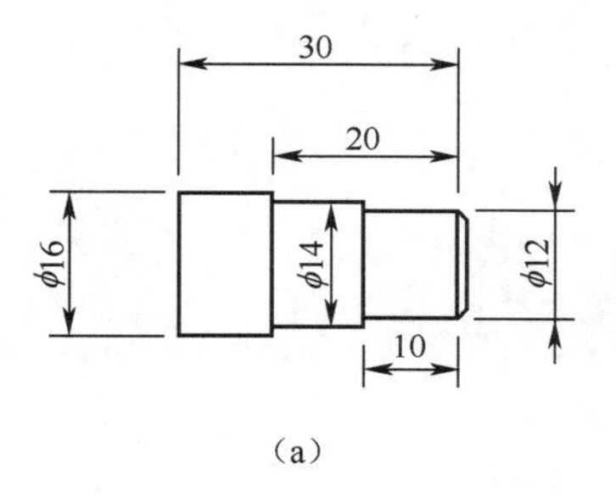

（a）

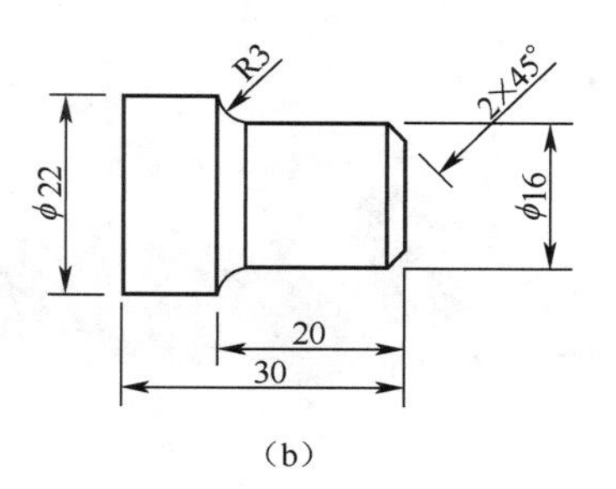

（b）

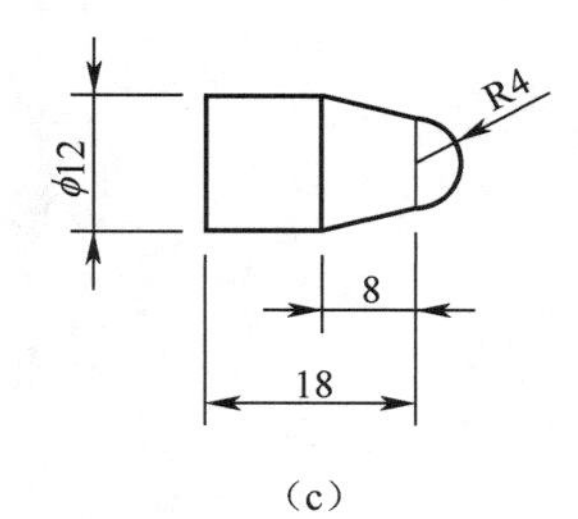

（c）

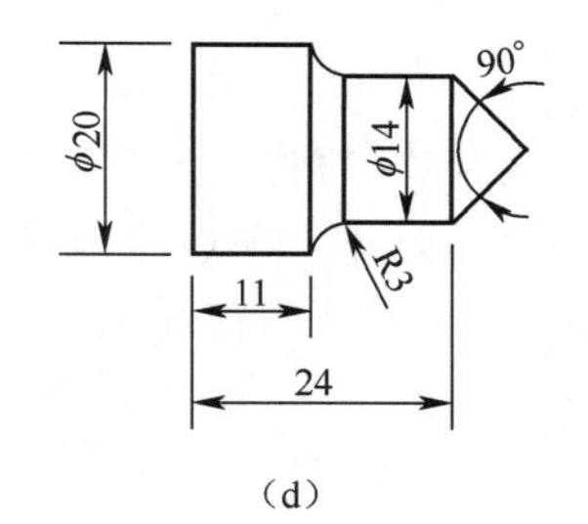

（d）

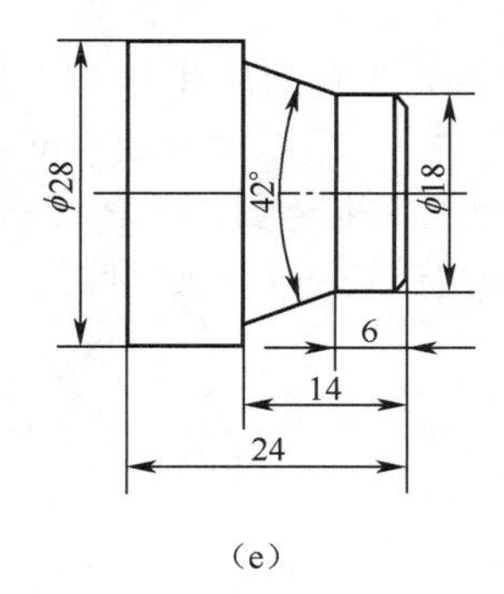

（e）

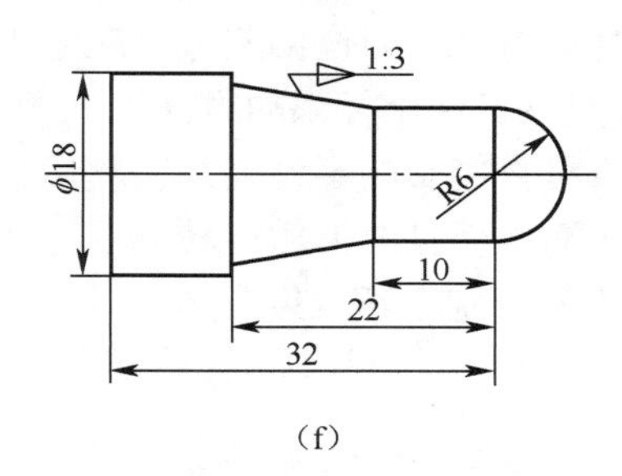

（f）

图 2-10　零件图形

任务 3 数控车床对刀操作

任务内容：

1. 熟悉数控车床的对刀原理
2. 学会用 G92、G54 ~ G59 及 T 指令三种对刀
3. 熟练一种指令的编程加工

相关知识：

在运行加工程序前，必须先进行对刀操作并将有关的刀具参数输入数控系统。对刀操作的目的是确定对刀点（G92 编程）或工件原点（G54～G59 编程）在机床坐标系下的绝对坐标值，以及测量刀具的刀位偏差值（应用 T 指令建立工件坐标系）。由以上所述可知，对于数控车床来说，建立工件坐标系的方法有三种。对刀是数控车削加工中很重要的工艺准备工作之一，对刀的质量将直接影响零件的加工精度。数控车床一般常采用试切对刀法进行对刀操作，试切法对刀操作简单而且对刀精度较高。

下面我们分别介绍 G92、G54～G59、T 建立工件坐标系（即对刀操作）的三种试切对刀法。

一、G92 编程建立工件坐标系

G92 用于建立工件坐标系，指令格式为：G92 Xα Zβ;（其中α、β为对刀点到工件坐标系原点的有向距离），当执行 G92 Xα Zβ指令后，系统内部即对(α,β)进行记忆，并建立一个使刀具当前点坐标值为(α,β)的坐标系，系统控制刀具在此坐标系中按程序进行加工。执行该指令只建立一个坐标系，刀具并不产生运动。

执行该指令时，若刀具当前点恰好在工件坐标系的α和β坐标值上，即刀具当前点在对刀点位置上，此时建立的坐标系即为工件坐标系，加工原点与程序原点重合。若刀具当前点不在工件坐标系的α和β坐标值上，则加工原点与程序原点不一致，加工出的产品就有误差或报废，甚至出现危险。因此执行该指令时，刀具当前点必须恰好在对刀点上，即工件坐标系的α和β坐标值上，如图 3-1 所示。

G92 对刀的操作步骤：

（1）用刀切工件的右端面（如图 3-1 中刀 1 位置所示），得到 Z_1（即刀具在切工件右端面时刀尖在机床坐标系下 Z 轴的坐标值）。

（2）用刀切工件的外圆（如图 3-1 中刀 2 位置所示），得到 X_1（即刀具在切 Φd_1 时刀尖在机床坐标系下 X 轴的坐标值）。

（3）测量 Φd_1 得 d_1。

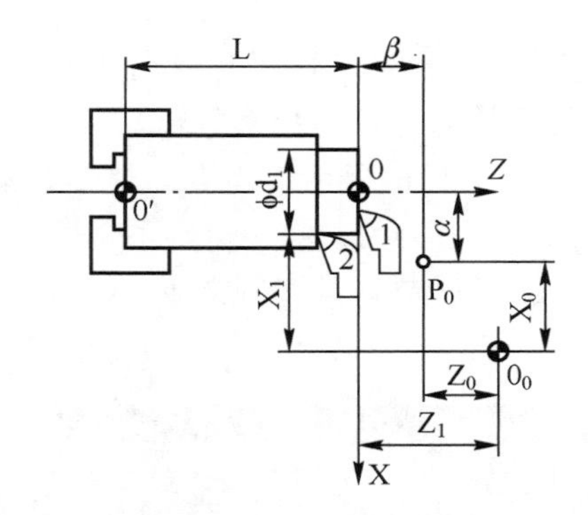

图 3-1　对刀操作示意图

（4）计算对刀点 P_0 在机床坐标系下的绝对坐标值 X_0、Z_0。

1）从几何角度看：$X_0=X_1-d_1/2+\alpha$、$Z_0=Z_1+\beta$。

2）从数控车床编程特点角度看，一般情况下，读数得来的 X_1 和测量得来的 d_1 均为直径值，编写程序时 X 方向也为直径值（即α为直径值），此时 $X_0=X_1-d_1+\alpha$、$Z_0=Z_1+\beta$。

（5）将刀具移动到对刀点 P_0 位置（即机床坐标系下的绝对坐标值为 X_0、Z_0 的位置），此点即为工件坐标系的α 和 β 坐标位置。

显然，当α、β 不同，或改变刀具位置时，即刀具当前点不在对刀点位置上，则加工原点与程序原点不一致。因此在执行程序段 G92 Xα Zβ前，必须先对刀。

以上为用 G92 指令将工件坐标系建立在工件右端面（即前端面），若要建立在左端面（即后端面），X_0 计算相同，$Z_0=Z_1+\beta-L$。

二、G54～G59 编程建立工件坐标系

G54～G59 也称为工件坐标系选择或确定工件坐标系指令，这 6 个指令用法相同，在此以常用指令 G54 为例进行说明。G54 对刀建立工件坐标系的实质是：寻找工件坐标系原点在机床坐标系下的绝对坐标值，完成后把此坐标值输入 G54 坐标系下，对刀完成。

G54 对刀的步骤同 G92 对刀的前三步，此时即可计算出 O 点在机床坐标系下的坐标值为 (X_1-d_1,Z_1)，然后将该值输入到 G54 坐标系参数中，编程时直接调用 G54 即可。

注意：采用 G54 对刀建立工件坐标系，在对好刀运行程序之前，一定要对系统进行回参考点操作。

三、应用 T 指令输入刀具参数建立工件坐标系

应用 T 指令输入刀具参数建立工件坐标系可用于多刀加工，同时 T 指令也可指定刀具的偏置和磨损补偿。

编程时，设定刀架上各刀在工作位时，其刀尖位置是一致的。但由于刀具的几何形状及安装的不同，刀尖位置是不一致的，相对于工件原点的距离也是不同的。因此需要将各刀具的位置值进行比较或设定，称为刀具偏置。刀具偏置补偿可使加工程序不随刀尖位置的不同而改变。刀具偏置补偿有两种形式：绝对补偿和相对补偿。在此只介绍应用绝对补偿建立工件坐标系。

绝对刀偏即机床回到机床零点时，工件零点相对于刀架工作位上各刀刀尖位置的有向距离（即工件坐标系原点在机床坐标系下的坐标）。当执行刀偏补偿时，各刀以此值设定各自的

加工坐标系。故此，虽刀架在机床零点时各刀由于几何尺寸不一致，各刀刀位点相对工件零点的距离不同，但各自建立的坐标系均与工件坐标系重合。

当机床到达机床零点时，机床坐标值显示均为零，整个刀架上的点可考虑为一理想点，故当各刀对刀时，机床零点可视为在各刀刀位点上。本系统可通过输入试切直径、长度值，自动计算工件零点相对与各刀刀位点的距离，其步骤如下：

（1）在 F4 刀具补偿子菜单下的“刀具偏置表”功能按 F4 键，如图 3-2 所示。

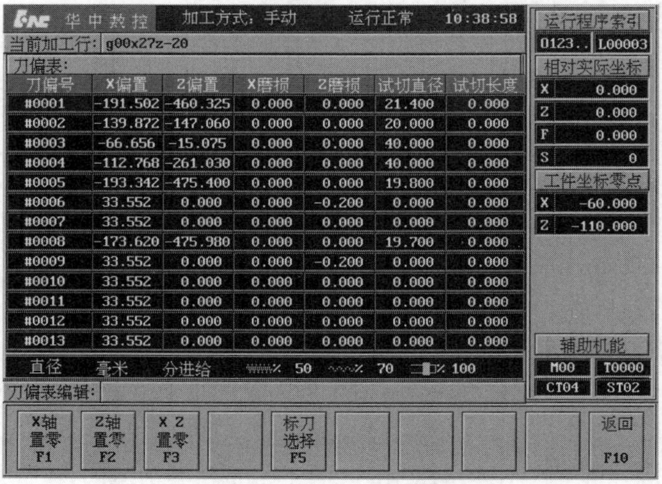

华中数控　加工方式：手动　运行正常　10:38:58

当前加工行：g00x27z-20

刀偏表：

刀偏号	X偏置	Z偏置	X磨损	Z磨损	试切直径	试切长度
#0001	-191.502	-460.325	0.000	0.000	21.400	0.000
#0002	-139.872	-147.060	0.000	0.000	20.000	0.000
#0003	-66.656	-15.075	0.000	0.000	40.000	0.000
#0004	-112.768	-261.030	0.000	0.000	40.000	0.000
#0005	-193.342	-475.400	0.000	0.000	19.800	0.000
#0006	33.552	0.000	0.000	-0.200	0.000	0.000
#0007	33.552	0.000	0.000	0.000	0.000	0.000
#0008	-173.620	-475.980	0.000	0.000	19.700	0.000
#0009	33.552	0.000	0.000	-0.200	0.000	0.000
#0010	33.552	0.000	0.000	0.000	0.000	0.000
#0011	33.552	0.000	0.000	0.000	0.000	0.000
#0012	33.552	0.000	0.000	0.000	0.000	0.000
#0013	33.552	0.000	0.000	0.000	0.000	0.000

直径　毫米　分进给　50　70　100

刀偏表编辑：

运行程序索引　0123..　L00003

相对实际坐标　X 0.000　Z 0.000　F 0.000　S 0

工件坐标零点　X -60.000　Z -110.000

辅助机能　M00　T0000　CT04　ST02

X轴置零 F1　Z轴置零 F2　X Z置零 F3　标刀选择 F5　返回 F10

图 3-2　刀具偏置表

（2）用各刀试切工件端面，此时刀具不动，如编程时将工件原点设在工件前端面，即在刀偏表相应行试切长度栏输入 0（设零前不得有 Z 轴位移）。

（3）用同一把刀试切工件外圆，刀具沿 Z 轴退出，测量试切部分直径。

（4）在刀偏表相应行试切直径栏输入试切后工件的直径值（设零前不得有 X 轴位移）。

退出换刀后，用下一把刀重复第 2—3 步骤，即可得到各刀绝对刀偏值，完成多刀的对刀操作。

刀具使用一段时间后就会磨损，使加工的产品尺寸产生误差，因此需要对其进行补偿。该补偿与刀具偏置补偿存放在同一个寄存器的地址号中。各刀的磨损补偿只对该刀有效。

刀具的补偿功能由 T 代码指定，其后的 4 位数字分别表示选择的刀具号和刀具偏置补偿号，T 代码的说明如下：

TXX　　　+　　　XX

刀架上的刀位号　　刀具偏置（补偿）号

刀具补偿号是刀具偏置补偿寄存器的地址号，该寄存器存放刀具的 X 轴和 Z 轴偏置补偿值、刀具的 X 轴和 Z 轴磨损补偿值。T 指令后跟补偿号表示开始补偿功能。补偿号为 00 表示补偿量为 0，即取消补偿功能。系统对刀具的补偿或取消都是通过拖板的移动来实现的。补偿号可以和刀具号相同，也可以不同，即一把刀具可以对应多个补偿号（值）。

刀具磨损简单的补偿方法是：粗车加工完后测量，发现实测值和理论值发生偏差，可在刀偏表刀具磨损栏补偿。例如，车削直径为 Φ40 的外圆，粗车时预留量为 0.5mm，粗车加工完后理论值应为 Φ40.5mm，但实际测量值因为刀具磨损或其他原因，却为 Φ40.8mm，比理论值大了 0.3mm，此时只要在刀偏表刀具磨损相应栏（即 X 磨损）输入-0.3mm 后，再精加工，精加工完后测量即为 Φ40，相反亦然。当然此时的车削程序要做相应更改，此问题在粗车复合循环指令讲解时会详述。

四、回参考点控制指令

1. 自动返回参考点 G28

格式：G28 X_Z_

X、Z：绝对编程时为中间点在工件坐标系中的坐标；U、W：增量编程时为中间点相对于起点的位移量。

G28 指令首先使所有的编程轴都快速定位到中间点，然后再从中间点返回到参考点。一般 G28 指令用于刀具自动更换或者消除机械误差，在执行该指令之前应取消刀尖半径补偿。在 G28 的程序段中不仅产生坐标轴移动指令，而且记忆了中间点坐标值，以供 G29 使用。

G28 指令仅在其被规定的程序段中有效。

2. 自动从参考点返回 G29

格式：G29 X_Z_

X、Z：绝对编程时为定位终点在工件坐标系中的坐标；U、W：增量编程时为定位终点相对于 G28 中间点的增量。

G29 可使所有编程轴以快速进给经过由 G28 指令定义的中间点，然后再到达指定点。通常该指令紧跟在 G28 指令之后。

G29 指令仅在其被规定的程序段中有效。

例 1　用 G28、G29 对图 3-3 所示的路径编程：要求由 A 经过中间点 B 并返回参考点，然后从参考点经由中间点 B 返回到 C。

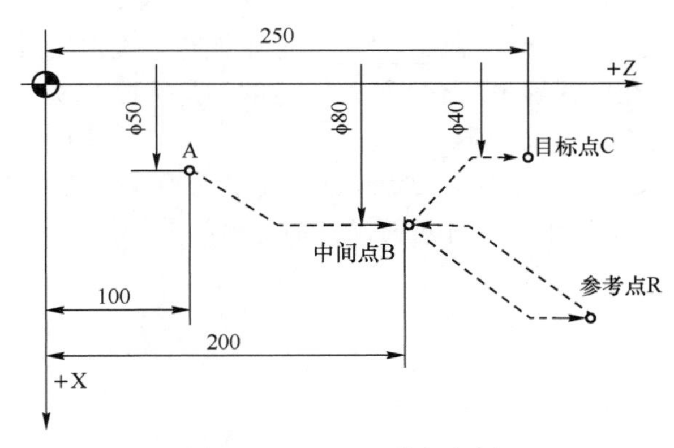

图 3-3　G28/G29 编程实例

参考程序：

%0007	程序名
N1 G92 X50 Z100	设立坐标系，定义对刀点 A 的位置
N2 G28 X80 Z200	从 A 点到达 B 点再快速移动到参考点
N3 G29 X40 Z250	从参考点 R 经中间点 B 到达目标点 C

N4 G00 X50 Z100	回对刀点
N5 M30	主轴停、主程序结束并复位

注意事项：

（1）检查机床运行是否正常。

（2）检查工件与刀具装夹是否牢靠。

（3）检查程序是否正确，确认车刀与程序中的刀号一致。

（4）开始加工时，按下“单步运行”按钮，待运行正常后，再取消单步运行。

课后练习题

1．在数控加工中，工件坐标系确定后，还要确定对刀点在________坐标系中的位置，即常说的对刀问题。

2．“对刀点”就是在数控机床上加工零件时，刀具相对于工件运动的________点，由于程序段从该点开始执行，所以对刀点又称________或________。

3．对刀点的选择原则是：

（1）____；

（2）____；

（3）____。

4．对刀点可选在________上，也可选在________外面。但必须与零件的________基准有一定的尺寸关系。

5．为了提高加工精度，对刀点应尽量选在零件的________基准上，如以孔定位的工件，可选孔的________作为对刀点。一致性越好，对刀精度就越高。

6．零件安装后________坐标系与________坐标系就有了确定的尺寸关系。

7．对刀是指操作者在运行程序之前，通过一定的测量手段，使________点与________点重合。

8．分别写出 G92、G54、T 指令对刀操作的步骤（对刀操作的方法为试切对刀法）。

9．分别用 G92、G54、T 指令执行对刀操作加工出简单工件。

任务 4　数控车床单一循环指令

任务内容：

数控车床单一循环的了解及应用

相关知识：

数控车床单一切削循环，通常是指用一个含 G 代码的程序段完成四步走刀动作（即相当于四个程序段指令）才能完成的加工操作，使程序得以简化。

数控车床有三类单一循环，分别是：

G80：内（外）径切削单一循环；

G81：端面切削单一循环；

G82：螺纹切削单一循环（该指令将在螺纹加工中介绍）。

一、G80 简单循环指令详解

1．圆锥面内（外）径切削循环 G80 及说明见表 4-1。

表 4-1　圆锥面内（外）径切削循环指令 G80

指令	G80
格式	G80 X(U)_Z(W)_I_F_；
说明	G80 指令，圆锥面内（外）径切削简单循环。该指令可以以一个程序段的编程完成进刀（A→B）、切削（B→C）、退刀（C→D）、返回（D→A）的四个步骤，从而达到了简化编程的目的，如参考图所示
参考图	+X　z　w　D　4R　A　3R　1R　u/2　C　2F　i　B　x/2　+Z
参数	**含义**
X、Z	绝对值编程，为切削终点 C 在工件坐标系下的坐标
U、W	增量值编程，为切削终点 C 相对于循环起点 A 的有向距离

续表

参数	含义
I	在进行圆锥面加工时，为切削起点 B 相对于切削终点 C 的 X 向增量。其符号为差的符号（无论是绝对值编程还是增量值编程） 当 I=0 时其加工图形为下图 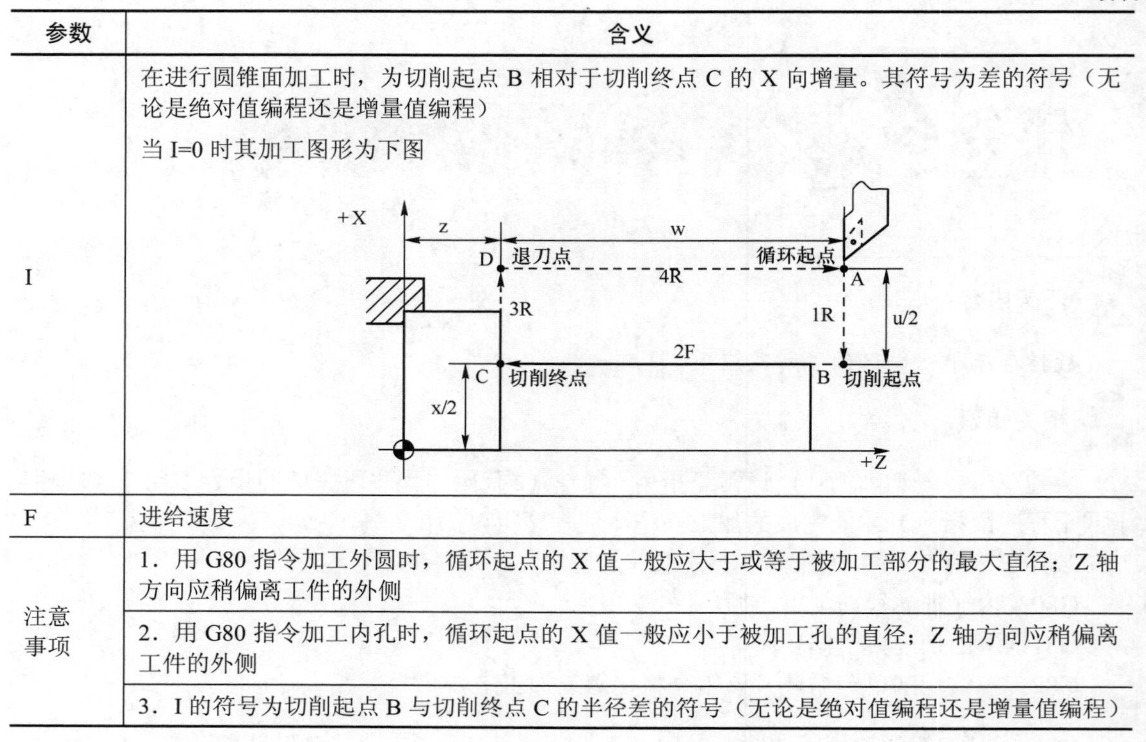
F	进给速度
注意事项	1．用 G80 指令加工外圆时，循环起点的 X 值一般应大于或等于被加工部分的最大直径；Z 轴方向应稍偏离工件的外侧
	2．用 G80 指令加工内孔时，循环起点的 X 值一般应小于被加工孔的直径；Z 轴方向应稍偏离工件的外侧
	3．I 的符号为切削起点 B 与切削终点 C 的半径差的符号（无论是绝对值编程还是增量值编程）

例 1 如图 4-1 所示，用 G80 指令编程，点画线代表毛坯。

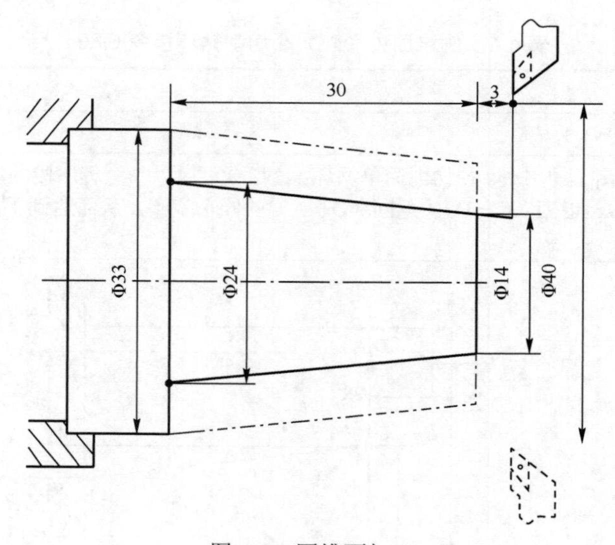

图 4-1 圆锥面加工

读图分析

（1）阅读与该任务相关的知识。

（2）分析零件图 4-1，确定装夹方案。

根据此零件的图形及尺寸，宜采用三爪卡盘夹紧工件，以轴心线与前端面的交点为编程原点。

（3）确定加工工艺。

1）夹住零件毛坯工件后其伸出长度不小于 35mm，车端面。

2）粗、精加工零件圆锥轮廓至尺寸要求。

（4）参考程序：

%0008	程序名
G92 X50 Z10	设立坐标系，定义对刀点位置
M03 S500	主轴以 500r/min 旋转
G00 X40 Z3	确定循环起点
G91 G80 X-10 Z-33 I-5.5 F100	加工第一次循环，吃刀深 3mm
X-13 Z-33 I-5.5	加工第二次循环，吃刀深 3mm
X-16 Z-33 I-5.5	加工第三次循环，吃刀深 3mm
G00 X100	X 轴退刀
Z100	Z 轴退刀
M30	程序结束

例 2　如图 4-2 所示，采用 G80 指令在直径为 Φ40mm 的棒料上，加工出前端直径为 Φ22mm 后端直径为 Φ36mm，长为 28mm 的圆锥面。

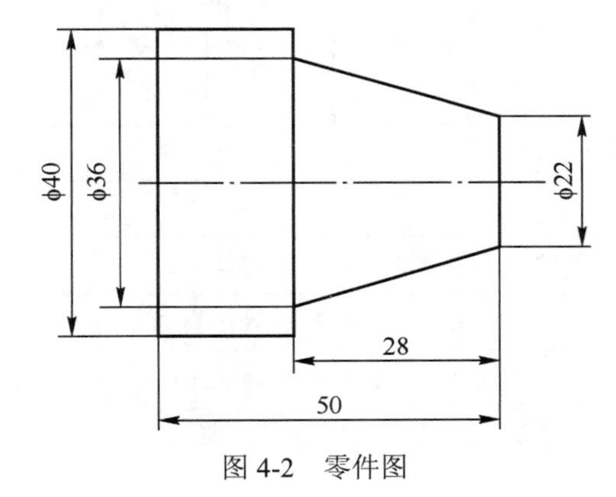

图 4-2　零件图

加工参考程序：

%0010	程序名
N10 T0101	选择刀具及对应的补偿值
N20 M3 S600	主轴正转速度为 600r/min
N30 G00 X42 Z2.8	快速定位到循环起点
N40 G80 X39 Z-28I-7.7 F100	G80 循环第一刀切削
N50 X38 Z-28 I-7.7	G80 循环第二刀切削
N60 X37 Z-28 I-7.7	G80 循环第三刀切削

N70 X36 Z-28 I-7.7	G80 循环第四刀切削
N80 G00 X100	X 轴退刀
N90 Z100	Z 轴退刀
N100 M30	程序结束

二、端面切削循环 G81

端面切削循环 G81 及说明见表 4-2。

表 4-2 端面切削循环 G81 指令

指令	G81
格式	G81 X(U)_Z(W)_K_F_;
说明	G81 指令，圆锥端面切削简单循环。该指令可以以一个程序段的编程完成进刀（A→B）、切削（B→C）、退刀（C→D）、返回（D→A）四个步骤，从而达到了简化编程的目的，如参考图所示
参考图	
参数	含义
X、Z	绝对值编程时，为切削终点 C 在工件坐标系下的坐标
U、W	增量值编程时，为切削终点 C 相对于循环起点 A 的有向距离
K	在进行圆锥端面加工时，为切削起点 B 相对于切削终点 C 在 Z 向增量。其符号为差的符号（无论是绝对值编程还是增量值编程）。如果进行端平面加工时，该值为零，可以省略不写
F	进给速度
注意事项	1. 用 G81 指令加工外圆时，循环起点的 X 值一般应大于被加工工件的直径；Z 轴方向应稍偏离工件的外侧
	2. 用 G81 指令加工内孔时，循环起点的 X 值一般应小于被加工孔的直径；Z 轴方向应稍偏离工件的外侧。

应用：一般情况下，G80 用于轴套类零件的编程加工，而 G81 用于轮盘类零件的编程加工。

例 3 如图 4-3 所示，用 G81 指令编程，点画线代表毛坯。

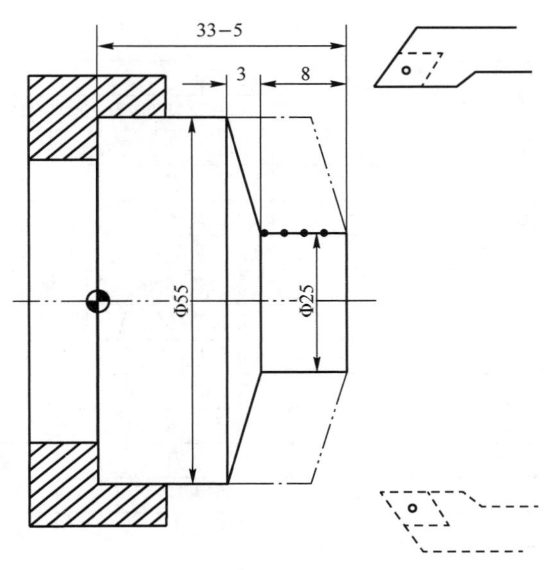

图 4-3　G81 切削循环编程实例

参考程序：

%0011	程序名
N1 G90 G54	选定坐标系
N2 M03 S600	主轴正转，转速 600r/min
N3 G00 X60 Z45	刀具移动到循环起点
N4 G81 X25 Z31.5 K-3.5 F100	加工第一次循环，吃刀深 2mm
N5 X25 Z29.5 K-3.5	加工第二次循环，吃刀深 2mm
N6 X25 Z27.5 K-3.5	加工第三次循环，吃刀深 2mm
N7 X25 Z25.5 K-3.5	加工第四次循环，吃刀深 2mm
N8 M05	主轴停
N9 M30	主程序结束并复位

例 4　如图 4-4 所示，采用 G81 指令在直径为 Φ70mm 的棒料上，加工出直径为 Φ20mm 长为 5mm 的圆锥面。

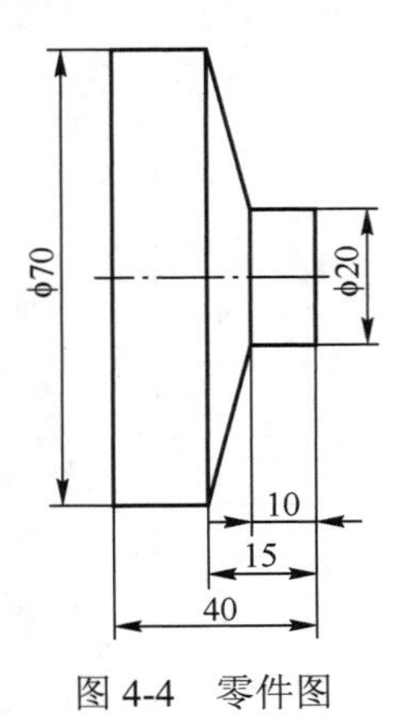

图 4-4　零件图

加工参考程序：

%0012	程序名
N10 T0101	选择刀具及对应的补偿值
N20 M3 S500	主轴正转 500r/min
N30 G00 X75 Z3	循环起点
N40 G81X20 Z-1.5 K-5.5 F100	G81 循环第一刀切削
N50 X20 Z-3 K-5.5	G81 循环第二刀切削
N60 X20 Z-4.5 K-5.5	G81 循环第三刀切削
N70 X20 Z-6.0 K-5.5	G81 循环第四刀切削
N80 X20 Z-7.5 K-5.5	G81 循环第五刀切削
N90 X20 Z-9 K-5.5	G81 循环第六刀切削
N100 X20 Z-10 K-5.5	G81 循环第七刀切削
N110 G00 X100	X 轴退刀
N120 Z100	Z 轴退刀
N130 M3	程序结束

注意事项：

（1）数控车床单一循环 G80/G81 分别有两种用法，一定要注意各自的走刀路线。

（2）在使用 G80/G81 指令时一定要注意计算 I/K 值时刀具循环起点的位置，即刀具不在工件的加工表面。

课后练习题

1．数控车床的单一循环指令通常是指用一个 G 代码的程序段完成________步走刀动作才能完成的加工操作，使程序得以简化。在该指令执行的过程中有四个点分别是：A________、B________、C________、D________。

2．内（外）径切削单一循环指令 G80 中 I 指的是________。

3．端面切削单一循环指令 G81 中 K 指的是________。

4．一般情况下 G80 用于________类零件的加工，而 G81 用于________类零件的加工。

5．用单一循环指令 G80 加工圆柱面时其指令格式为：________。

6．用单一循环指令 G81 加工圆柱端面时其指令格式为：________。

7．使用内（外）径切削单一用循环指令 G80 完成如图 4-5 所示零件的车削，虚线为未加工时毛坯的位置，循环起点为(40,3)。

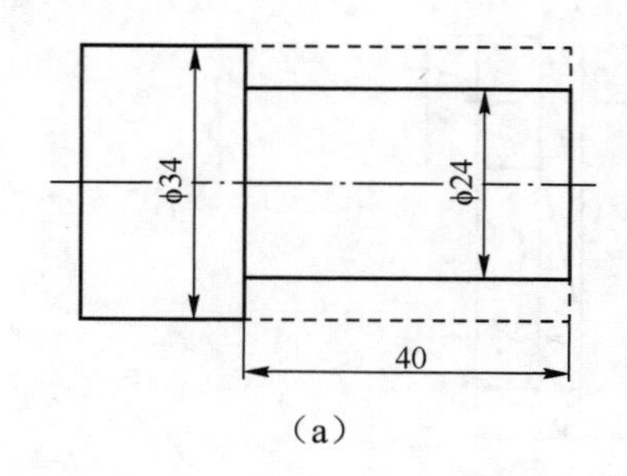

（a）

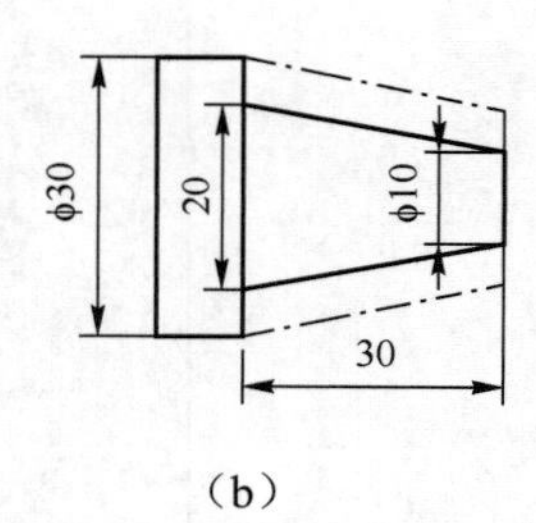

（b）

图 4-5　零件图

8．使用端面切削单一用循环指令 G81 完成如图 4-6 所示零件的车削，虚线为未加工时毛坯的位置，循环起点为(50,3)。

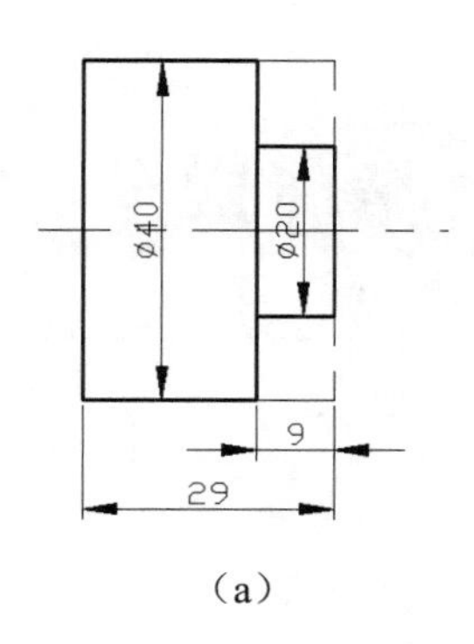

（a）

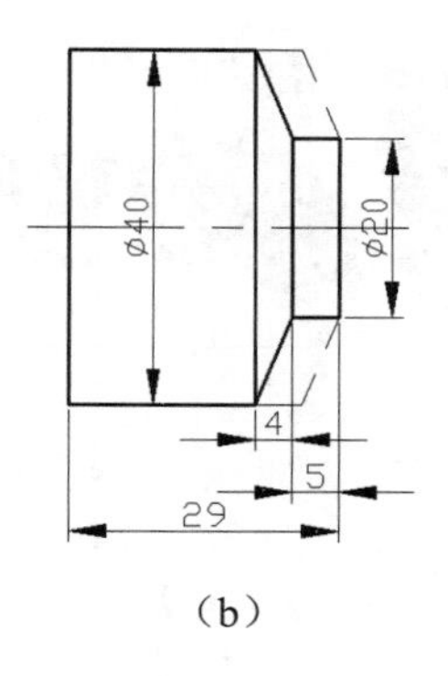

（b）

图 4-6　零件图

任务5 数控车床复合循环指令

任务内容：

数控车床复合循环指令 G71、G72、G73 的编程格式及使用

相关知识：

在数控车床上车削余量较大的棒料或铸锻件时，一般都分为粗、精加工工序。粗加工时往往要多次重复切削才能去除余量，此时即使使用单一循环指令编程，程序也较复杂。复合循环指令只需指定精加工路线和粗加工的背吃刀量、退刀量，系统会自动计算出粗加工路线和走刀次数，大大简化了编程。

数控车床有四类复合循环，分别是：

（1）G71：内（外）径粗车复合循环；

（2）G72：端面粗车复合循环；

（3）G73：封闭轮廓复合循环；

（4）G76：螺纹切削复合循环（该指令将在螺纹加工中介绍）。

一、内（外）径粗车复合循环 G71

内、外径粗车复合循环指令 G71 的格式及说明见表 5-1。

表 5-1　内、外径粗车复合循环指令 G71

指令	G71
格式	G71 U(Δd) R(e) P(ns) Q(nf) X(Δu) Z(Δw) F(f) S(s) T(t)；
说明	该指令执行如参考图所示的粗加工和精加工，其中精加工路径为 A→A′→B′→B 的轨迹。所加工程序段的精车轨迹在 X、Z 轴必须递增或递减
参考图	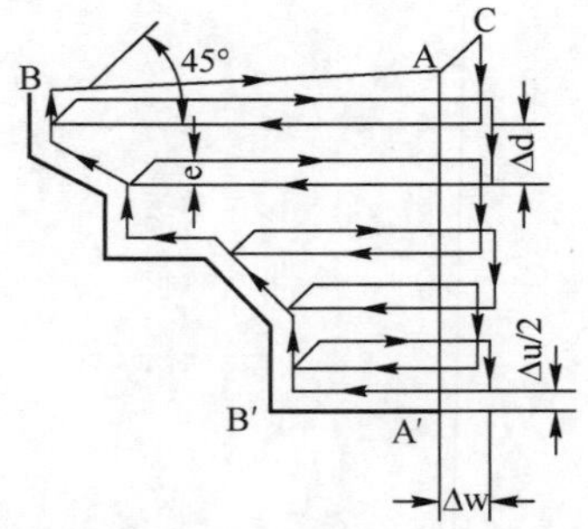

续表

参数	含义
U	Δd 为 X 向背吃刀量（半径值指定），模态且不带符号，切削深度（每次切削量），方向由矢量 AA′ 决定
R	r 为退刀量，模态值
P	ns 为精加工路径第一程序段（即参考图中的 AA′）的顺序号
Q	nf 为精加工路径最后程序段（即参考图中的 B′B）的顺序号
X	Δu 为 X 方向精车预留余量，大小和方向用直径值指定
Z	Δw 为 Z 方向精车预留余量的大小和方向
F	f 粗加工时的进给速度
S	s 粗加工时的主轴转速
T	t 粗加工时的刀具功能
说明	粗加工时 G71 中编程的 F、S、T 有效，而精加工时处于 ns 到 nf 程序段之间的 F、S、T 有效
注意事项	1．在 G71 切削循环下，切削进给方向平行于 Z 轴，U(ΔU)和 W(ΔW) 的符号如下图所示，其中(+)表示沿轴正方向移动，(-)表示沿轴负方向移动
	2．G71 指令必须带有 P、Q 地址 ns、nf，且与精加工路径起、止顺序号对应，否则不能进行该循环加工
	3．ns 的程序段必须为 G00/G01 指令，必须是直线或点定位运动
	4．在顺序号为 ns 到顺序号为 nf 的程序段中，不应包含子程序
	5．G71 程序段不能省略除 F、S、T 以外的地址符。G71 程序段中的 F、S、T 只在粗加工循环时有效，精加工时处于 ns 到 nf 程序段之间的 F、S、T 有效

G71 还有一种用法（有凹槽加工），所加工程序段的精车轨迹在 X、Z 轴不递增和递减。

格式：G71 U(Δd) R(r) P(ns) Q(nf) E(e) F(f) S(s) T(t);

其中参数 e 为精加工余量，其为 X 方向的等高距离；外径切削时为正，内径切削时为负。其余参数同 G71 的第一种用法。

例 1 用外径粗加工复合循环编制图 5-1 所示零件的加工程序：要求循环起始点在 A(50,3)，切削深度为 1.5mm（半径量），退刀量为 1mm，X 方向精加工余量为 0.4mm，Z 方向精加工余量为 0.1mm，其中点画线部分为工件毛坯。

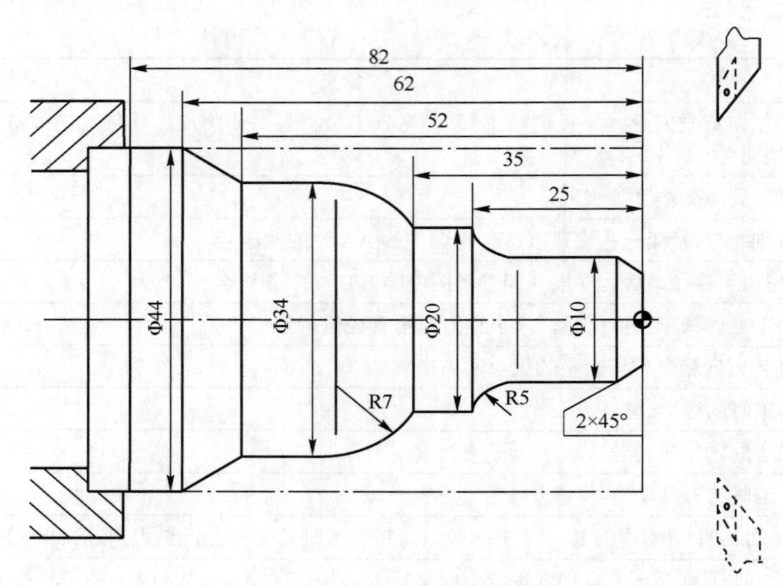

图 5-1　G71 外径复合循环编程实例

加工参考程序：

%0013	程序名
N1 G54 G00 X60 Z3	选定坐标系 G54，到程序起点位置
N2 M03 S600	主轴以 600r/min 正转
N3 G01 X50 Z3 F100	刀具到循环起点位置
N4 G71 U1.5 R1 P5 Q13 X0.4 Z0.1 F100	粗切量：1.5mm；精切量：X0.4mm，Z0.1mm
N5 G00 X0	精加工轮廓起始行，到倒角延长线
N6 G01 X10 Z-2	精加工 2×45°倒角
N7 Z-20	精加工 Φ10 外圆
N8 G02 U10 W-5 R5	精加工 R5 圆弧
N9 G01 W-10	精加工 Φ20 外圆
N10 G03 U14 W-7 R7	精加工 R7 圆弧
N11 G01 Z-52	精加工 Φ34 外圆
N12 U10 W-10	精加工外圆锥
N13 W-20	精加工 Φ44 外圆，精加工轮廓结束行
N14 X50	退出已加工面
N15 G00 X80 Z80	回对刀点
N16 M05	主轴停
N17 M30	主程序结束并复位

例 2　用内径粗加工复合循环编制图 5-2 所示零件的加工程序：要求循环起始点在 A(6,3)，切削深度为 1.5mm（半径量），退刀量为 1mm，X 方向精加工余量为 0.4mm，Z 方向精加工余

量为 0.1mm，其中点画线部分为工件毛坯。

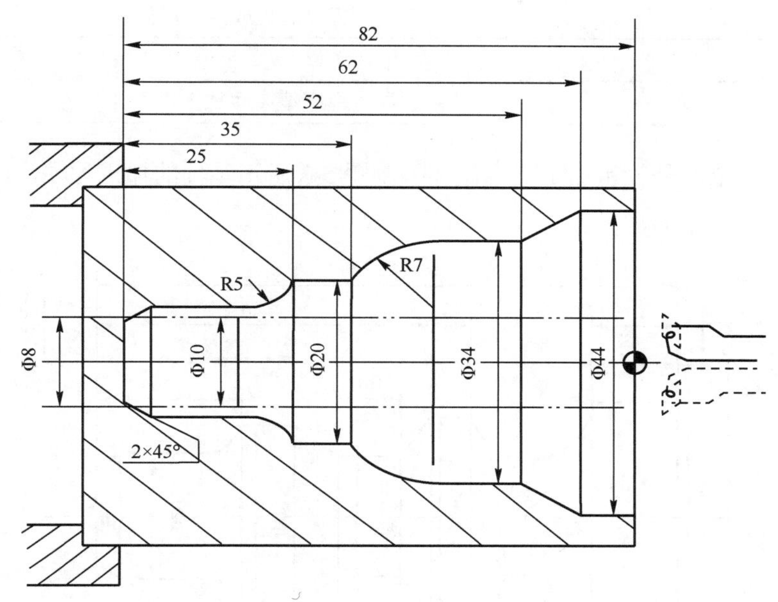

图 5-2　G71 内径复合循环编程实例

加工参考程序：

%0014	程序名
N1 T0101	换一号刀，确定其坐标系
N2 G00 X80 Z80	到程序起点或换刀点位置
N3 M03 S600	主轴以 600r/min 正转
N4 G00 X6 Z3	到循环起点位置
N5 G71 U1.5 R1 P8 Q16 X-0.4 Z0.1 F100	内径粗切循环加工
N6 G00 X80 Z80	粗切后，到换刀点位置
N7 T0202	换二号刀，确定其坐标系
N8 G00 G42 X6 Z5	二号刀加入刀尖圆弧半径补偿
N9 G00 X44	精加工轮廓开始，到 Φ44 外圆处
N10 G01 Z-20 F80	精加工 Φ44 内孔
N11 U-10 W-10	精加工内圆锥
N12 W-10	精加工 Φ34 内孔
N13 G03 U-14 W-7 R7	精加工 R7 圆弧
N14 G01 W-10	精加工 Φ20 内孔
N15 G02 U-10 W-5 R5	精加工 R5 圆弧
N16 G01 Z-80	精加工 Φ10 内孔
N17 U-4 W-2	精加工倒 2×45°角，精加工轮廓结束
N18 G40 X4	退出已加工表面，取消刀尖圆弧半径补偿

N19 G00 Z80	退出工件内孔
N20 X80	回程序起点或换刀点位置
N21 M05	主轴停
N22 M30	主程序结束并复位

例 3 用有凹槽的外径粗加工复合循环编制图 5-3 所示零件的加工程序，其中点画线部分为工件毛坯。

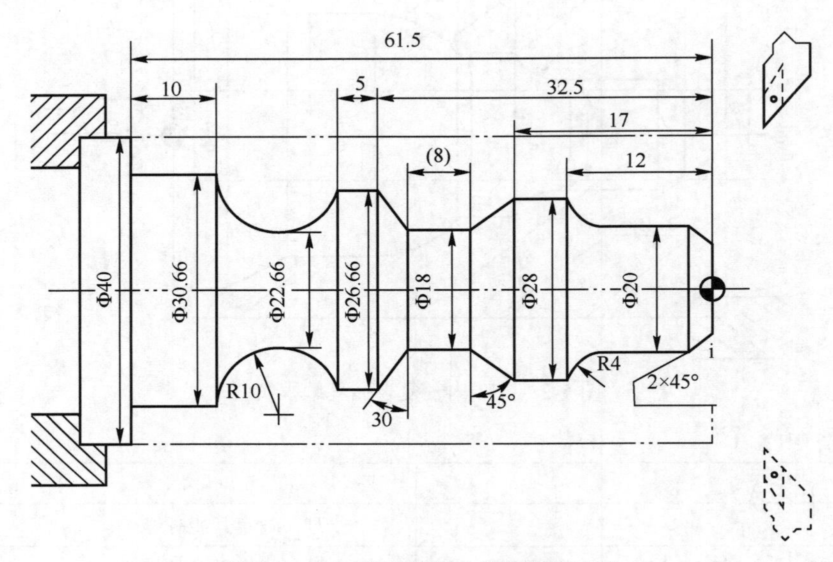

图 5-3　G71 有凹槽复合循环编程实例

加工参考程序：

%0015	程序名
N1 T0101	换一号刀，确定其坐标系
N2 G00 X80 Z100	到程序起点或换刀点位置
M03 S600	主轴以 600r/min 正转
N3 G00 X42 Z3	到循环起点位置
N4 G71 U1 R1 P8 Q19 E0.3 X0.3 Z0 F100	有凹槽粗切循环加工
N5 G00 X80 Z100	粗加工后，到换刀点位置
N6 T0202	换二号刀，确定其坐标系
N7 G00 G42 X42 Z3	二号刀加入刀尖圆弧半径补偿
N8 G00 X10	精加工轮廓开始，到倒角延长线处
N9 G01 X20 Z-2 F80	精加工倒 2×45°角
N10 Z-8	精加工 Φ20 外圆
N11 G02 X28 Z-12 R4 N12 G01 Z-17	精加工 R4 圆弧 精加工 Φ28 外圆
N13 U-10 W-5	精加工下切锥

N14 W-8	精加工 Φ18 外圆槽
N15 U8.66 W-2.5	精加工上切锥
N16 Z-37.5	精加工 Φ26.66 外圆
N17 G02 X30.66 W-14 R10	精加工 R10 下切圆弧
N18 G01 W-10	精加工 Φ30.66 外圆
N19 X40	退出已加工表面，精加工轮廓结束
N20 G00 G40 X80 Z100	取消半径补偿，返回换刀点位置
N21 M30	主轴停、主程序结束并复位

如何在粗加工之后精加工之前测量所留余量是否为理论余量

一般轴类零件的粗加工完后测量再进行精加工。此时需要在粗加工循环指令之后，退刀、停止主轴转动，并加入程序暂停指令 M00，测量完按循环启动再进行精加工。

如何保证长度

一段加工完成后，测量长度。掉头加工另一端对刀对 Z 轴时，在试切长度输入实际测量的长度比理论长度多出的数值。

例 4　据零件图 5-4 所示，完成该零件的编程（毛坯 Φ42×60，材料：钢棒）。

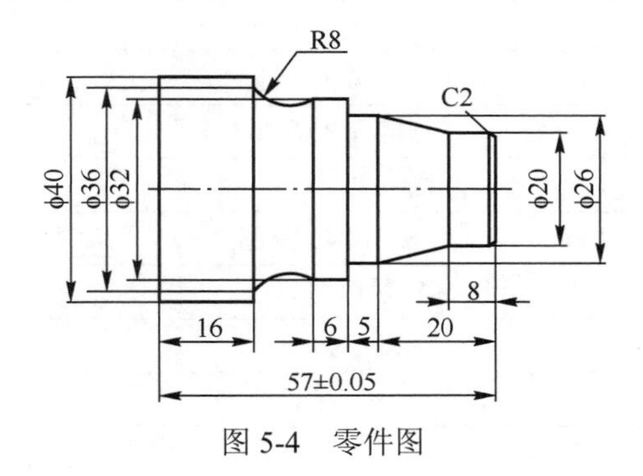

图 5-4　零件图

读图分析

（1）阅读与该任务相关的知识。

（2）分析零件图 5-6，确定装夹方案。

根据此零件的图形及尺寸，宜采用三爪卡盘夹紧工件，以轴心线与前端面的交点为编程原点。

（3）确定加工工艺。

1）装夹零件毛坯保证工件伸出长度不小于 65mm，车端面。

2）粗、精加工圆柱轴零件轮廓至尺寸要求。

3）回换刀点，换切刀切断并保证总长。

（4）加工参考程序：

%0019	程序名
N10 T0101	选择刀具及对应的补偿值
N20 M3 S500	主轴正转 500r/min

N30 G00 X42 Z3	确定循环起点
N40 G71 U1.5 R1 P110 Q210 X0.6 Z0.1 F100	采用 G71 复合循环，每刀进给 1.5 mm 退刀 1mm，并指定精加工开始与结束路段 40 和 140，确定 X 和 Z 余量为 0.6mm 和 0.1mm
N50 G0 X100	X 轴退刀
N60 Z100	Z 轴退刀
N70 M05	主轴停
N80 M00	程序暂停，此时可测量粗加工后工件直径
N90 T0101	如果有变化在刀偏表中刀具磨损栏输入相应值
N100 G0 X42 Z3 M03 S1000	快速定位，精加工转速 1000r/min
N110 X0	X 轴快速定位到零点
N120 G01 Z0 F100	Z 轴定位到零点，精加工进给速度 100mm/min
N130 X20 C2	加工 C2 倒角
N140 Z-8	加工 Φ20 外圆
N150 X26 Z-20	加工外锥面
N160 Z-25	加工 Φ26 外圆
N170 X32	加工端面
N180 Z-31	加工 Φ32 外圆
N190 G02 X36 Z-41 R8;	加工 R8 圆弧
N200 G01 X40	加工端面
N210 G01 Z-61	加工 Φ40 外圆
N220 G00 X100	X 轴退刀
N230 Z100	Z 轴退刀
N240 M01	程序有条件暂停
N250 M30	程序结束

例 5 使用 G71 指令编写如图 5-5 所示的粗精加工程序，并在粗车后要求测量，测量合格继续精加工，不合格在刀偏表刀具磨损栏调整，调整方法在对刀时讲解刀偏表刀具磨损时已做介绍，这里只做程序完善。

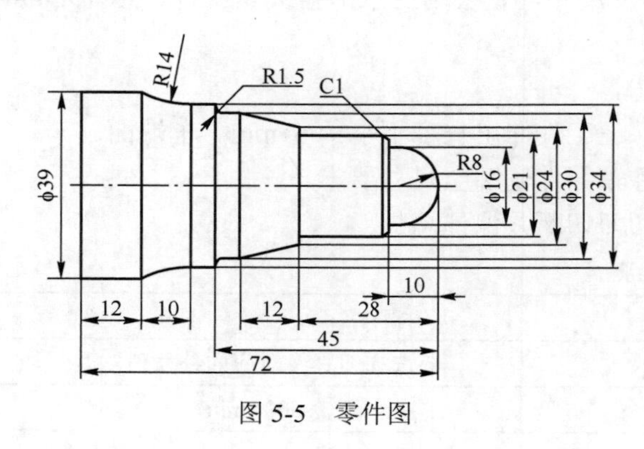

图 5-5 零件图

加工参考程序：

%0020	程序名
T0101	选择刀具及对应的补偿值
M3 S500	主轴正转 500r/min
G00 X42 Z3	确定循环起点
G71 U1.5 R1.0 P1 Q2 X0.6 Z0.1 F120	采用 G71 复合循环，每刀进给 1.5mm 退刀 1mm，确定 X 和 Z 余量为 0.6mm 和 0.1mm，粗加工进给速度为 120mm/min
G00 X100	
Z100	粗车完快速退刀
M05	粗车完主轴停止
M00	粗车完程序暂停测量，检验是否合格
T0101	如果有变化在刀偏表中刀具磨损栏输入相应值
M03 S600	检验完后主轴开启，精加工转速 600r/min
N1 G00 X0 Z3	X 轴快速定位到(0,3)点
G01 Z0 F60	Z 轴以进给速度 60mm/min 的速度精加工
G03 X16 Z-8 R8	加工 R8 圆弧
G01 Z-10	加工 Φ16 外圆
X21 C1	加工 C1 倒直角
Z-28	加工 Φ21 外圆
X24	加工端面
X30 Z-40	加工外锥面
Z-44.5	
G02 X33 Z-45 R1.5	加工 Φ30、R1.5 圆弧
X34	加工端面
Z-50	加工 Φ34 外圆
G02 X39 Z-60 R14	加工 R14 圆弧
N2 G01 Z-75	加工 Φ39 外圆
G00 X100	X 轴退刀
Z100	Z 轴退刀
M30	程序结束

思考与交流

（1）内、外径粗车复合循环起点的设置有何特点？
（2）内、外径粗车复合循环中精加工余量的设置有何区别？
（3）当初车加工完后需要检验再精加工时程序如何编写？

二、端面粗车复合循环 G72

端面粗车复合循环指令 G72 格式及说明见表 5-2。

表 5-2　端面粗车复合循环 G72 指令

指令	G72
格式	G72 W(Δd) R(e) P(ns) Q(nf) X(Δu) Z(Δw) F(f) S(s) T(t);
说明	该循环与 G71 的区别仅在于切削方向平行于 X 轴，其他相同。该指令执行如下图所示的粗加工和精加工，其中精加工路径为 A→A′→B′→B 的轨迹
参考图	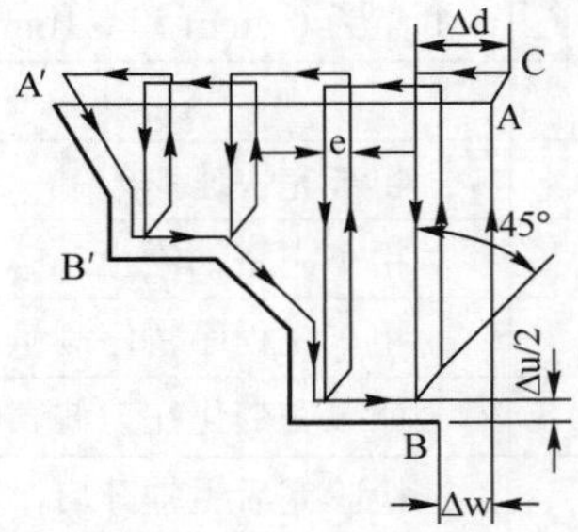
	在 G72 切削循环下，切削进给方向平行于 X 轴，X(ΔU)和 Z(ΔW)的符号如下图所示 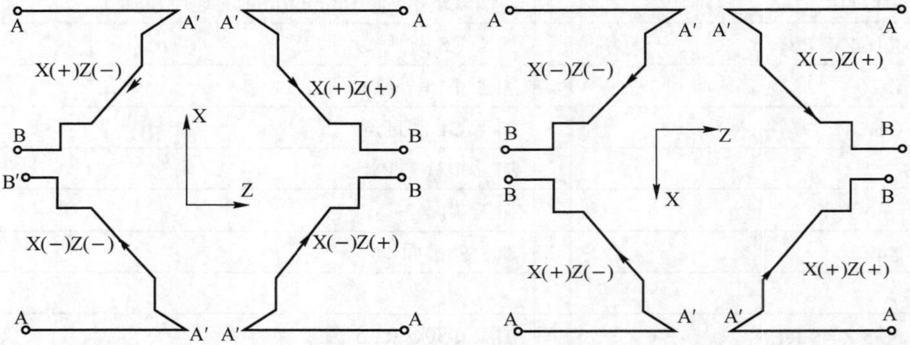
参数	含义
W	Δd 为 Z 向背吃刀量，不带符号，且为模态值
R	e 为退刀量，模态值
P	ns 为精车程序的开始程序段号
Q	nf 为精车程序的结束程序段号
X	Δu 为 X 方向精车预留余量的大小和方向，用直径值指定
Z	Δw 为 Z 方向精车预留余量的大小和方向
F	f 为粗加工时的进给速度
S	s 为粗加工时的主轴转速
T	t 为粗加工时的刀具功能
注意事项	1．f，s，t：粗加工时 G71 中编程的 F、S、T 有效，而精加工时处于 ns 到 nf 程序段之间的 F、S、T 有效
	2．G72 指令必须带有 P、Q 地址，否则不能进行该循环加工

续表

参数	含义
注意事项	3．在 FANUC 系统的 G72 循环指令中，顺序号 ns 所指程序段必须沿 Z 向进刀，且不能出现 X 坐标字，否则会出现程序报警 例：N100 G01 Z-30;（正确的 ns 程序段） N100 G01 X30 Z-30;（错误的 ns 程序段，程序段中出现了 X 坐标字）
	4．在顺序号为 ns 到顺序号为 nf 的程序段中，不应包含子程序
	5．G72 循环所加工的轮廓形状，必须采用单调递增或单调递减的形式

例 6　编制图 5-6 所示零件的加工程序：要求循环起始点在 A(80,1)，切削深度为 1.2mm，退刀量为 1mm，X 方向精加工余量为 0.5mm，Z 方向精加工余量为 0.2mm。

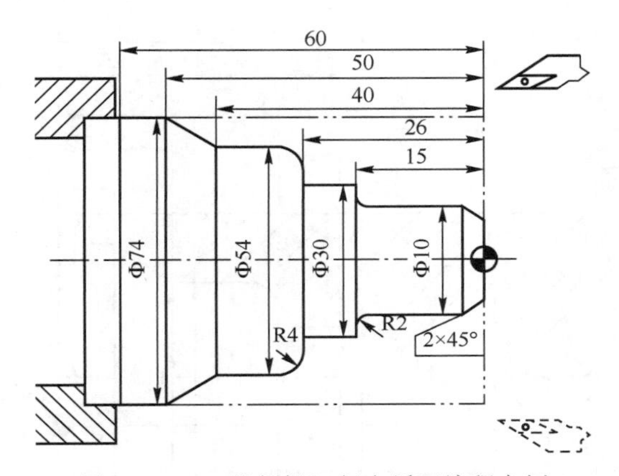

图 5-6　G72 外径粗切复合循环编程实例

加工参考程序：

%0016	程序名
N1 T0101	换一号刀，确定其坐标系
N2 G00 X100 Z80	到程序起点或换刀点位置
N3 M03 S500	主轴以 500r/min 正转
N4 X80 Z1	到循环起点位置
N5 G72 W1.2 R1 P8 Q17 X0.5 Z0.2 F100	外端面粗切循环加工
N6 G00 X100 Z80	粗加工后，到换刀点位置
N7 G42 X80 Z1	加入刀尖圆弧半径补偿
N8 G00 Z-53	精加工轮廓开始，到锥面延长线处
N9 G01 X54 Z-40 F80	精加工锥面
N10 Z-30	精加工 Φ54 外圆
N11 G02 U-8 W4 R4	精加工 R4 圆弧
N12 G01 X30	精加工 Z26 处端面
N13 Z-15	精加工 Φ30 外圆

N14 U-16	精加工 Z15 处端面
N15 G03 U-4 W2 R2	精加工 R2 圆弧
N16 Z-2	精加工 Φ10 外圆
N17 U-6 W3	精加工倒 2×45°角，精加工轮廓结束
N18 G00 X100	退出已加工表面
N19 G40 X100 Z80	取消半径补偿，返回程序起点位置
N20 M30	主轴停、主程序结束并复位

例 7　编制图 5-7 所示零件的加工程序：要求循环起始点在 A(6,3)，切削深度为 1.2mm，退刀量为 1mm，X 方向精加工余量为 0.2mm，Z 方向精加工余量为 0.5mm，其中点画线部分为工件毛坯。

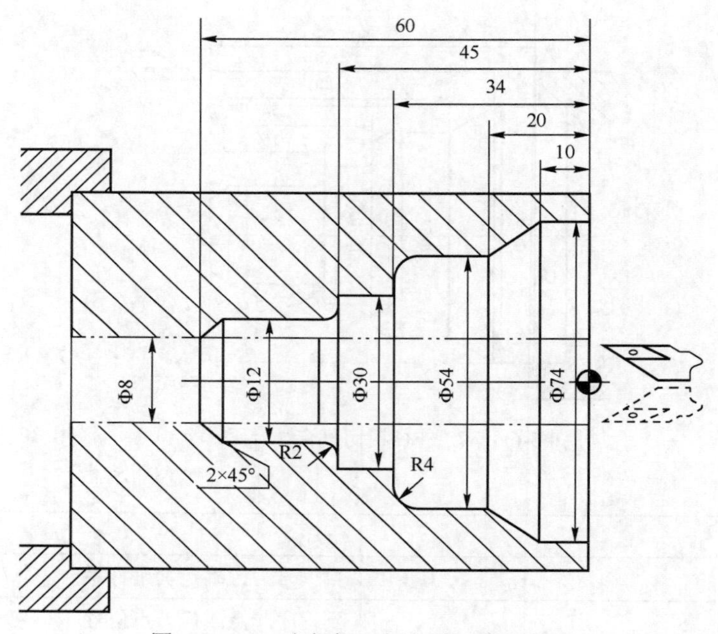

图 5-7　G72 内径粗切复合循环编程实例

加工参考程序：

%0017	程序名
T0101	设立坐标系，定义对刀点的位置
M03 S500	主轴以 500r/min 正转
G00 X6 Z3	到循环起点位置
G72 W1.2 R1 P5 Q2 X-0.2 Z0.5 F100	内端面粗切循环加工
N1 G00 Z-61	精加工轮廓开始，到倒角延长线处
G01 U6 W3 F80	精加工倒 2×45°角
W11	精加工 Φ10 外圆
G03 U4 W2 R2	精加工 R2 圆弧

G01 X30	精加工 Z45 处端面
Z-34	精加工 Φ30 外圆
X46	精加工 Z34 处端面
G02 U8 W4 R4	精加工 R4 圆弧
G01 Z-20	精加工 Φ54 外圆
U20 W10	精加工锥面
N2 Z3	精加工 Φ74 外圆，精加工轮廓结束
G00 X100 Z80	返回对刀点位置
M30	主轴停、主程序结束并复位

例 8　根据零件图 5-8 所示，完成该零件的程序编制（毛坯 Φ120×48，材料：铝棒）。

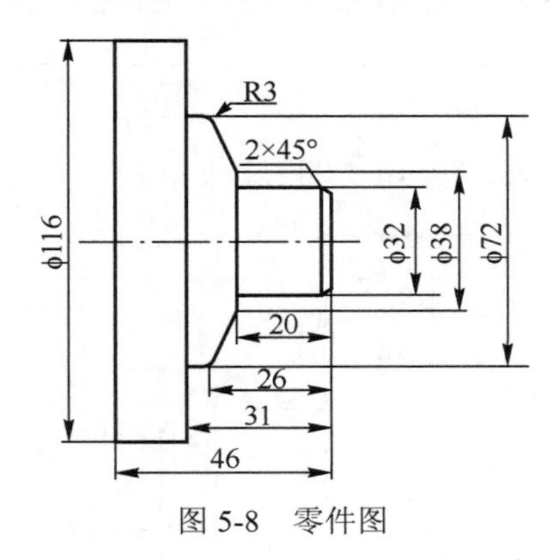

图 5-8　零件图

读图分析

（1）阅读与该任务相关的知识。

（2）分析零件图 5-8，确定装夹方案。

根据此零件的图形及尺寸，宜采用三爪卡盘夹紧工件，以轴心线与前端面的交点为编程原点。

（3）确定加工工艺。

1）装夹零件毛坯保证工件伸出长度不小于 20mm，车端面。

2）粗、精加工该零件左端轮廓至尺寸要求。

3）调头装夹 Φ116 外圆，工件伸出长度不小于 33mm 并找正。

4）车端面保证总长尺寸要求。

5）粗、精加工该零右左端轮廓至尺寸要求。

（4）加工参考程序（右端轮廓程序）

%0021	程序号
T0101	选用 01 号刀，调用 01 号刀补
M03 S1000	主轴以 1000r/min 正转
G00 X123 Z5	刀具快速定位到循环起点位置
G72 W1 R1 P1 Q2 X0.1 Z0.5 F120	端面粗车复合循环加工

N1 G00 Z-31.0 S800	快速定位到编程起点、精加工转速 800r/min
G01 X72 F100	加工 Z-31 端面
Z-23.9	加工 Φ72 外圆
G02 X34 W2.8 R3	加工 R3 圆弧
G01 X38 Z-2	加工锥面
X32	加工 Z-20 端面
Z0 C2	加工 Φ32 外圆、C2 直角
X0	加工 Z0 端面
N2 G01 Z2	Z 轴退出加工表面
G00 X100	X 轴快速退刀
Z100	Z 轴快速退刀
M05	主轴停转
M30	主程序结束并复位

例 9 使用 G72 指令编写如图 5-9 所示的粗精加工程序。

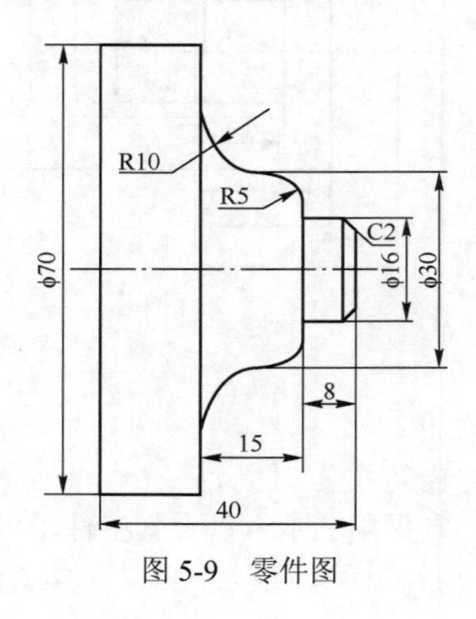

图 5-9 零件图

加工参考程序：

%0022	程序名 0022
T0101	选择刀具及对应的补偿值
M03 S600	主轴正转 600r/min
G00 X73 Z3	确定循环起点
G72 W1 R1 P1 Q2 X0.1 Z0.6 F100	采用 G72，每刀进给 1 mm、退刀 1 mm，指定精加工开始与结束路段 1 和 2，确定 X 和 Z 余量为 0.1 mm 和 0.6 mm
N1 G00 Z-40.0 S800	精加工开始程序段 N1，刀具快速移到 Z-38 mm
G01 X70 F80	刀具切削以 F0.1 mm/r 到 X70 mm 处
Z-23	直线切削到 Z-23.0mm 处
X50	G01 加工到 X50mm 处
G03 X30 Z-13 R10	G03 圆弧加工到 X30 mm、Z-13 mm，R 为 10 mm

G02 X20 Z-8 R5	G02 圆弧加工到 X20 mm、Z-8 mm，R 为 5 mm
G01 X16	G01 加工到 X16mm 处
Z-2	G01 加工到 Z-2mm 处
G01 X12 Z0	G01 加工到 X12mm、Z0mm 处
N2 G01 Z2	精加工结束程序段 N2，刀具到 Z2 mm 处
G00 X100	X 轴退刀
Z100	Z 轴退刀
M30	程序结束

思考与交流

1．径向粗车复合循环指令起点的设置有何特点？

2．径向粗车复合循环指令中精加工余量设置有何区别？

三、仿形车削复合循环 G73

复合循环指令 G73 仿形车削复合循环指令 G73 的格式及说明见表 5-3。

表 5-3　仿形车削复合循环指令 G73

指令	G73
格式	G73 U(Δi) W(Δk) R(d) P(ns) Q(nf) X(Δu) Z(Δw) F(f) S(s) T(t)；
说明	该指令在切削工件时的刀具轨迹如参考图所示为仿形回路，刀具逐渐进给，使仿形切削回路逐渐向零件最终形状靠近，最终切削成工件的形状；该指令能对铸造、锻造等粗加工中已初步成形的工件进行高效率切削。其精加工路径为 A→A′→B′→B
参考图	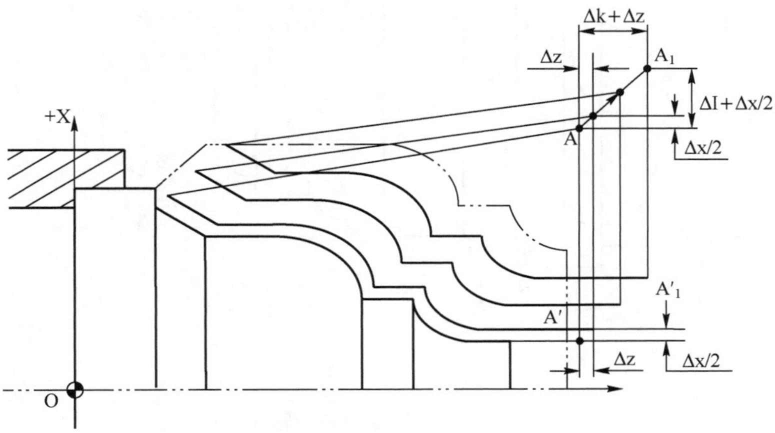 Δk+Δz　Δz　A₁　ΔI+Δx/2　Δx/2　+X　A　A′₁　A′　Δz　Δx/2　O
参数	**含义**
U	Δi 为 X 轴方向退刀量的大小和方向（半径量指令），X 轴方向的粗加工总余量；该值是模态值
W	Δk 为 Z 轴方向退刀量的大小和方向，Z 轴方向的粗加工总余量；该值是模态值
R	d 粗切削次数，分层次数（粗车重复加工次数）
P	ns 精加工路径第一程序段（即图中的 AA′）为精车程序的开始程序段号

续表

参数	含义
Q	nf 精加工路径最后程序段（即图中的 B'B 为精车程序的结束程序段号
X	Δu 为 X 方向精车预留余量，用直径值指定
Z	Δw 表示 Z 方向的精加工预留余量
F	f 粗加工时的进给速度
S	s 粗加工时的主轴转速
T	t 粗加工时的刀具功能
注意事项	1．f，s，t：粗加工时 G71 中编程的 F、S、T 有效，而精加工时处于 ns 到 nf 程序段之间的 F、S、T 有效
	2．Δi 和 Δk 表示粗加工时总的切削量，粗加工次数为 r，则每次 X、Z 方向的切削量为 Δi/r，Δk/r。
	3．按 G73 段中的 P 和 Q 指令值实现循环加工，要注意 Δx 和 Δz，Δi 和 Δk 的正负号。
	4．在顺序号为 ns 到顺序号为 nf 的程序段中，不应包含子程序。

例 10 编制图 5-10 所示零件的加工程序：设切削起始点在 A(50,3)，X、Z 方向粗加工余量分别为 3mm、0.9mm，粗加工次数为 3；X、Z 方向精加工余量分别为 0.6mm、0.1mm。其中点画线部分为工件毛坯。

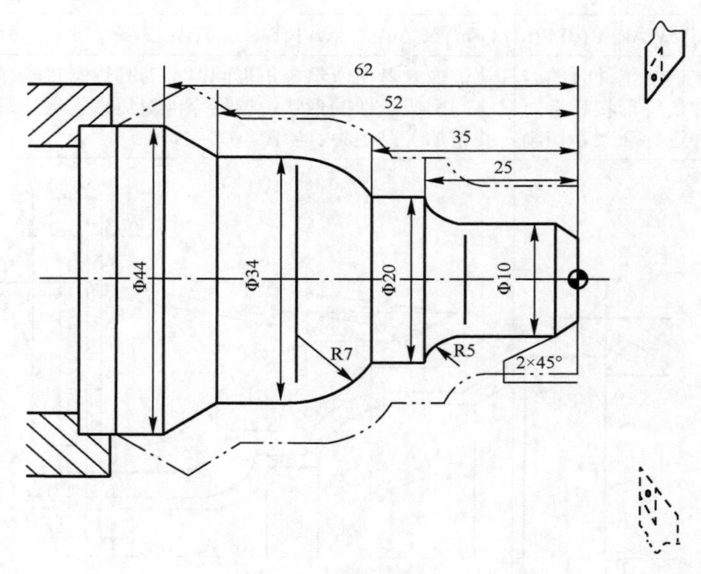

图 5-10 G73 编程实例

加工参考程序：

%0018	程序名
G54 G00 X80 Z80	选定坐标系，到程序起点位置
M03 S500	主轴以 500r/min 正转
G00 X50 Z3	到循环起点位置

G73U3W0.9 R3 P1 Q2 X0.6 Z0.1 F100	闭环粗切循环加工
N1G00 X0	精加工轮廓开始，到倒角延长线处
G01 U10 Z-2 F80	精加工倒 2×45°角
Z-20	精加工 Φ10 外圆
G02 U10 W-5 R5	精加工 R5 圆弧
G01 Z-35	精加工 Φ20 外圆
G03 U14 W-7 R7	精加工 R7 圆弧
G01 Z-52	精加工 Φ34 外圆
U10 W-10	精加工锥面
N2 U10	退出已加工表面，精加工轮廓结束
G00 X80 Z80	返回程序起点位置
M30	主轴停、主程序结束并复位

例题 10　根据零件图 5-11 所示，完成零件的程序编制（毛坯 Φ40×84，材料：铝棒）。

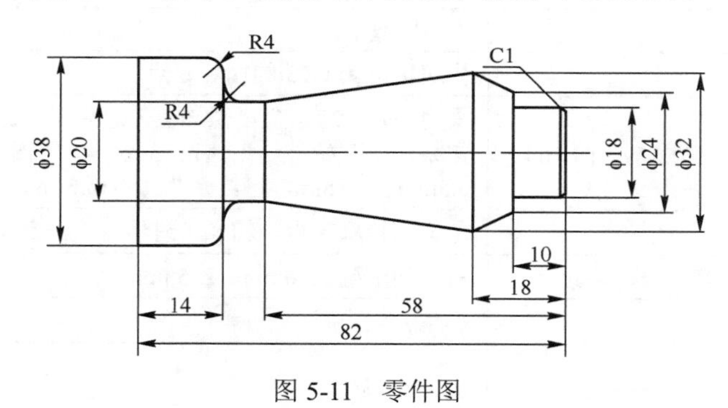

图 5-11　零件图

读图分析

（1）阅读与该任务相关的知识。

（2）分析零件图 5-11，确定装夹方案。

根据此零件的图形及尺寸，宜采用三爪卡盘夹紧工件，以轴心线与前端面的交点为编程原点。

（3）确定加工工艺。

1）装夹零件毛坯保证工件伸出长度不小于 90mm，车端面。

2）粗、精加工该零件轮廓至尺寸要求。

3）退刀到换刀点换切断刀，切断工件保证总长尺寸要求。

（4）加工参考程序（右端轮廓程序）。

%0023	程序名 0023
T0101	选择刀具及对应的补偿值
M03 S600	主轴正转 600r/min
G00 X42 Z2	确定循环起点

G71 U1 R1 P1 Q2 X0.5 Z0.1 F100	采用 G71 复合循环，每刀进给 1mm 退刀 1mm，指定精加工开始与结束路段 N1 和 N2，确定 X 和 Z 余量为 0.5mm 和 0.1mm
N1 G00 X0 S1000	X 轴快速定位到零点，精加工转速 1000r/min
G01 Z0 F60	Z 轴定位到零点，精加工进给速度 F 为 60mm/min
X18 C1	加工倒角 C1
G01 Z-10	到 Z-10 mm 处
X24	加工 Z-10 端面
X32 Z-18	加工锥面
Z-67.5	加工 Φ32 外轮廓
X38	加工 Z-67.5 端面
Z-85	加工 Φ38 外轮廓
N2 G01 X42	X 轴退出加工轮廓
G00 X100	X 轴快速退刀
Z100	Z 轴快速退刀
G00 X100	X 轴快速退刀
Z100	Z 轴快速退刀
G00 X40 Z-16	快速定位到 G73 的循环起点
G73 U9 W0.5 R9 P3 Q4 U0.5 W0.1 F100	采用 G73，X 总余量 9mm，Z 总余量 0.5 mm，用 9 刀加工。指定精加工开始与结束路段 3 和 4，确定 X、Z 的余量分别为 0.5mm、0.1mm，进给量为 100 mm/min
N3 G01 X32 Z-18 F60	定位到轮廓起点，精加工进给速度 F 为 60mm/min
X20 Z-58	斜向切削到 X20mm、Z-58mm 处
Z-68 R4	加工 R4 圆弧
X38 R4	加工 R4 圆弧
N4 Z-72	
G00 X100	X 轴快速退刀到 100 处
Z100	Z 轴快速退刀到 100 处
M30	程序结束

例题 11 使用 G73 指令编写如图 5-12 所示的粗精加工程序。

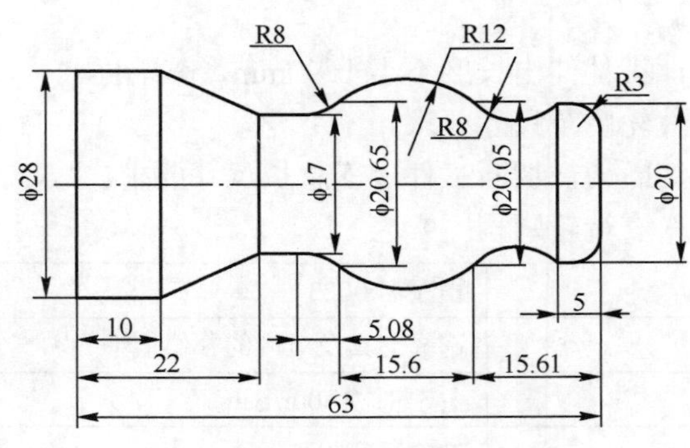

图 5-12 零件图

加工参考程序：

%0024	程序名
T0101	选择刀具及对应的补偿值
M03 S500	主轴正转 500r/min
G00 X32 Z2	确定循环起点
G73 U14 W0.5 R14 P3 Q4 U0.5 W0.1 F100	采用 G73 循环方式，X 总余量为 14mm，Z 总余量为 0.5mm，用 14 刀加工。指定精加工开始与结束路段 3 和 4，确定 X、Z 的余量分别为 0.5mm、0.1mm，进给量为 100mm/min
N3 G01 X14 S800	定位到轮廓起点，精加工转速为 800r/min
Z0 F100	精加工进给速度 F 为 100mm/min
G02 X20 Z-3 R3	加工 R3 圆弧
G01Z-5	加工 Φ20
G02 X20.05 Z-15.61 R8	加工 R8 圆弧
G03 X20.65 W-15.6 R12	加工 R12 圆弧
G02 X17W-5.08 R8	加工 R8 圆弧
G01 Z-41	加工 Φ17 轮廓
X28 Z-53	加工锥面
N4 Z-65	加工 Φ28 轮廓
G00 X100	退刀到 X100 处
Z100	退刀到 Z100 处
M05	主轴停止
M30	程序结束

思考与交流

（1）仿形车削复合循环起点的设置有何特点？

（2）仿形车削复合循环中精加工余量设置有何区别？

三种复合循环的使用范围小结

（1）G71 主要用于轴套类零件（毛坯为棒料）的编程加工。

（2）G72 主要用于轮盘类零件（毛坯为棒料）的编程加工。

（3）G73 主要针对初步成形（毛坯为铸造、锻造）零件的编程加工。

注意事项：

（1）G71 指令必须带有 P、Q 地址 ns、nf，且与精加工路径起、止程序段对应，否则不能进行该循环加工。

（2）ns 的程序段必须为 G00/G01 指令，即从 A 到 A′的动作必须是直线或点定位运动，而不能是 G02/G03 指令（有些系统可以用）。

（3）在顺序号为 ns 到顺序号为 nf 的程序段中，不应包含子程序。

（4）G71 循环指令可以进行刀具位置补偿，但不能进行刀尖圆弧半径补偿。因此，在 G71 指令前必须用 G40 取消刀尖圆弧半径补偿。但是，在精加工程序段中可以使用 G41/G42 指令，对精加工轨迹进行刀尖圆弧半径补偿。

课后练习题

1．用数控车床加工零件，一些典型的加工工序，如车削外圆、端面、圆锥面、镗孔等，所需完成的动作循环次数较多，采用一般的 G 代码指令程序会烦琐得多，而使用复合循环指令编程，可以大大简化程序编制。复合循环车削指令 G71～G73，只需指定________和________、________，系统就会自动计算出________和________，因此可大大简化编程。

2．端面粗车复合循环 G72 与内（外）径粗车复合循环指令 G71 和闭环车削复合循环 G73 的重要区别是________。

3．内（外）径粗车复合循环指令 G71 主要用于________类零件的编程加工；端面粗车复合循环 G72 主要用于________类零件的编程加工；闭环车削复合循环 G73 主要用于________零件的编程加工。

4．选择合适的循环指令手工编制如图 5-13 所示零件图的程序，并加工出工件。

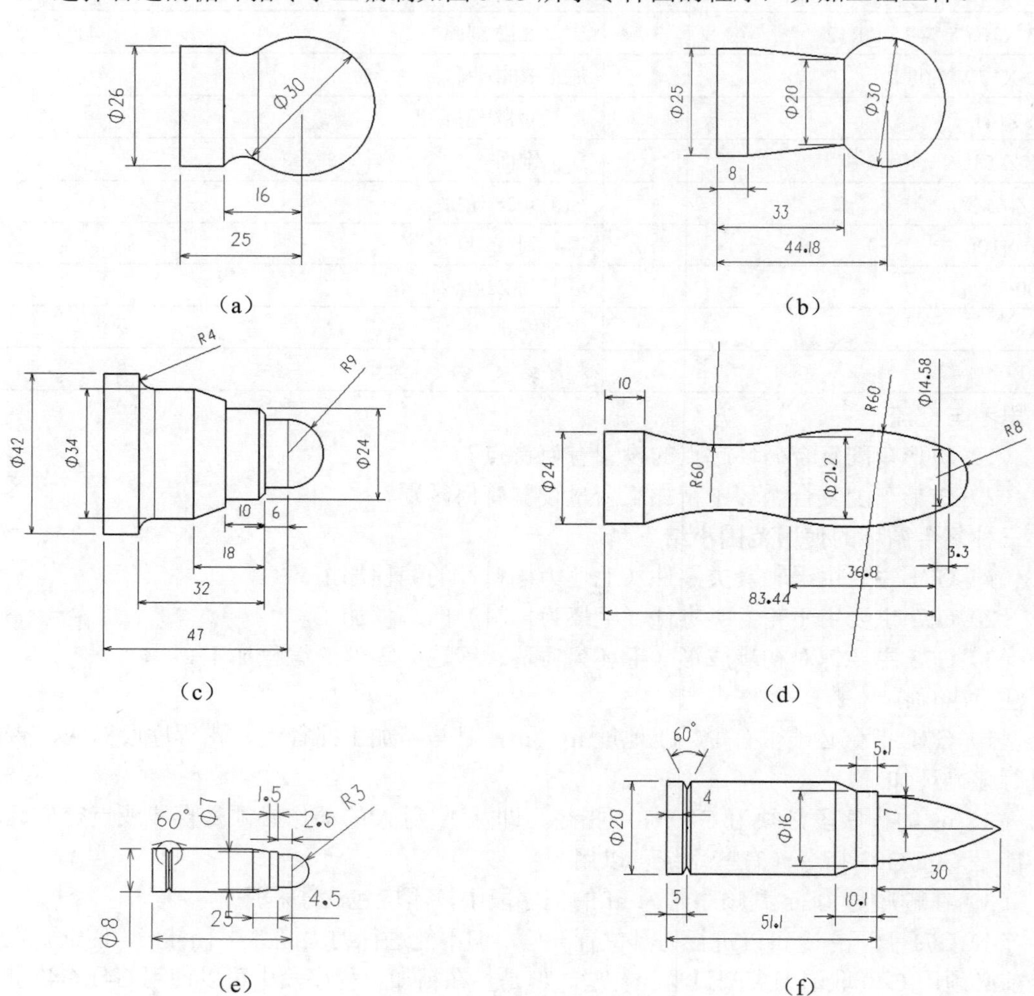

图 5-13　零件图

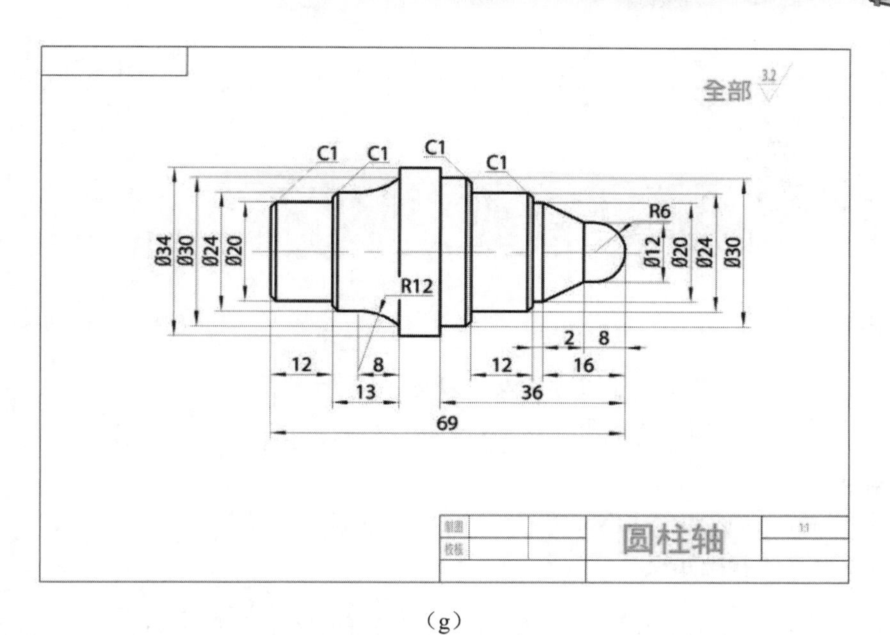
全部 3.2
C1
C1
C1
C1
R6
R12
Ø34
Ø30
Ø24
Ø20
Ø12
Ø20
Ø24
Ø30
12
8
13
12
2
8
16
36
69
制图
校核
圆柱轴
1:1

（g）

图 5-13　零件图（续图）

任务6 螺纹加工指令

任务内容：

1. 螺纹基本尺寸计算、进退刀方式及进刀量
2. 常用的螺纹加工指令及应用

相关知识：

一、螺纹加工的基础知识

普通螺纹是机械零件中应用最为广泛的一种三角形螺纹，牙型角为60°。普通螺纹数控车削的加工工艺内容主要包括：

（1）螺纹大径、中径、小径以及牙型高度等尺寸的确定；

（2）螺纹轴向起点、终点尺寸的确定；

（3）螺纹加工的进刀方式及进刀量的确定。

确定合理的数控加工工艺，对编制高效实用的数控加工程序，车削加工出合格的螺纹工件起着至关重要的作用，是数控编程中的重点之一。

1. 普通螺纹基本尺寸的确定

普通螺纹的基本尺寸主要包括螺纹大径、螺纹中径、螺纹小径和螺纹牙型高度，它们是编制螺纹数控加工程序和螺纹检验的依据。

（1）螺纹大径（D、d）。

螺纹大径是指外螺纹牙顶或内螺纹牙底的直径，其基本尺寸与螺纹公称直径相等。对于内螺纹，螺纹大径是编制螺纹加工程序的依据，而对于外螺纹是确定螺纹毛坯直径的依据，在螺纹加工前，由车削加工的外圆直径决定。

1）经验法。

① 高速车削三角螺纹时，由于受车刀挤压后螺纹大径尺寸膨胀，因此车螺纹前的外圆直径应比螺纹大径小。当螺距为1.5～3.5mm时，外径一般小0.2～0.4mm。.

② 车削三角内螺纹时，因车刀挤压作用，内孔直径会缩小（车塑性材料时较为明显），所以车削内螺纹前的孔径应比内螺纹小径略大，而且内螺纹加工后的实际顶径允许大于内螺纹小径的基本尺寸，所以实际生产中，车普通内螺纹前的孔径可以用下式近似计算：

- 车削塑性金属内螺纹：D孔≈D–P。
- 车削脆性金属内螺纹：D孔≈D–1.05P。

2）计算法。

例：在数控车床上加工M30×2-6g外螺纹，试计算螺纹大径。

查普通螺纹偏差值，螺纹大径偏差分别为es=–0.038mm，ei=–0.208mm。则螺纹大径尺

寸为 $\Phi30_{-0.208}^{-0.038}$，则螺纹大径应在此范围选取，可取为Φ29.8mm，并在螺纹加工前，由外圆车削保证。

（2）螺纹中径（D_2、d_2）。

中径是螺纹尺寸检测的标准和调试螺纹程序的依据。在数控车床上，螺纹的中径是通过控制螺纹的牙型高度、牙型角和底径来综合控制的。

（3）螺纹小径（D_1、d_1）。

螺纹小径是指外螺纹牙底或内螺纹牙顶的直径。对于外螺纹，小径是编制螺纹加工程序的依据。对于内螺纹，在螺纹加工前，由车削加工的内孔直径来保证。

（4）螺纹牙型高（h）。

在编制螺纹加工程序以及车削加工螺纹时，其牙型高度是控制螺纹中径以及确定螺纹实际径向终点（指螺纹底径，即内螺纹大径和外螺纹小径）尺寸的重要参数。

由于受螺纹车刀刀尖形状及其尺寸的影响，为保证螺纹中径达到要求，在编程和车削过程中应根据实际情况对螺纹牙型高度（h）进行调整，计算后得到螺纹底径尺寸。

2. 螺纹加工进刀方式及进刀量

（1）进刀方式。

数控车床螺纹加工进刀方式有直进式和斜进式两种。

1）直进法。直进法加工螺纹时，刀具两侧刃同时切削工件，切削力较大，排屑困难，因此两切削刃容易磨损。在切削螺距较大的螺纹时，由于切削深度较大，刀刃磨损较快，从而易造成螺纹中径误差。但由于其加工的牙形精度较高，因此一般多用于小螺距高精度螺纹的加工。

2）斜进法。斜进法加工螺纹时，单侧刀刃切削工件，刀刃易损伤和磨损，使加工的螺纹面不直，刀尖角易发生变化，从而造成螺纹牙形精度较差。但由于其为单侧刃工作，刀具负载较小，排屑容易，因此，此加工方法一般适用于大螺距低精度螺纹的加工。

对于高精度、大螺距的螺纹，可采用两种进刀方式混用的办法，即先用斜进切削进行螺纹粗加工，再用直进切削进行精加工。但粗、精加工时的起刀点要相同，以防止螺纹乱扣。

（2）进刀量。

螺纹加工属于成型加工，为保证螺纹导程，加工时主轴每旋转一周，车刀进给量必须等于螺纹的导程。由于螺纹加工时进给量较大，而螺纹车刀的强度一般较差，因此当螺纹牙深较大时，一般分数次进给，每次进给的背吃刀量按递减规律分配，表6-1给出了常用螺纹切削的进给次数与吃刀量供参考。

表6-1　常用螺纹切削的进给次数与吃刀量

米制螺纹								
螺距		1.0	1.5	2	2.5	3	3.5	4
牙深（半径量）		0.649	0.974	1.299	1.624	1.949	2.273	2.598
切削次数及吃刀量（直径量）	1次	0.7	0.8	0.9	1.0	1.2	1.5	1.5
	2次	0.4	0.6	0.6	0.7	0.7	0.7	0.8
	3次	0.2	0.4	0.6	0.6	0.6	0.6	0.6

续表

米制螺纹								
切削次数及吃刀量（直径量）	4 次		0.16	0.4	0.4	0.4	0.6	0.6
	5 次			0.1	0.4	0.4	0.4	0.4
	6 次				0.15	0.4	0.4	0.4
	7 次					0.2	0.2	0.4
	8 次						0.15	0.3
	9 次							0.2
英制螺纹								
牙/in		24	18	16	14	12	10	8
牙深（半径量）		0.678	0.904	1.016	1.162	1.355	1.626	2.033
切削次数及吃刀量（直径量）	1 次	0.8	0.8	0.8	0.8	0.9	1.0	1.2
	2 次	0.4	0.6	0.6	0.6	0.6	0.7	0.7
	3 次	0.16	0.3	0.5	0.5	0.6	0.6	0.6
	4 次		0.11	0.14	0.3	0.4	0.4	0.5
	5 次				0.13	0.21	0.4	0.5
	6 次						0.16	0.4
	7 次							0.17

加工高性能高等级螺纹时，通常分粗车、精车，有时还可适当增加光整加工次数，以提高螺纹的表面质量。

3. 螺纹加工尺寸计算实例

以数控车床加工 M30×2-6h 的外螺纹为例计算螺纹中径和编程小径。

螺纹中径 $d_2=d-0.6459P=30-0.6459\times2=28.708$mm，中径偏差 es=0，ei=－0.2。

螺纹牙型高度 $h=0.54P=0.54\times2=1.08$mm。

则编程小径 $d_1'=d-2\times(0.55\sim0.6495)P=30-2\times(0.55\sim0.6495)\times2=27.8\sim27.402$mm。

一般在计算螺纹编程小径时取 0.6495。

4. 螺纹轴向尺寸的确定

在数控车床加工螺纹时，由位置编码器检测出主轴旋转一圈的信号，刀具跟随主轴同步旋转进刀，切削加工出所需导程的螺纹。然而，由于伺服系统存在一定滞后，车刀升降速会使螺纹开始与结束段的导程与加工要求存在一定偏差。因此，在加工螺纹时两端必须设置足够的升速进刀段长度和减速退刀段长度。

二、螺纹加工指令 G32

螺纹车削指令 G32 及其说明见表 6-2。

表 6-2 螺纹车削指令 G32

指令	G32
格式	G32 X(U)_Z(W)_R_E_P_F_；
说明	G32 可以车圆柱螺纹、锥螺纹和端面螺纹，如参考图

续表

参考图	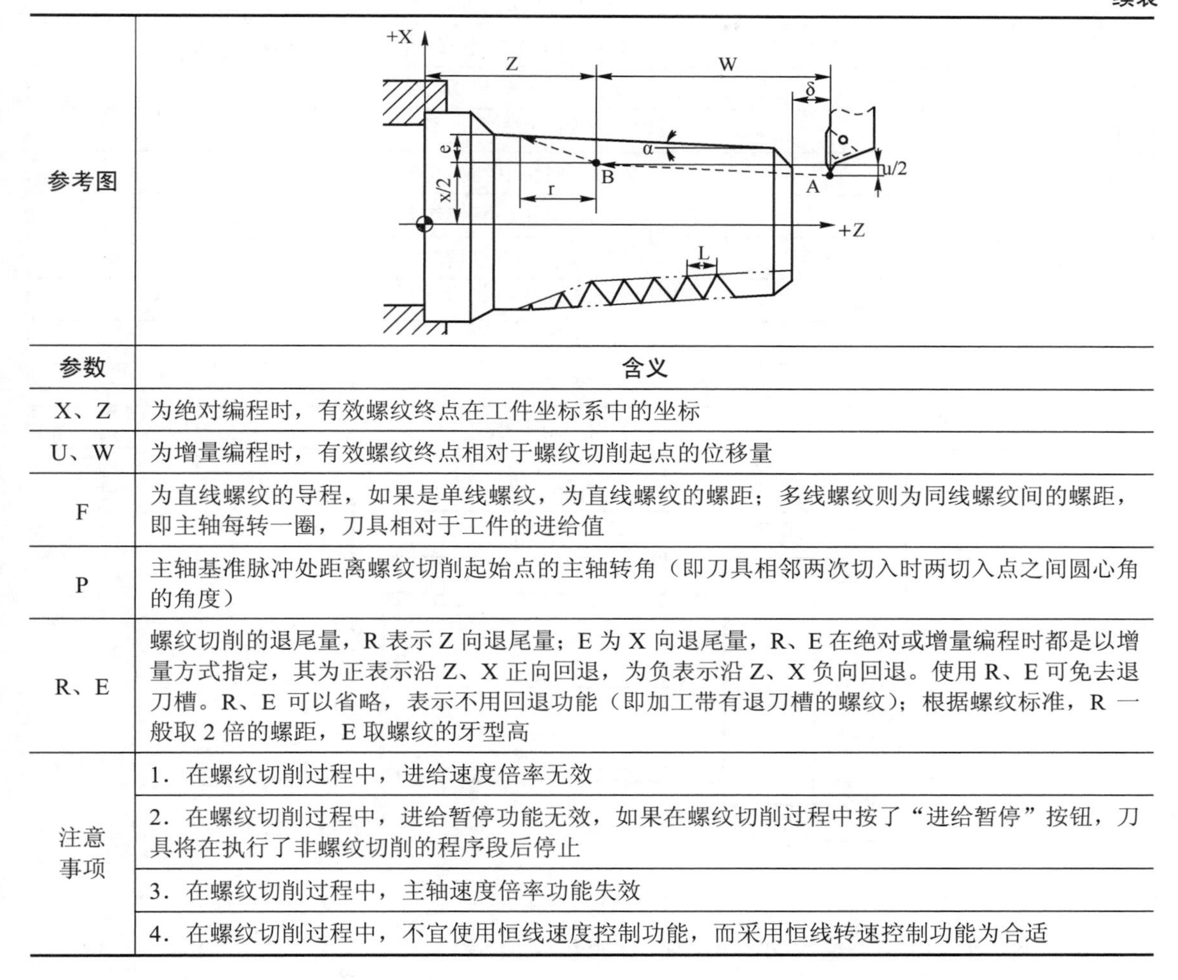
参数	含义
X、Z	为绝对编程时，有效螺纹终点在工件坐标系中的坐标
U、W	为增量编程时，有效螺纹终点相对于螺纹切削起点的位移量
F	为直线螺纹的导程，如果是单线螺纹，为直线螺纹的螺距；多线螺纹则为同线螺纹间的螺距，即主轴每转一圈，刀具相对于工件的进给值
P	主轴基准脉冲处距离螺纹切削起始点的主轴转角（即刀具相邻两次切入时两切入点之间圆心角的角度）
R、E	螺纹切削的退尾量，R 表示 Z 向退尾量；E 为 X 向退尾量，R、E 在绝对或增量编程时都是以增量方式指定，其为正表示沿 Z、X 正向回退，为负表示沿 Z、X 负向回退。使用 R、E 可免去退刀槽。R、E 可以省略，表示不用回退功能（即加工带有退刀槽的螺纹）；根据螺纹标准，R 一般取 2 倍的螺距，E 取螺纹的牙型高
注意事项	1．在螺纹切削过程中，进给速度倍率无效
	2．在螺纹切削过程中，进给暂停功能无效，如果在螺纹切削过程中按了“进给暂停”按钮，刀具将在执行了非螺纹切削的程序段后停止
	3．在螺纹切削过程中，主轴速度倍率功能失效
	4．在螺纹切削过程中，不宜使用恒线速度控制功能，而采用恒线转速控制功能为合适

例 1　对图 6-1 所示的圆柱螺纹编程。螺纹导程为 1.5mm，δ=1.5mm，δ′=1mm，每次吃刀量（直径值）分别为 0.8mm、0.6 mm、0.4mm、0.16mm。

加工参考程序：

%0025	
G92 X50 Z120	设立坐标系，在工件左端面
M03 S200	主轴以 200r/min 旋转
G00 X29.2 Z102	到螺纹起点，升速段 2mm，吃刀深 0.8mm
G32 Z19 F1.5	切削螺纹到螺纹切削终点，降速段 1mm
G00 X40	X 轴方向快退
Z102	Z 轴方向快退到螺纹起点处
X28.6	X 轴方向快进到螺纹起点处，吃刀深 0.6mm
G32 Z19 F1.5	切削螺纹到螺纹切削终点
G00 X40	X 轴方向快退

Z102	Z 轴方向快退到螺纹起点处
X28.2	X 轴方向快进到螺纹起点处，吃刀深 0.4mm
G32 Z19 F1.5	切削螺纹到螺纹切削终点
G00 X40	X 轴方向快退
Z102	Z 轴方向快退到螺纹起点处
U-11.96	X 轴方向快进到螺纹起点处，吃刀深 0.16mm
G32 W-83 F1.5	切削螺纹到螺纹切削终点
G00 X40	X 轴方向快退
X50 Z120	回对刀点
M05	主轴停
M30	主程序结束并复位

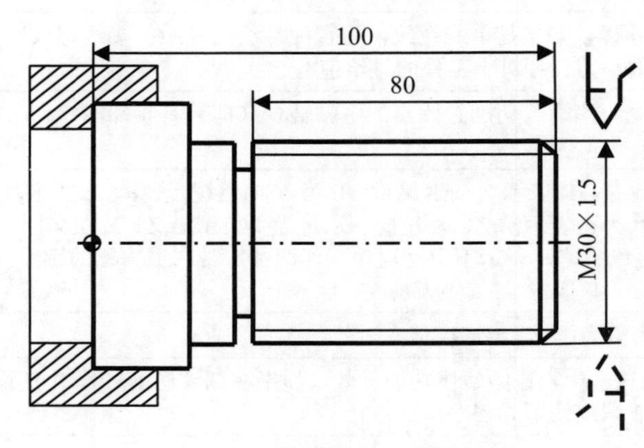

图 6-1　螺纹编程实例

例 2　使用 G32 指令编写如图 6-2 所示的螺纹加工程序。

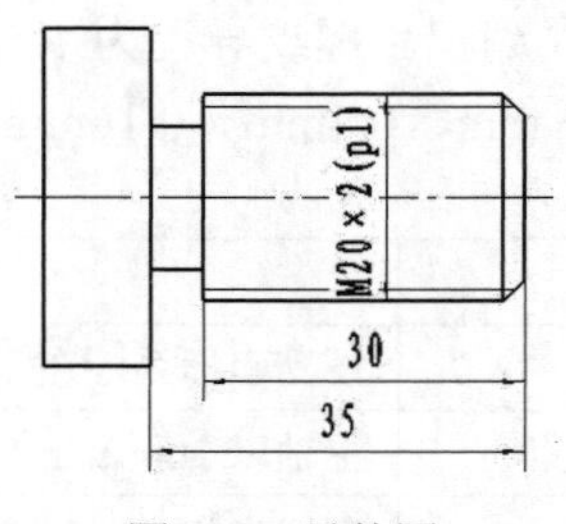

图 6-2　零件图

加工参考程序：

%0028	建立程序%0028
T0303	选择刀具及对应的补偿值
M03 S200	主轴正转 200r/min
G00 X40 Z3	确定循环起点，导入升速段距离 δ_1=3mm
G00 X19.2	进刀到 X19.2 mm 处

G32 Z-33 F2 Q0	螺纹切削到 Z-33.0 mm 导程为 2mm，降速段距离 δ_2=3mm
G00 X40	退刀到起点 X40 mm 处
G00 Z3	刀具返回到起点 Z3mm 处
X18.8	进刀到 X18.8 mm 处
G32 Z-33 F2 Q0	螺纹切削到 Z-33.0 mm 导程为 2mm，降速段距离 δ_2=3mm
G00 X40	退刀到起点 X40 mm 处
Z3	刀具返回到起点 Z3mm 处
X18.7	进刀到 X18.7 mm 处
G32 Z-33 F2 Q0	螺纹切削到 Z-33.0 mm 导程为 2mm，完成加工第一头螺纹
G00 X40	退刀到起点 X40 mm 处
Z3	刀具返回到起点 Z3mm 处
G00 X19.2	进刀到 X19.2 mm 处
G32 Z-33 F2.0 Q180	螺纹切削到 Z-33mm 导程为 2mm 起始角度旋转 180°
…	第二头螺纹加工程序省略
M30	程序结束

注意：双头螺纹导程为 2×螺距，但是计算螺纹的 X 终点时应该减去螺距为 1mm 的牙深。

思考与交流

（1）G32 简单循环指令加工螺纹时应注意的事项。

（2）请说说使用 G32 编程的优缺点。

三、螺纹加工单一循环 G82

螺纹车削单一循环指令 G82 的格式及说明见表 6-3。

表 6-3　螺纹车削单一循环指令 G82

指令	G82
格式	G82X(U)_Z(W)_I_R_E_C_P_F;
说明	G82 指令可以加工圆柱螺纹、锥螺纹、多头螺纹，如参考图为单头螺纹加工
参考图	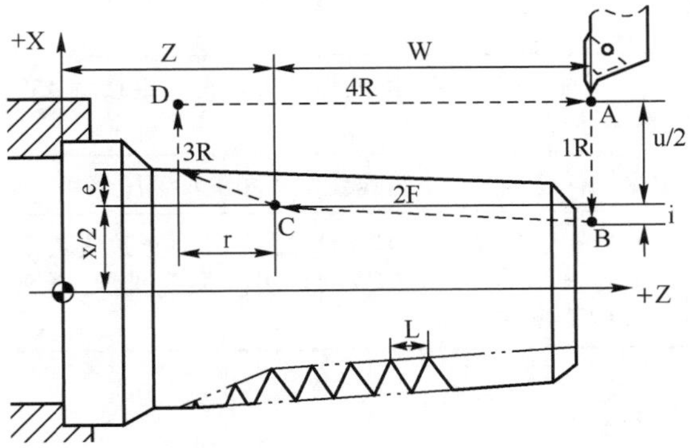 当I不为0时

续表

参考图	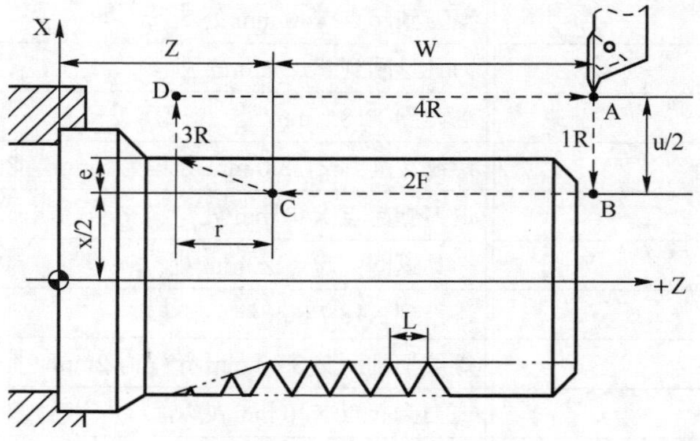 当I为0时
参数	含义
X、Z	绝对值编程时，为螺纹终点 C 在工件坐标系下的坐标；增量值编程时，为螺纹终点 C 相对于循环起点 A 的有向距离，图形中用 U、W 表示
U、W	为增量编程时，有效螺纹终点相对于螺纹切削起点的位移量
I	切削起点 B 相对于切削终点 C 在 X 方向的半径增量。其符号为差的符号（无论是绝对值编程还是增量值编程）；当 I=0 时为直螺纹
R、E	螺纹切削的退尾量，R、E 均为向量，R 为 Z 向回退量；E 为 X 向回退量，R、E 可以省略，表示不用回退功能
C	C 为螺纹头数，为 0 或 1 时切削单头螺纹
P	单头螺纹切削时，为主轴基准脉冲处距离切削起始点的主轴转角（缺省值为 0）；多头螺纹切削时，为相邻螺纹头的切削起始点之间对应的主轴转角
F	为螺纹导程的大小，如果是单头螺纹，则为螺距的大小
注意事项	1．在螺纹切削过程中，按下“循环暂停”键时，刀具立即按斜线回退，然后先回到 X 轴的起点，再回到 Z 轴的起点。在回退期间，不能执行另外的暂停
	2．如果在单段方式下执行 G82 循环，则每执行一次循环必须按 4 次“循环启动”按钮
	3．G82 指令是模态指令，当 Z 轴移动量没有变化时，只需对 X 轴指定其移动指令，即可重复执行固定循环动作
	4．执行 G82 循环时，在螺纹切削的退尾处，刀具沿接近 45°的方向斜向退刀，Z 向退刀距离 r=(0.1～12.7)S（导程），该值由系统参数设定
	5．在 G82 指令执行过程中，进给速度倍率和主轴速度倍率均无效
	6．对于圆锥螺纹中的 R 值，在编程时除要注意有正负值之分外，还要根据不同长度来确定 R 的大小，用于确定 R 值的长度为螺纹的有效长度+升速段+降速段。其 R 值的大小应按该长度来计算，以保证螺纹锥度的正确性

在使用 G82 时的注意事项同 G32。

例 3 如图 6-3 所示，用 G82 指令编程，毛坯外形已加工完成。

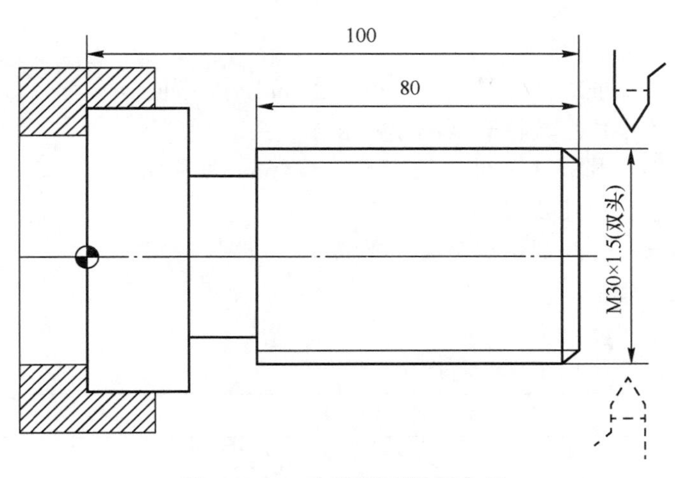

图 6-3 G82 切削循环编程实例

加工参考程序：

%0026	
T0202	选刀、对刀
G00 X35 Z104	到循环起点
M03 S300	主轴以 300r/min 正转
G82 X29.2 Z18.5 C2 P180 F3	第一次循环切螺纹，切深 0.8mm
X28.6 Z18.5 C2 P180 F3	第二次循环切螺纹，切深 0.6mm
X28.2 Z18.5 C2 P180 F3	第三次循环切螺纹，切深 0.4mm
X28.04 Z18.5 C2 P180 F3	第四次循环切螺纹，切深 0.16mm
M30	主轴停、主程序结束并复位

例 4 如图 6-4 所示零件，完成该零件的编程（毛坯 Φ42×64）。

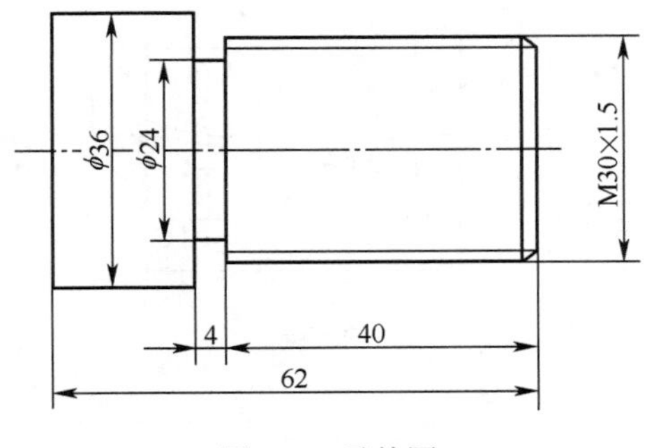

图 6-4 零件图

读图分析

（1）阅读与该任务相关的知识。

（2）分析零件图 6-4，确定装夹方案。

根据此零件的图形及尺寸，宜采用三爪卡盘夹紧工件，以轴心线与前端面的交点为编程原点。

（3）确定加工工艺。

1）装夹零件毛坯保证工件伸出长度不小于 20mm，车端面。

2）粗、精加工该零件左端轮廓至尺寸要求。

3）调头装夹 Φ36 外圆，工件伸出长度不小于 46mm 并找正。

4）车端面保证总长尺寸要求。

5）粗、精加工该零件左端轮廓至尺寸要求。

6）切槽保证尺寸要求。

7）加工螺纹保证尺寸要求。

（4）加工参考程序（加工螺纹程序）：

%0029	建立程序%0029
T0303	选择刀具及对应的补偿值
M03 S500	主轴正转 500r/min
G00 X34 Z3	确定循环起点，导入升速段距离 δ_1=3mm
G82 X29.2 Z-42 F1.5	螺纹循环切削到 X29.2 Z-42mm 降速段距离 δ_2=2mm
X28.6 Z-42	螺纹循环切削到 X28.6 Z-42mm 降速段距离 δ_2=2mm
X28.2 Z-42	螺纹循环切削到 X28.2 Z-42mm 降速段距离 δ_2=2mm
X28.04 Z-42	螺纹循环切削到 X28.04 Z-42mm 降速段距离 δ_2=2mm
G00 X100	退刀 X100 mm
G00 Z100	退刀 Z100 mm
M30	程序结束

例 5　使用 G82 指令编写如图 6-5 所示的螺纹加工程序。

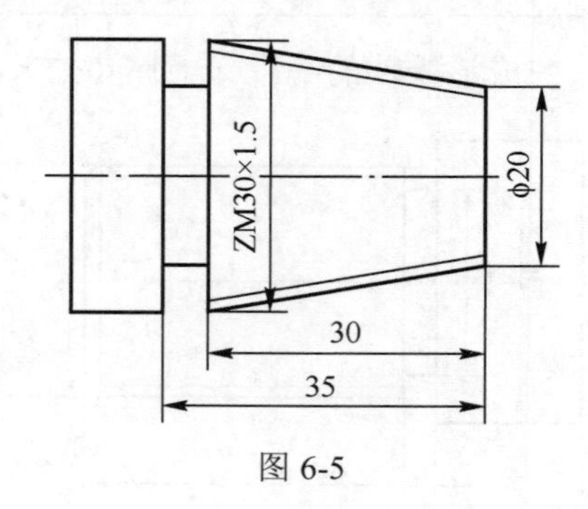

图 6-5

加工参考程序：

%0030	建立程序%0030
T0303	选择刀具及对应的补偿值
M03 S200	主轴正转 200r/min
G00 X36 Z3	确定循环起点，导入升速段距离 δ_1=3mm
G82 X28.9 Z-33 I-6F1.5	螺纹循环切削到 X28.9 Z-33 mm 半径差为 6 mm，降速段距离 δ_2=3mm
X28.4 Z-33 I-6	螺纹循环切削到 X28.4 Z-33 mm 半径差为 6 mm

X28.15 Z-33 I-6	螺纹循环切削到 X28.15 Z-33 mm 半径差为 6 mm
X28.05 Z-33 I-6	螺纹循环切削到 X28.05 Z-33 mm 半径差为 6 mm
G00 X100	退刀 X100 mm
G00 Z100	退刀 Z100 mm
M30	程序结束

思考与交流

（1）G82 简单循环指令加工螺纹时应注意的事项。

（2）请说说使用 G82 编程的优缺点。

四、螺纹加工复合循环 G76

螺纹车削复合循环 G76 指令的格式及说明见表 6-4。

表 6-4 螺纹车削复合循环指令 G76

指令	G76
格式	G76 C(c) R(r) E(e) A(a) X(x) Z(z) I(i) K(k) U(d) V(Δdmin) Q(Δd) P(p) F(L)
说明	G76 指令执行如参考图所示的复合切削循环轨迹及走刀轨迹
参考图	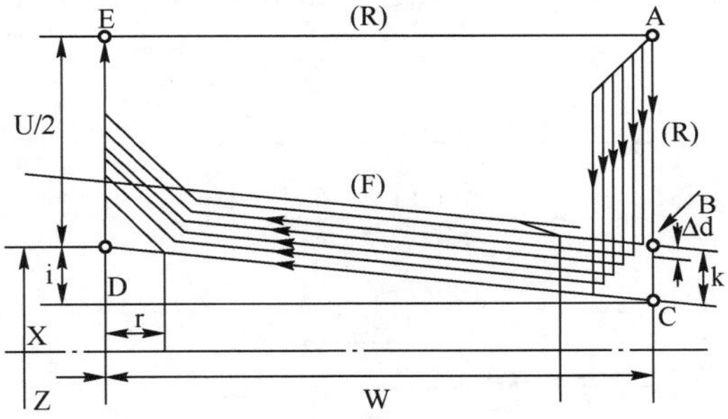 G76 螺纹复合循环轨迹 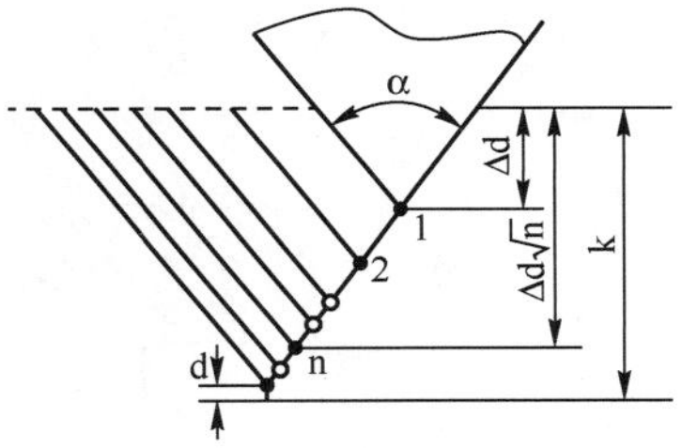　G76 进刀轨迹
参数	**含义**
C	精整次数（1～99），为模态值
r	螺纹 Z 向退尾长度（00～99），为模态值；为倒角量，即螺纹切削退尾处 45°的 Z 向退刀距离
e	螺纹 X 向退尾长度（00～99），为模态值
a	刀尖角度（两位数字），为模态值；可选择 80°、60°、55°、30°、29°和 0°共 6 种中的任意一种。该值由两位数值规定
Δdmin	该值用不带小数点的半径量表示；最小切削深度（半径值）；当第 n 次切削深度（$\Delta d\sqrt{n}-\Delta d\sqrt{n-1}$）小于 Δdmin 时，则切削深度设定为 Δdmin
d	为精加工余量该值用带小数点的半径量表示
X(U) Z(W)	绝对值编程时，为有效螺纹终点 C 的坐标 增量值编程时，为有效螺纹终点 C 相对于循环起点 A 的有向距离；用 G91 指令定义为增量编程，使用后用 G90 定义为绝对编程

续表

参数	含义
i	为螺纹半径差。如果 i=0，则进行圆柱螺纹切削
k	螺纹高度（该值由 X 轴方向上的半径值指定）
Δd	为第一刀切削深度，该值用半径量表示
P	主轴基准脉冲处距离切削起始点的主轴转角
F	为导程。如果是单头螺纹，则该值为螺距
注意事项	1．G76 可以在 MDI 方式下使用
	2．在执行 G76 循环时，如按下“循环暂停”键，则刀具在螺纹切削后的程序段暂停
	3．G76 指令为非模态指令，所以必须每次指定
	4．在执行 G76 时，如要进行手动操作，刀具应返回刀循环操作停止的位置。如果没有返回刀循环停止的位置就重新启动操作，手动操作的位移将叠加在该程序段停止时的位置上，刀具轨迹就多移动了一个手动操作的位移量
	5．按 G76 段中的 X(x)和 Z(z)指令实现循环加工，增量编程时，要注意 U 和 W 的正负号（由刀具轨迹 AC 和 CD 段的方向决定）。G76 循环进行单边切削，减小了刀尖的受力。第一次切削时切削深度为 Δd，第 n 次的切削总深度为 $\Delta d\sqrt{n}$，每次循环的背吃刀量为 $\Delta d(\sqrt{n}-\sqrt{n-1})$

例 6 用螺纹切削复合循环 G76 指令编程，加工螺纹为 ZM60×2，工件尺寸见图 6-6，其中括弧内尺寸根据标准得到。

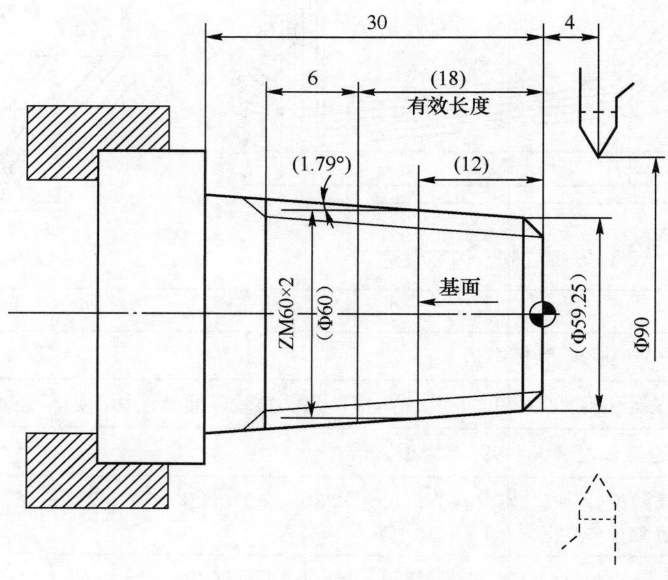

图 6-6 G76 循环切削编程实例

加工参考程序：

%0027	
T0101	换一号刀，确定其坐标系
G00 X100 Z100	到程序起点或换刀点位置

M03 S500	主轴以 500r/min 正转
G00 X90 Z4	到单一循环起点位置
G80 X61.125 Z-30 I-0.94 F80	加工锥螺纹外表面
G00 X100 Z100 M05	到程序起点或换刀点位置
T0202	换二号刀，确定其坐标系
M03 S300	主轴以 300r/min 正转
G00 X90 Z4	到螺纹循环起点位置
G76 C2 R-3 E1.3 A60 X58.15 Z-24 I-0.94 K1.299 U0.1 V0.1 Q0.9 F2	加工螺纹
G00 X100 Z100	返回程序起点位置或换刀点位置
M05	主轴停
M30	主程序结束并复位

例 7　根据如图 6-7 所示零件图，完成该零件的编程（毛坯 Φ42×70）。

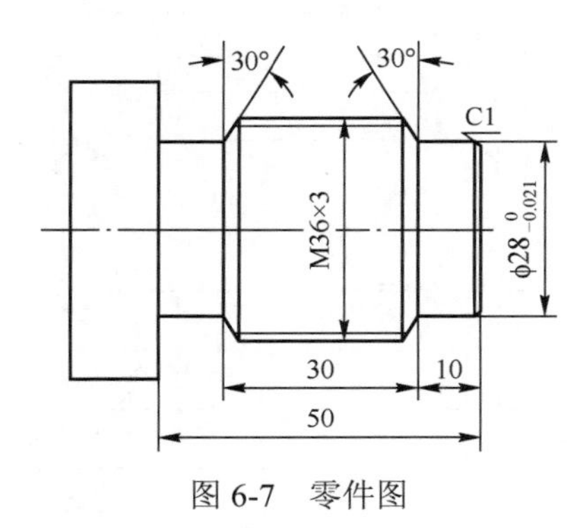

图 6-7　零件图

读图分析

（1）阅读与该任务相关的知识。

（2）分析零件图 6-7，确定装夹方案。

根据此零件的图形及尺寸，宜采用三爪卡盘夹紧工件，以轴心线与前端面的交点为编程原点。

（3）确定加工工艺。

1）装夹零件毛坯保证工件伸出长度不小于 55mm，车端面。

2）粗、精加工该零件右端轮廓至尺寸要求。

3）切槽保证尺寸要求。

4）加工螺纹保证尺寸要求。

（4）加工参考程序（加工螺纹程序）：

%0031	建立程序名
T0404	换螺纹车刀
M03 S200	调整转速到 200r/min
G00 X37 Z-4	快速定位到循环起点

G76 C2 R-2 E5 A30 X32.1 Z-40 I0 K1.95 U0.1 V0.1 Q1.2 F3	复合固定循环加工梯形螺纹
G00 X100	退刀到 X100mm 处
Z100	退刀到 Z100mm 处
M05	主轴停
M30	程序结束

注意：外螺纹的循环起点、精加工余量 R 的取值及退刀的问题。

例 8 使用 G76 指令编写如图 6-8 所示的螺纹加工程序。

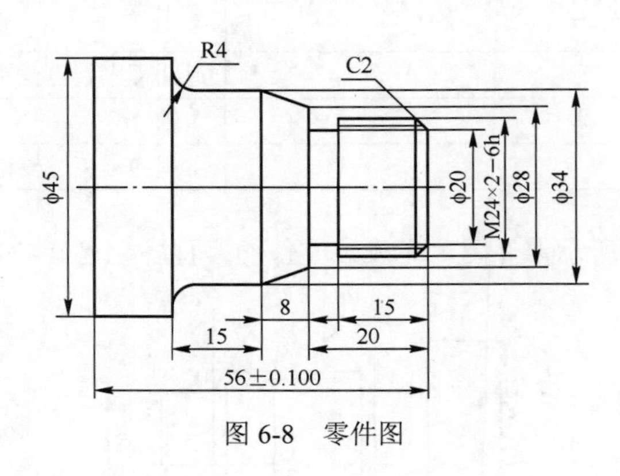

图 6-8 零件图

该零件图加工程序：

%0032	建立程序名
T0404	换螺纹车刀
M03 S500	调整转速到 500r/min
G00 X26 Z4;	快速定位到循环起点
G76 C2 R-2 E5 A60 X31.4 Z-15 I0 K1.3 U0.1 V0.1 Q1.2 F2	复合固定循环加工螺纹
G00 X100	退刀到 X100mm 处
M05	主轴停
M30	程序结束

思考与交流

（1）G76 简单循环指令加工螺纹时应注意的事项。

（2）请说说使用 G76 编程的优缺点。

（3）使用 G76 指令编写如图 6-8 所示的螺纹加工程序。

注意事项：

（1）从螺纹粗加工到精加工，主轴的转速必须保持一常数。

（2）在螺纹切削时进给保持功能无效，如果按下“进给保持”键，刀具在加工完螺纹后停止运动。

（3）在螺纹加工中不使用恒定线速度控制功能。

（4）在螺纹加工轨迹中应设置足够的升速进刀段 δ 和降速退刀段 δ′，以消除伺服滞后造成的螺距误差。

（5）螺纹车削加工为成型车削，且切削进给量较大，刀具强度较差，一般要分数次进给加工。

课后练习题

1．螺纹切削指令 G32，其格式中 R 表示________；E 表示________。使用 R、E 可免去退刀槽，R、E 可省略，表示不用回退功能；根据螺纹标准 R 一般取________，E 取________。

2．螺纹车削加工时，一般要分数次进给加工，原因为：________。

3．选择合适的螺纹加工指令，加工如图 6-9 所示零件图的螺纹。

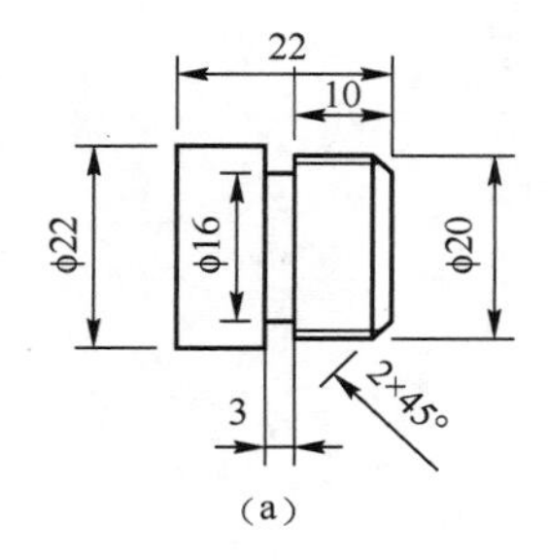

（a）

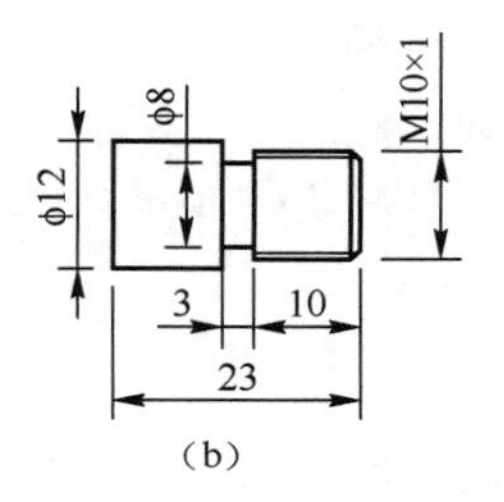

（b）

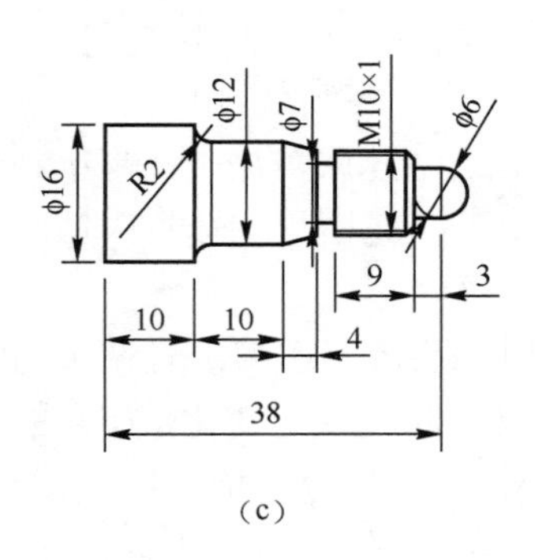

（c）

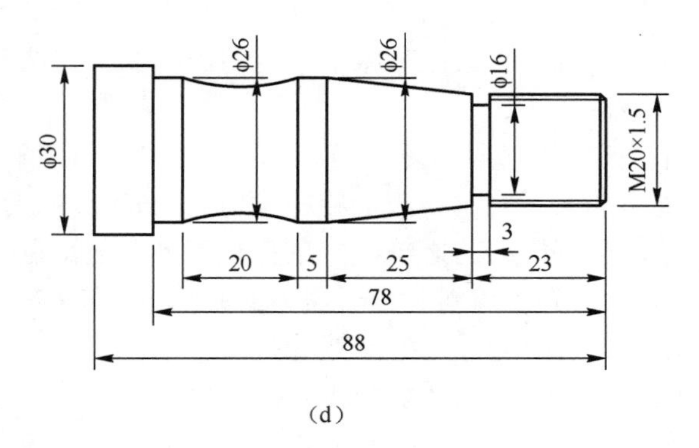

（d）

图 6-9　零件图

任务7 内孔和槽类加工

任务内容：

1. 内孔的常用加工方法
2. 内孔加工中复合循环的使用
3. 槽类零件的加工
4. 端面沟槽及深钻孔类零件的加工

相关知识：

一、内孔加工的方法

内孔表面加工方法较多，常用的有钻孔、扩孔、铰孔、镗孔、磨孔、拉孔、研磨孔、珩磨孔、滚压孔等，在数控车床上常用的内孔加工方法有钻孔、扩孔、铰孔、镗孔等。

1. 钻孔

用钻头在工件实体部位加工孔（如图7-1所示）称为钻孔。钻孔属粗加工，可达到的尺寸公差等级为IT13～IT11，表面粗糙度值为Ra50～12.5μm。由于麻花钻长度较长，钻芯直径小而刚性差，又有横刃的影响，故钻孔有以下工艺特点：

（1）钻头容易偏斜。由于横刃的影响定心不准，切入时钻头容易引偏；且钻头的刚性和导向作用较差，切削时钻头容易弯曲。在车床上钻孔时，容易引起孔径的变化，但孔的轴线仍然是直的。因此，在钻孔前应先加工端面，并用钻头或中心钻预钻一个锥坑，以便钻头定心。钻小孔和深孔时，为了避免孔的轴线偏移和不直，应尽可能采用工件回转方式进行钻孔。

（2）孔径容易扩大。钻削时钻头两切削刃径向力不等将引起孔径扩大；卧式车床钻孔时的切入引偏也是孔径扩大的重要原因；此外钻头的径向跳动等也是造成孔径扩大的原因。

（3）孔的表面质量较差。钻削切屑较宽，在孔内被迫卷为螺旋状，流出时会与孔壁发生摩擦而刮伤已加工表面。

（4）钻削时轴向力大。这主要是由钻头的横刃引起的。试验表明，钻孔时50%的轴向力和15%的扭矩是由横刃产生的。因此，当钻孔直径d>30mm时，一般分两次进行钻削。第一次钻出(0.5～0.7)d，第二次钻到所需的孔径。由于横刃第二次不参加切削，故可采用较大的进给量，使孔的表面质量和生产率均得到提高。

2. 扩孔

扩孔是用扩孔钻对已钻出的孔做进一步加工，以扩大孔径并提高精度和降低表面粗糙度值。扩孔可达到的尺寸公差等级为IT11～IT10，表面粗糙度值为Ra12.5～6.3μm，属于孔的半精加工方法，常作为铰削前的预加工，也可作为精度不高的孔的终加工。

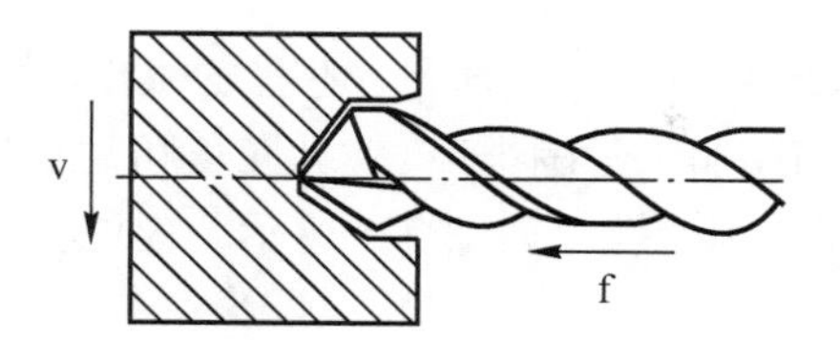

图 7-1　钻孔加工

扩孔方法如图 7-2 所示，扩孔余量为（D-d），可由表查阅。扩孔钻的形式随直径不同而不同。直径为 Φ10～Φ32 的为锥柄扩孔钻，如图 7-3 所示。直径 Φ25～Φ80 的为套式扩孔钻。

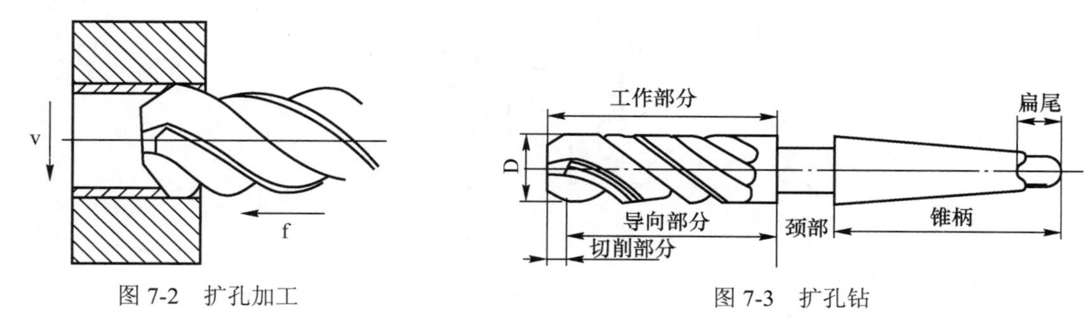

图 7-2　扩孔加工　　图 7-3　扩孔钻

扩孔钻的结构与麻花钻相比有以下特点：

（1）刚性较好。由于扩孔的背吃刀量小，切屑少，扩孔钻的容屑槽浅而窄，钻芯直径较大，增加了扩孔钻工作部分的刚性。

（2）导向性好。扩孔钻有 3～4 个刀齿，刀具周边的棱边数增多，导向作用相对增强。

（3）切屑条件较好。扩孔钻无横刃参加切削，切削轻快，可采用较大的进给量，生产率较高；又因切屑少，排屑顺利，不易刮伤已加工表面。

因此扩孔与钻孔相比，加工精度高，表面粗糙度值较低，且可在一定程度上校正钻孔的轴线误差。

3. 铰孔

铰孔是在半精加工（扩孔或半精镗）的基础上对孔进行的一种精加工方法。铰孔的尺寸公差等级可达 IT9～IT6，表面粗糙度值可达 Ra3.2～0.2μm。

铰孔的方式有机铰和手铰两种。在机床上进行铰削称为机铰，如图 7-4 所示；用手工进行铰削的称为手铰。

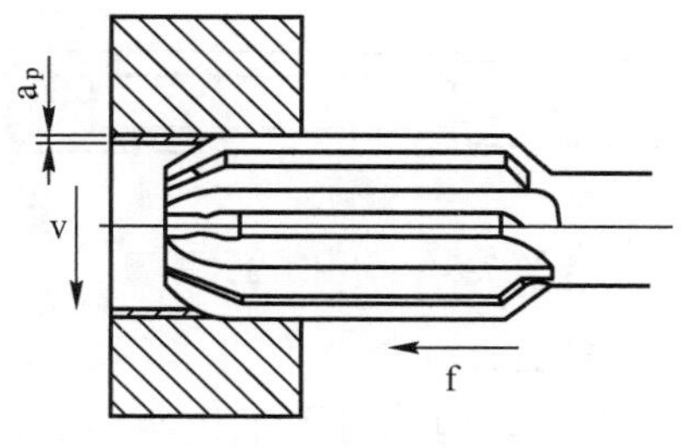

图 7-4　铰孔加工

4. 镗孔

在车床上对工件的孔进行车削的方法称为镗孔（又称为车孔），铸造孔、锻造孔或用钻头钻出来的孔，为了达到所要求的精度和表面质量，还需要镗孔。镗孔是常用的孔加工方法之一，可以做粗加工，也可以做精加工，加工范围很广。镗孔精度可达 IT8～IT7 级，粗糙度可达 Ra5～1μm。一般镗孔分为镗通孔和镗不通孔，如图 7-5 所示。镗通孔基本上与车外圆相同，只是进刀和退刀方向相反。

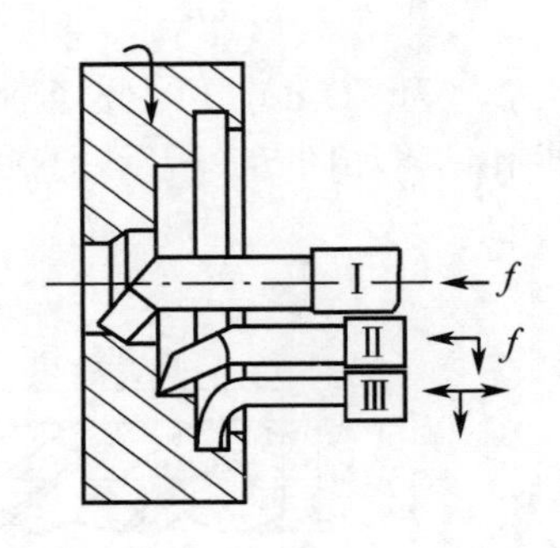

图 7-5　镗孔加工

镗孔的关键是提高镗刀的刚性和解决排屑问题。

提高镗刀刚性主要采用以下措施：

（1）尽量增加刀杆的截面积。但要注意刀杆截面积小于孔截面积的四分之一。

（2）刀杆伸出长度尽可能缩短。为了增加刀杆刚性，刀杆伸出长度只要略大于孔深即可。

解决排屑问题主要是控制切屑流出的方向，切屑流向由内孔车刀卷屑槽的方向确定。在副刀刃方向磨卷屑槽（图 7-6a），在切削深度较浅的情况下，能达到较好的表面质量，适用于粗车。当内孔车刀的主偏角大于 90°，在主刀刃方向磨卷屑槽（图 7-6b），适宜于纵向切削，但切削深度不能太深，否则切削稳定性不好，刀尖容易损坏。在副刀刃方向磨卷屑槽（图 7-6c），适宜于精车。

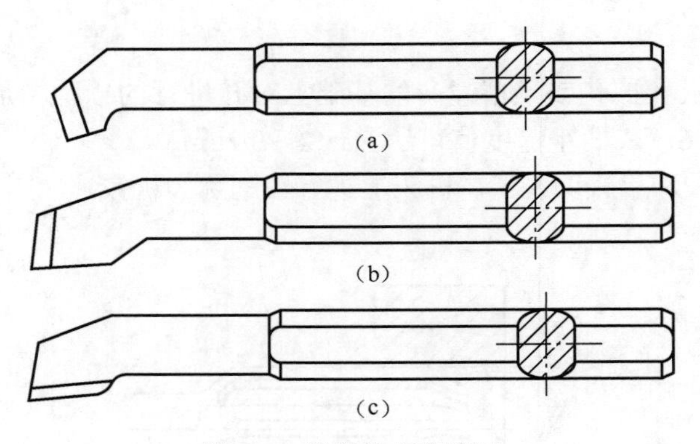

图 7-6　常用的内孔镗刀

5. 内孔加工刀具在转塔式刀架上的安装

麻花钻头可安装在内孔刀座 1 中，内孔刀座 1 用两只螺钉固定在刀架上。麻花钻头的侧面用两只螺钉 2 紧固，直径较小的麻花钻头可增加隔套 3 再用螺钉紧固，如图 7-7a 所示。内孔车刀做成圆柄，并在刀杆上加工出一个小平面，用两只螺钉 2 通过小平面紧固在刀架上，如图 7-7b 所示。

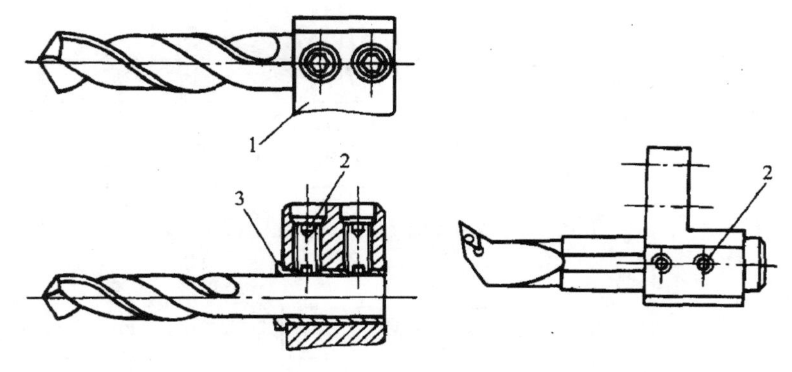

（a）麻花钻的安装　　（b）内孔车刀的安装

1—刀座；2—螺钉；3—隔套

图 7-7 内孔刀具的安装

二、内孔加工

（1）内径加工时复合循环指令（G71、G72）使用时注意精加工余量 X、Z 的符号（X 应该为负号），详细介绍见任务五。

（2）内孔加工应用举例。

例 1 编制如图 7-8 所示零件的加工程序。

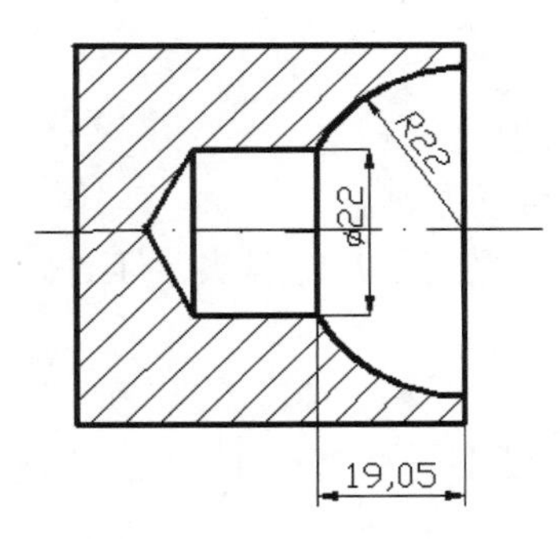

图 7-8 内孔加工图

端面及钻孔手工操作，内径及外径加工参考程序：

%0033	
T0101	调用一号刀具并建立工件坐标系
M03 S500	主轴正转
G00 X18 Z2	刀具移动至循环起点
G72 W1 R1 P1 Q2 X-0.2 Z0.1 F100	选用复合循环
N1 G00Z-19.05	移动至起刀点
G01 X22 F80	靠近轮廓起点
G02 X44 Z0 R22	加工内圆弧
N2 G01Z1	切出

G00 Z50	退刀
X70	退刀
M05	主轴停
M02	程序结束

例 2 根据图 7-9 所示零件图，完成车削编程（毛坯 Φ120×82）。

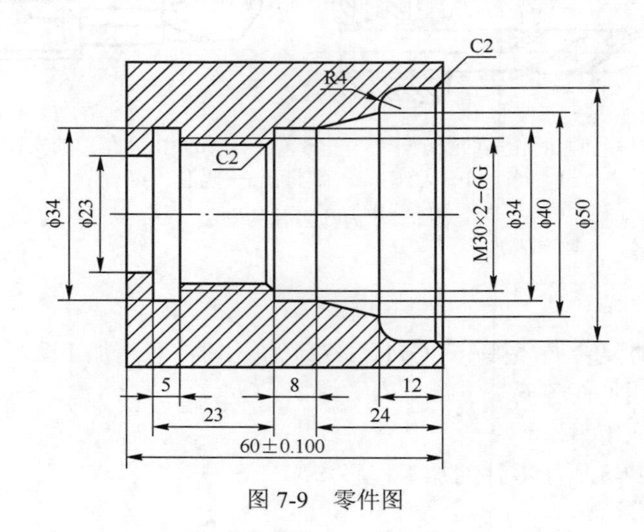

图 7-9 零件图

读图分析

（1）阅读与该任务相关的知识。

（2）分析零件图 7-9，确定装夹方案。

根据此零件的图形及尺寸，宜采用三爪卡盘夹紧工件，以轴心线与前端面的交点为编程原点。

（3）确定加工工艺。

1）装夹零件毛坯工件伸出长度不小于 20mm。

2）使用 Φ21 的钻花钻孔。

3）粗、精加工零件内轮廓至尺寸要求。

4）切内槽至尺寸要求。

5）粗、精加工内螺纹至尺寸要求。

（4）钻孔加工参考程序。

Φ21 的钻花，手动钻底孔	
内圆加工程序如下	
%0035	程序头
T0101	调用 1 号内圆刀，确定其坐标系
M03 S500	主轴正转，转速为 500r/min
G00 X22 Z2	快速定位至内圆车削循环起点，设定分进给
G71 U1 R0.5P1 Q2 X-0.5 Z0.05 F100	执行内径粗加工复合循环 G71

N1G41 G00 X54 S1000	定位到起始点并建立左刀尖圆弧半径补偿，设定精加工转速
G01 Z0 F80	刀具切入工件 Z 向零点，设定精加工进给速度
X50 Z-2	加工 C2 的倒角
X-8	加工 Φ50 的内圆
G03 X42 Z-12 R4	加工 R4 的圆弧
G1 X40	加工 Z-12 的端面
X34 Z-24	加工内锥面
Z-32	加工 Φ34 的内圆
X27.4 C2	加工 C2 的倒角
Z-55	加工 Φ27.4 的内圆
X23	加工 Z-55 的端面
Z-62	加工 Φ23 的内圆
N2 G01 X22	刀具退离工件表面
G40 G00 Z200	取消刀补，Z 方向快速定位换刀点
M00	程序暂停
G00 X22 X3	快速定位到循环起点
G00 Z200	Z 方向快速定位换刀点
X100;	X 方向快速定位换刀点
内切槽加工程序如下	
T0202	调用 2 号内圆刀，确定其坐标系序（切刀宽 3mm）
M03 S500	主轴正转，转速为 500r/min
G00 X25 Z5	快速接近工件
Z-55	定位到切入点
G01 X34 F50	切槽，进给速度为 50mm/min
G00 X25	X 轴退出加工区域外
Z-53	定位到切入点
G01 X34 F50	切槽，进给速度为 50mm/min
G00 X25	X 轴退出加工区域外
Z200	Z 轴快速退刀
内螺纹加工程序如下	
T0303	换 3 号刀，确定其坐标系
M03 S400	主轴正转，转速为 400r/min
G00 X26 Z2	快速定位至螺纹切削 G76 循环起点
G76 C2 R-2 E-5 A60 X30 Z-50 I0 K1.3 U0.1 V0.1 Q1.2 F2	执行螺纹切削循环 G76
G00 Z200	Z 方向快速定位换刀点
X100	X 方向快速定位换刀点

M05	主轴停
M30	程序结束

数控车削内孔的指令与外圆车削指令基本相同，但也有区别，编程时应注意以下方面：

（1）粗车复合循环指令的循环起点在编程时应注意，内孔编程 X 的取值应小于钻孔尺寸或内孔最小尺寸。

（2）粗车复合循环指令 G71、G72、G73，在加工外径时余量 U 为正，但在加工内轮廓时余量 U 应为负，G76 的精加工余量 R 加工外螺丝时为正，加工内螺纹时为负。

（3）在使用刀尖圆弧半径补偿时应注意外圆轮廓编程与内轮廓编程的刀补方向相反。以前置刀架为例外轮廓编程使用 G42 右刀补，刀具方位编号是“3”。在加工内轮廓时，半径补偿指令用 G41，刀具方位编号是“2”。

（4）退刀路线，数控机床加工过程中，为了提高加工效率，刀具从起点或换刀点运动到接近工件部位及加工完成后退回到起始点或换刀点是以 G00 方式（快速）运动。

根据刀具加工零件部位的不同，退刀的路线确定方式也不同，车床数控系统提供三种退刀方式。

1）斜线退刀方式。

斜线退刀方式路线最短，适用于加工外圆表面的偏刀退刀，如图 7-10 所示。

2）径-轴向退刀方式。

径-轴向退刀方式是刀具先径向垂直退刀，到达指定位置时再轴向退刀，如图 7-11 所示。切槽即采用此种退刀方法。

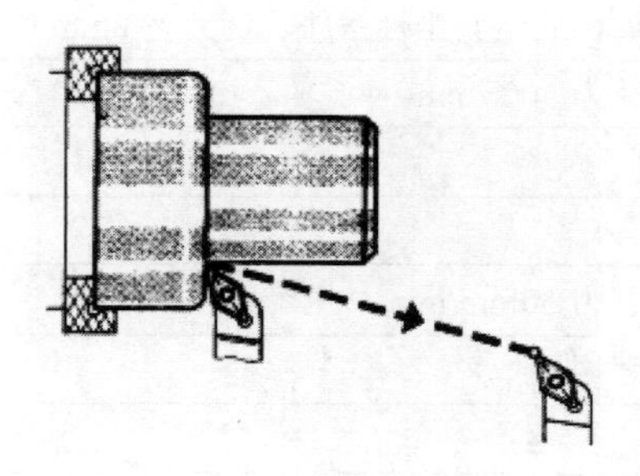

图 7-10　斜线退刀方式

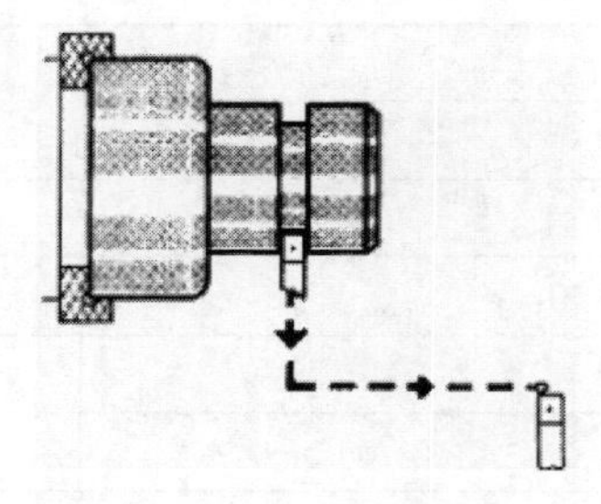

图 7-11　径-轴向退刀方式

3）轴-径向退刀方式。

轴-径向退刀方式的顺序与径-轴向退刀方式恰好相反，如图 7-12 所示。镗孔即采用此种退刀方式。

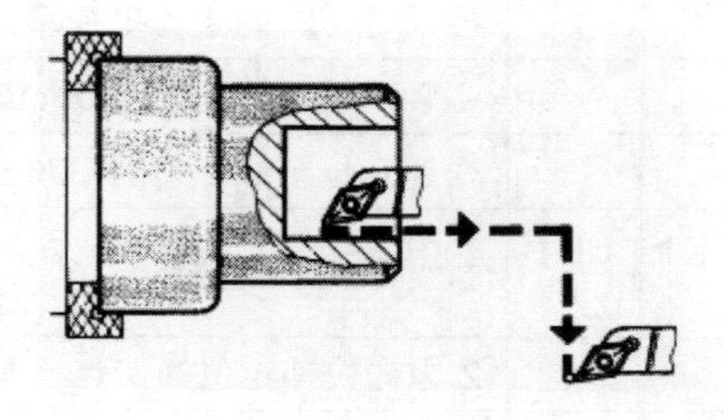

图 7-12　轴-径向退刀方式

思考与交流

（1）请说说内轮廓编程与外轮廓编程的不同及注意事项。

（2）编写如图 7-13 所示的加工程序。

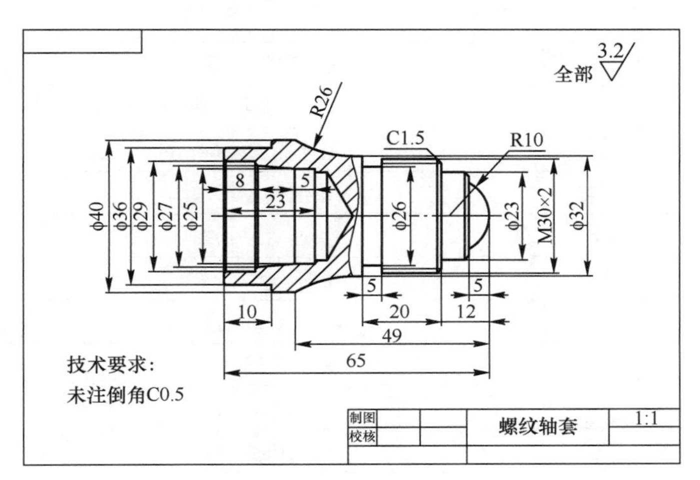

图 7-13 螺纹轴套零件图

三、槽类零件的加工

例题 3 根据零件图 7-14 所示，完成该零件的车削编程（毛坯 Φ120×82）。

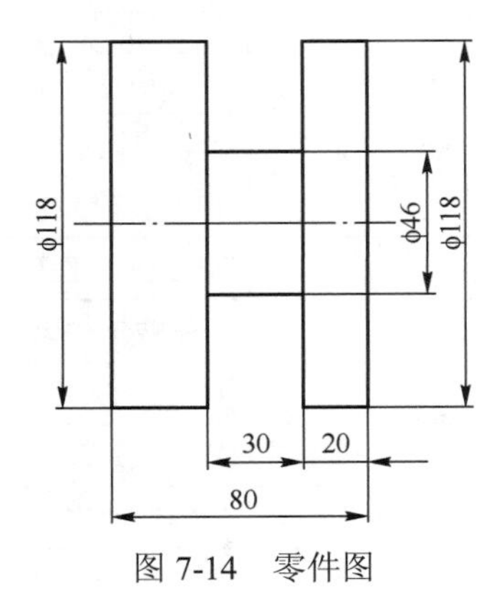

图 7-14 零件图

读图分析

（1）阅读与该任务相关的知识。

（2）分析零件图 7-14，确定装夹方案。

根据此零件的图形及尺寸，宜采用三爪卡盘夹紧工件，以轴心线与前端面的交点为编程原点。

（3）确定加工工艺。

1）夹零件毛坯工件伸出长度不小于 33mm，车端面。

2）粗、精加工该零件左端外形轮廓至尺寸要求。

3）零件调头，装夹 Φ118 外圆（校正），工件伸出长度不小于 53mm。

4）车端面至零件总长尺寸要求。

5）粗、精加工零件右端外形轮廓至尺寸要求。

6）切槽至尺寸要求。

（4）加工参考程序。

%0036	程序名
T0101	选择刀具及对应的补偿值（切刀宽 3mm）
M3 S500	主轴正转 500r/min
G00 X125 Z5	快速接近工件
Z-25	快速定位到循环起点
G01 X46.5 F20	切第一刀
G0 X119	X 轴快速退刀
W-4	Z 轴快速进刀
G01 X46.5 F20	切第二刀
G0 X119	X 轴快速退刀
W-4	Z 轴快速进刀
G01 X46.5 F20	切第三刀
G0 X119	X 轴快速退刀
W-4	Z 轴快速进刀
G01 X46.5 F20	切第四刀
G0 X119	X 轴快速退刀
W-4	Z 轴快速进刀
G01 X46.5 F20	切第五刀
G0 X119	X 轴快速退刀
W-4	Z 轴快速进刀
G01 X46.5 F20	切第六刀
G0 X119	X 轴快速退刀
W-4	Z 轴快速进刀
G01 X46.5 F20	切第七刀
G0 X119	X 轴快速退刀
Z-50	Z 轴快速进刀
G01 X46.5 F20	切第八刀
Z-25	精车槽底
G00 X150	X 轴快速退刀
G40 Z100	Z 轴快速退刀，取消刀补
M05	主轴停
M30	程序结束

例题 4 根据如图 7-15 所示零件，完成该零件加工程序的车削编程。

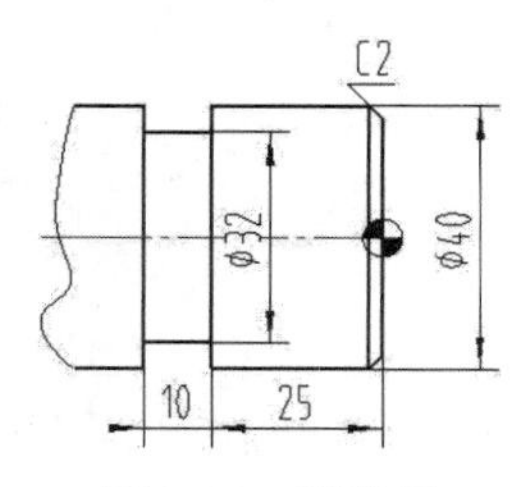

图 7-15 零件图

加工参考程序：

%0037	程序名
T0101	换 1 号刀，建立工件坐标系（切刀宽 3mm）
M03 S600	主轴正转，转速为 600r/min
G00 X42 Z-30	快速定位到 G75 循环起点
G01 X32.5 F20	切第一刀，刀宽 5
G0 X42	X 轴快速退刀
W-4	Z 轴快速进刀
G01 X32.5 F20	切第二刀
G0 X42	X 轴快速退刀
Z-35	Z 轴快速进刀
G01 X32.5 F20	切第三刀
Z-30	精车槽底
G00 X100	X 方向快速定位换刀点
Z100	Z 方向快速定位换刀点
M05	主轴停
M30	主程序结束

四、端面沟槽及深钻孔类零件的加工

例题 5 根据图 7-16 所示零件图，完成该零件的车削编程（毛坯 Φ60×32）。

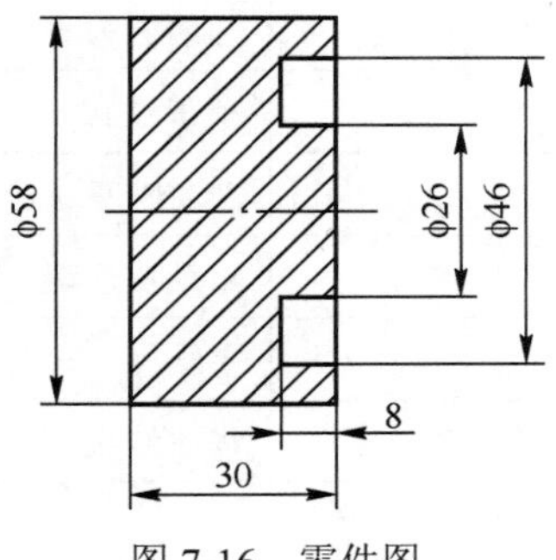

图 7-16 零件图

读图分析

（1）阅读与该任务相关的知识。

（2）分析零件图 7-16，确定装夹方案。

根据此零件的图形及尺寸，宜采用三爪卡盘夹紧工件，以轴心线与前端面的交点为编程原点。

（3）确定加工工艺。

1）装夹零件毛坯工件伸出长度不小于 20mm，车端面。

2）粗、精加工该零件左端外形轮廓至尺寸要求。

3）零件调头，夹 Φ58 外圆（校正），工件伸出长度不小于 13mm。

4）车端面、至零件总长尺寸要求。

5）粗、精加工零件右端外形轮廓至尺寸要求。

6）用端面槽刀切端面槽至尺寸要求。

（4）参考程序。

%0038	程序名
T0101	选择刀具及对应的补偿值（切刀宽 3mm）
M3 S300	主轴正转 300r/min
G00 X65 Z5	快速接近工件
X40 Z1	快速定位到循环起点
G01 Z-7.5 F20	切第一刀
G0 Z1	Z 轴快速退刀
X35	X 轴快速进刀
G01 Z-7.5 F20	切第二刀
G0 Z1	Z 轴快速退刀
X30	X 轴快速进刀
G01 Z-7.5 F20	切第三刀
G0 Z1	Z 轴快速退刀
X26	X 轴快速进刀
G01 Z-7.5 F20	切第四刀
X40	精车槽底
G00 Z100	Z 轴快速退刀
X100	X 轴快速退刀
M05	主轴停
M30	程序结束

例题6　编写如图7-17所示零件图零件孔的加工程序。

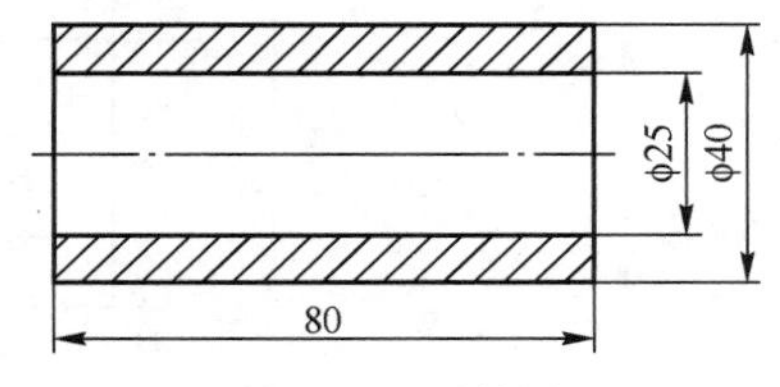

图7-17　零件图

参考程序：

%0039	程序名
T0202	选择刀具及对应的补偿值
M3 S450	主轴正转450r/min
G00 X14 Z15	快速接近工件，加工Φ15的底孔
Z5	快速定位到循环起点
G71 U1 R0.5 P1 Q2 X-0.5 Z0.1 F100	加工循环
N1 G1 X25	
N2 G01 Z-80	
G00 Z100	Z轴快速退刀
X100	X轴快速退刀
M05	主轴停
M30	程序结束

注意事项：

（1）编程过程中要注意刀具与孔的尺寸。

（2）孔加工主轴转速与进给速度都不能太大，因为镗刀刀杆刚性较差。

（3）内孔加工冷却条件较差，刀具磨损加剧，所以加工质量较外径差。

课后练习题

加工如图7-18所示零件图中的孔和槽。

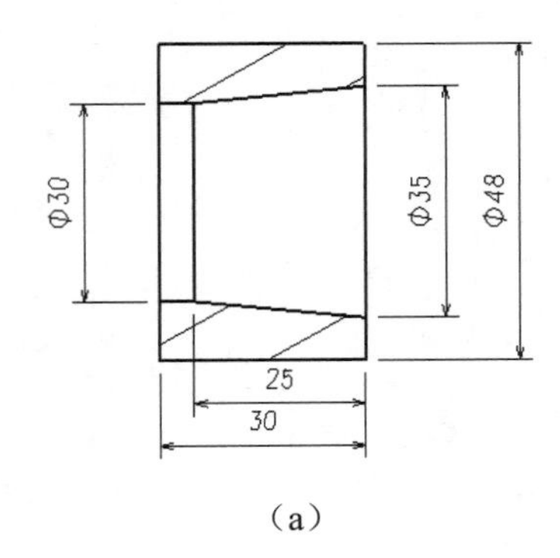

（a）

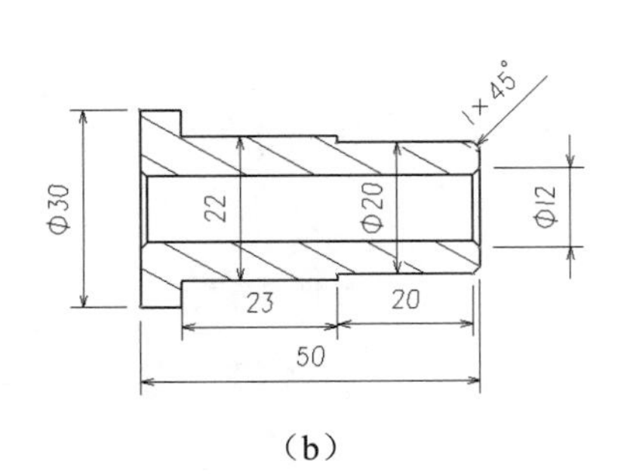

（b）

图7-18　零件图

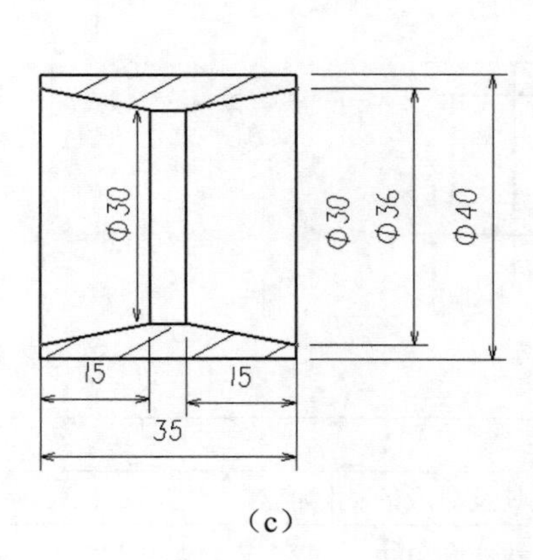

（c）

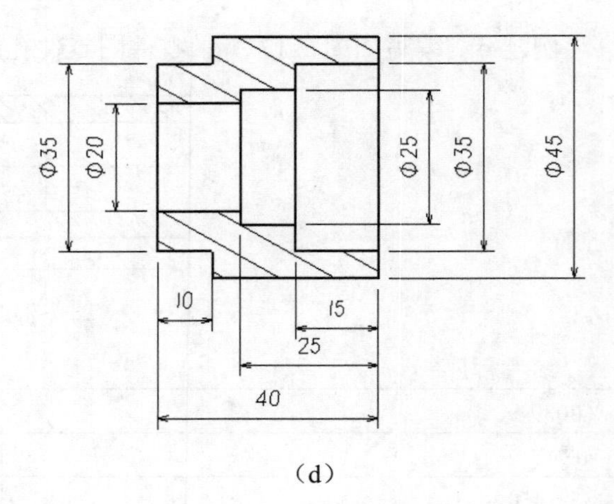

（d）

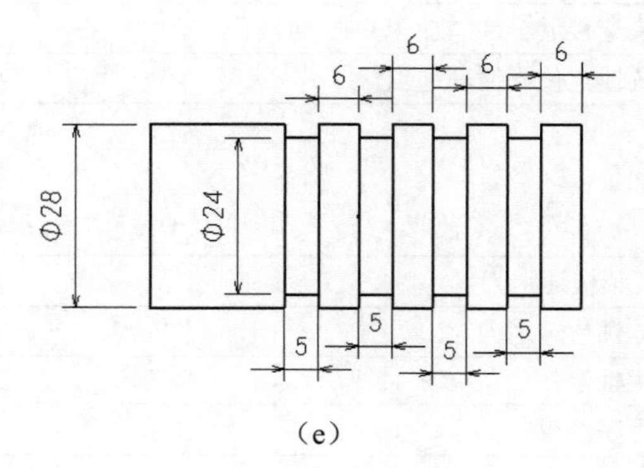

（e）

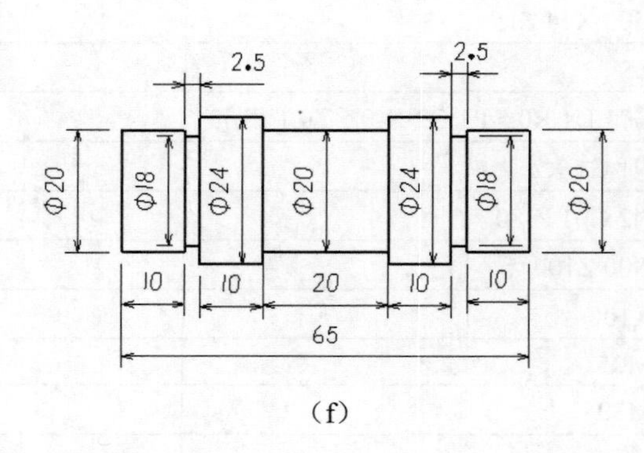

（f）

图 7-18　零件图（续图）

任务8 数控车削加工工艺

任务内容：

数控车削加工工艺

相关知识：

数控车削是数控加工中最常用的加工方法之一，其加工工艺与普通车床的加工工艺有相似之处，但由于数控车床具有直线、圆弧插补功能，许多数控系统还具有非圆曲线的编程功能等，工艺范围较普通车床宽得多，因此数控车床加工零件往往比普通车床加工零件的工艺规程要复杂。数控加工前要编写数控加工程序，数控程序内容实际包括工件加工的工艺过程、刀具选用、切削用量和走刀路线等，所以必须掌握相关数控加工工艺，否则就无法合理地编制零件的加工程序。

一、数控车削加工工艺主要内容

数控车床的加工工艺主要包括如下内容：

（1）通过数控车削加工的适应性分析，确定进行数控加工的零件内容（即加工对象）。

（2）分析零件图，明确加工内容和技术要求。

（3）确定加工方案，制定数控加工工艺路线。如划分工序、安排加工顺序，处理与非数控加工工序的衔接等。

（4）数控加工工序的设计。如选择定位基准、确定装夹方案、选用刀具、确定切削用量等。

（5）编制数控加工程序。

（6）填写数控加工工艺技术文件。

二、数控车削加工工艺

工艺规程是操作人员在加工时的指导性文件。由于普通车床受控于操作工人，因此，在普通车床上使用的工艺规程实际上只是一个工艺过程卡，车床的切削用量、走刀路线、工序的工步往往都是由操作工人自行选定。数控车床的加工程序是数控车削加工的指令性文件。数控车床运行受控于程序指令，加工的全过程都是按照程序指令自动执行的。因此数控车床与普通车床相比，工艺规程有较大的差别，涉及的内容也较为广泛。

数控车床的加工程序不仅包括零件的工艺过程，而且还包括切削用量、走刀路线、刀具选用以及车床的运动过程等，这些具体的问题，不仅是在数控加工工艺设计时认真考虑的问题，而且还必须做出合理选择并编入到数控加工程序中，这就要求编程人员对数控车床的性能、特点、刀具系统、运动方式、加工范围以及工件的装夹方法等都要非常熟悉。

因此，数控车床加工工艺的制定时工艺内容是非常具体的，工艺设计是很严密的。数控车削加工工艺合理与否不仅会影响车床效率的发挥，而且将直接影响到零件的加工质量。

数控车削加工工艺制定的合理与否，对数控加工程序编制、数控车床加工效率以及工件的加工精度都有重要的影响。因此，根据车削加工的一般工艺原则并结合数控车床的特点，制订零件的数控车削加工工艺显得非常重要。其主要内容有：分析被加工零件图样，确定在数控车床上加工内容，在此基础上确定在数控车床上的工件装夹方式、加工顺序、刀具的进给路线以及刀具、夹具、切削用量的选择等。

1. 分析零件图样

分析零件图样是工艺准备中的首要工作。内容包括零件轮廓的组成要素，尺寸、形状、位置公差要求，表面粗糙度要求，材料及热处理，毛坯及生产批量等，这些都是制定合理工艺方案的依据。

2. 确定数控车削加工内容

在分析零件形状、精度和其他技术要求的基础上，考虑零件或零件的某些部位是否适合在数控车床上加工。对于一个零件来讲，并非全部的加工内容都适合在数控车床上完成，这就要对零件图样进行全面分析，选择出那些最需要、最适合在数控车床上的加工的内容，充分发挥数控车床作用，提高经济效益。

3. 数控车削加工方案的拟定

数控车削加工方案的拟定是制定数控车削加工工艺的重要内容之一，其主要内容包括：选择各加工表面的加工方法、安排工序的先后顺序、确定刀具的走刀路线等。

数控车削加工工序划分常有以下几种方法：

（1）按安装次数划分工序。以每一次装夹作为一道工序。这种方法划分主要适用于加工内容不多的零件。

（2）按加工部位划分工序。按零件的结构特点分成几个加工部分，每个部分作为一道工序。

（3）按所用刀具划分工序。这种方法用于工件在切削过程中基本不变形、退刀空间足够大的情况。此时可以着重考虑加工效率、减少换刀时间和尽可能缩短走刀路线。刀具集中分序法是按所用刀具划分工序，即用同一把刀或同一类刀具加工完成零件所有需要加工的部位，以达到节省时间、提高效率的目的。

（4）按粗、精加工划分工序。对易变形或精度要求较高的零件常用这种方法。这种划分工序一般不允许一次装夹就完成加工，而是粗加工时留出一定的加工余量，重新装夹后再完成精加工。

数控车削加工工序划分后，对每个加工工序都要进行设计。数控车削加工工序设计主要包括选择定位基准、确定装夹方案、选用刀具、确定切削用量等内容。

（1）确定装夹方案。

数控车削加工在零件加工定位基准的选择上相对比较简单。定位基准的选择包括定位方式的选择和被加工零件定位面的选择。

数控车床常用的装夹方法有以下几种。

1）三爪自定心卡盘装夹。

三爪自定心卡盘是数控车床最常用的卡具。它的特点是可以自定心，夹持工件时一般不需要找正，装夹速度较快，但夹紧力较小，定心精度不高。适于装夹中小型圆柱形、正三边形或正六边形工件，不适合同轴度要求高的工件的二次装夹。

三爪卡盘常见的有机械式和液压式两种。液压卡盘装夹迅速、方便，但夹持范围变化小，尺寸变化大时需要重新调整卡爪位置。数控车床上经常采用液压卡盘，液压卡盘特别适合于批量生产。

2）软爪装夹。

由于三爪自定心卡盘定心精度不高，当加工同轴度要求高的工件二次装夹时，常常使用软爪。软爪是一种具有切削性能的卡爪。软爪是在使用前配合被加工工件特别制造的。

3）四爪单动卡盘装夹。

用四爪单动卡盘装夹时，夹紧力较大，装夹精度较高，不受卡爪磨损的影响，但夹持工件时需要找正。适于装夹偏心距较小、形状不规则或大型的工件等。

4）中心孔定位装夹。

① 两顶尖拨盘。顶尖分为前顶尖和后顶尖。前顶尖两种形式，一种是插在主轴锥孔内，另一种是夹在卡盘上。后顶尖是插在尾座套筒，也有两种形式，一种是固定式，另一种是回转式。两顶尖只对工件起定心和支撑作用，工件安装时要用鸡心夹头或对分夹头夹紧工件一端，必须通过鸡心夹头或对分夹头带动工件旋转。这种方式适于装夹轴类零件，利用两顶尖定位还可以加工偏心工件。

② 拨动定尖。拨动定尖有内、外拨动顶尖和端面拨动顶尖两种。内、外拨动顶尖是通过带齿的锥面嵌入工件，拨动工件旋转。端面拨动顶尖是利用端面的拨爪带动工件旋转，适合装夹直径在Φ50～Φ150mm之间的工件。

用两端中心孔定位，容易保证定位精度，但由于顶尖细小，装夹不够牢靠，不宜用大的切削用量进行加工。

③ 一夹一顶。一端用三爪或四爪卡盘，通过卡爪夹紧工件并带动工件转动，另一端用尾顶尖支撑。这种方式定位精度较高，装夹牢靠。

5）心轴与弹簧卡头装夹。

以孔为定位基准，用心轴装夹来加工外表面。以外圆为定位基准，采用弹簧卡头装夹来加工内表面。用心轴或弹簧卡头装夹工件的定位精度高，装夹工件方便、快捷，适于装夹内外表面的位置精度要求较高的套类零件。

6）利用其他工装夹具装夹。

数控车削加工中有时会遇到一些形状复杂和不规则的零件，不能用三爪或四爪卡盘等夹具装夹，需要借助其他工装夹具装夹，如花盘、角铁等，在批量生产时，还要采用专用夹具装夹。

（2）选用刀具。

刀具选择是数控加工工序设计中的重要内容之一。

刀具选择合理与否不仅影响到机床的加工效率，而且还直接影响到加工质量。选择刀具通常考虑机床的加工能力、工序内容、工件材料等因素。选择刀具主要考虑如下几方面的因素：

1）一次连续加工的表面尽可能多。

2）在切削加工过程中，刀具不能与工件轮廓发生干涉。

3）有利于提高加工效率和加工表面质量。

4）有合理的刀具强度和寿命。

（3）确定切削用量。

数控车削加工中的切削用量包括背吃刀量、主轴转速或切削速度、进给速度或进给量。在编制加工程序的过程中，选择合理的切削用量，使背吃刀量、主轴转速和进给速度三者间能互相适应，以形成最佳切削参数，这是工艺处理的重要内容之一。

1）选择切削用量的一般原则。

①粗车切削用量选择。粗车时一般以提高生产效率为主，兼顾经济性和加工成本。提高切削速度、加大进给量和背吃刀量都能提高生产效率，由于切削速度对刀具使用寿命影响最大，背吃刀量对刀具使用寿命影响最小，所以考虑粗车切削用量时，首先尽可能选择大的背吃刀量，其次选择大的进给速度，最后在保证刀具使用寿命和机床功率允许的条件下选择一个合理的切削速度。

②精车、半精车切削用量选择。精车和半精车的切削用量选择要保证加工质量、兼顾生产效率和刀具使用寿命。精车和半精车的背吃刀量是根据零件加工精度和表面粗糙度要求，以及精车后留下的加工余量决定的，一般情况一刀切去余量。精车和半精车的背吃刀量较小，产生的切削力也较小，所以在保证表面粗糙度的情况下，适当加大进给量。

2）背吃刀量（ap）的确定。

在车床主体、夹具、刀具和零件这一系统刚性允许的条件下，尽可能选取较大的背吃刀量，以减少走刀次数，提高生产效率。当零件的精度要求较高时，则应考虑留出精车余量，常取 0.1～0.5 mm。

3）进给速度的确定。

进给速度是指在单位时间里，刀具沿进给方向移动的距离（mm/min）。进给速度的大小直接影响表面粗糙度的值和车削效率，因此进给速度的确定应在保证表面质量的前提下，选择较高的进给速度。

有些数控车床规定可以选用以进给量（mm/r）表示的进给速度。进给量是指工件每转一周，车刀沿进给方向移动的距离，它与背吃刀量有着较密切的关系。粗车时一般取为 0.3～0.8 mm/r，精车时常取 0.1～0.3 mm/r，切断时宜取 0.05～0.2 mm/r。

4）主轴转速的确定。

①内外径车削时主轴转速。

内外径车削时主轴转速的确定应根据零件上被加工部位的直径，并按零件和刀具的材料及加工性质等条件所允许的切削速度来确定。

切削速度又称为线速度，是指车刀切削刃上某一点相对于待加工表面在主运动方向上的瞬时速度。在确定了切削速度 V_c（m/min）之后，根据工件直径 D（mm）用下面的公式便可计算出主轴转速 n（r/min）：

$$n = \frac{1000V_c}{\pi D}$$

②车螺纹时主轴转速。

车削螺纹时，车床的主轴转速将受到螺纹的螺距（或导程）大小、驱动电机的升降频特性及螺纹插补运算速度等多种因素影响，故对于不同的数控系统，推荐有不同的主轴转速选择范围。

（4）工件的定位和定位基准的选择。

1）工件定位的方法。

①直接找正法。工件定位时由工人用百分表、划针或目测的方法在机床上直接找正某些

表面，以保证被加工表面位置精度的一种方法。

②划线找正法。先在工件上用工具标出加工表面的位置，再在安装工件时用划针按划线找正工件的方法。

③夹具定位法。用夹具上的定位元件使工件获得正确位置的方法。

2）定位基准的选择。

根据工件加工的工艺过程，下面分别阐述粗、精基准选择的基本原则。

①粗基准的选择。

a．为了保证加工面和不加工面之间的相互位置要求，一般选择不加工面为粗基准。

b．粗基准的选择应考虑合理分配各加工表面的加工余量。

c．粗基准应避免重复使用。粗基准精度低、表面粗糙，重复使用会造成较大的定位误差，从而引起相应加工表面间出现较大的位置误差，因此在同一尺寸方向上一般只允许使用一次。

d．作为粗基准的表面，应平整光洁，要避开铸造浇冒口、分型面、锻造飞边等表面缺陷，以保证工件定位可靠，夹紧方便。

②精基准的选择。精基准的选择应能保证零件的加工精度和装夹可靠方便。精基准的选择一般应遵循以下原则：

a．基准重合原则。采用设计基准作为定位基准称为基准重合。

b. 基准统一原则。在零件加工的整个工艺过程或者相关的某几道工序中，选用同一个（或一组）定位基准进行定位，称为基准统一原则。

c．自为基准原则。对于某些精度要求很高的表面，在精加工或光整加工工序中要求加工余量小而均匀时，可以选择加工表面本身作为定位基准进行加工，这就是自为基准原则。

d．互为基准原则。为了使加工面间有较高的位置精度，可采用互为定位基准、反复加工的原则。

e．便于装夹原则。所选择的精基准应保证定位准确、可靠，夹紧机构简单，操作方便。

③辅助基准的应用。工件定位时，为了保证加工表面的位置精度，多优先选择设计基准或装配基准为定位基准，这些基准一般均为零件上的重要工作表面。

例 1　制定如图 8-1 所示零件的加工工艺，评分标准见表 8-1。工艺条件：工件材质为 45#钢，毛坯为 Φ35mm 的棒料。

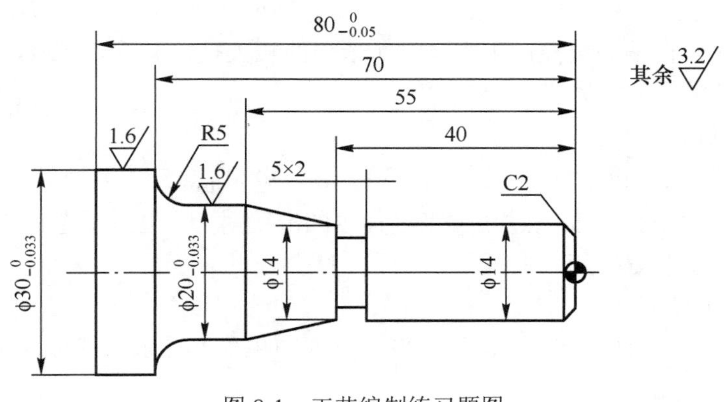

图 8-1　工艺编制练习题图

表 8-1　评分标准

工件编号			8−1	总得分			
配分比例	项目	序号	技术要求	配分	评分标准	检查记录	得分
工件评分70%	外形	1	$\Phi30^{0}_{-0.033}$	9	超差 0.01 扣 2 分		
		2	$\Phi20^{0}_{-0.033}$	9	超差 0.01 扣 2 分		
		3	$80^{0}_{-0.05}$	9	超差 0.01 扣 2 分		
		4	锥面	5	超差全扣		
		5	R5 圆弧光滑连接	5	不合格全扣		
		6	两处 Ra1.6	8	不合格全扣		
		7	Ra3.2	10	每处扣 2 分		
	切槽	8	5×2	5	超差全扣		
		9	Ra3.2	3	每处扣 1 分		
	其他	10	一般公差	5	每处超差扣 1 分		
		11	倒角	2	每处扣 2 分		
机床操作30%	程序	12	程序规范、合理、正确	20	不规范每处扣两分		
	操作	13	工件及刀具安装正确，机床操作规范	10	不规范每次扣 3 分		
其他	安全		安全文明操作	4	不规范每次扣 3 分		
			现场整理				

1．分析零件图样

（1）零件图样。

零件包括圆柱面、圆锥面、圆弧面、端面、一个外沟槽、切断等加工。材料为 45#，毛坯尺寸为 Φ35 的棒料。

数控加工工艺文件不仅是进行数控加工和产品验收的依据，也是操作者遵守和执行的规程，同时还为产品零件重复生产积累了必要的工艺资料，进行技术储备。这些由工艺人员制订的工艺文件是编程员在编制数控加工程序时所依据的相关技术文件。编制数控加工工艺文件是数控加工工艺设计的重要内容之一。

（2）精度分析。

本零件精度要求较高的尺寸有：外圆 $\Phi30^{0}_{-0.033}$、$\Phi20^{0}_{-0.033}$，长度 $80^{0}_{-0.05}$ 等。

对于尺寸精度要求，主要通过在加工过程中的准确对刀、正确设置刀补及磨耗，以及正确制定合适的加工工艺等措施来保证。

（3）表面粗糙度。

本例中，加工后的外圆 $\Phi30^{0}_{-0.033}$、$\Phi20^{0}_{-0.033}$ 表面粗糙度要求为 Ra1.6μm，切槽与其他表面的粗糙度为 Ra3.2μm。

对于表面粗糙度要求，主要通过选用合适的刀具及其几何参数，正确的粗、精加工路线，合理的切削用量及冷却液等措施来保证。

2. 工艺分析

（1）确定装夹方案、定位基准、编程原点、加工起点、换刀点。

由于毛坯为棒料，用三爪自定心卡盘夹紧定位。该工件的编程原点取在完工工件的右端面与主轴轴线相交的交点上。由于工件较小，为了加工路径清晰，加工起点和换刀点可以设为同一点，放在 Z 向距工件前端面 200mm、X 向距轴心线 100mm 的位置。

（2）制定加工方案及加工路线。

根据工件的形状及加工要求，选用数控车床进行本例工件的加工。

（3）刀具的选用。

根据加工内容，可选用 93°外圆车刀、B=3mm 切断刀，2 种刀具的刀片材料均选用高速钢。加工刀具的确定见表 8-2。

表 8-2　刀具清单

实训课题		零件工艺分析				
序号	刀具号	刀具名称及规格	刀尖半径	数量	加工表面	备注
1	T0101	93°外圆车刀	0.4mm	1	外表面、端面	
2	T0404	切断刀（刀位点为左刀尖）	B=3mm	1	切槽、切断	

（4）确定加工参数。

加工参数的确定取决于实际加工经验、工件的加工精度及表面质量、工件的材料性能、刀具的种类及形状、刀柄的刚性等诸多因素，可查表获得。

主轴转速（n）：高速钢刀具材料切削中碳钢件时，切削速度 v 取 45～60m/min 根据公式 n=1000v/(πD)及加工经验，并根据实际情况，本课题粗加工主轴转速选取 600r/min，精加工的主轴转速选取 800r/min。

进给速度（F）：粗加工时，为提高生产效率，在保证工件质量的前提下，可选择较高的进给速度，粗车时一般取为 0.3～0.8mm/r，精车时常取 0.1～0.3mm/r，切断时宜取 0.05～0.2mm/r。本课题粗加工进速选取 0.3mm/r，精加工进速选取 0.1mm/r，切断及切槽时取 0.1mm/r。

背吃刀量（aP）：在车床主体、夹具、刀具和零件这一系统刚性允许的条件下，尽可能选取较大的背吃刀量，以减少走刀次数，提高生产效率。当零件的精度要求较高时，则应考虑留出精车余量，常取 0.1～0.5mm。本课题粗加工背吃刀量取 2mm，精加工背吃刀量取 0.2mm。

（5）轮廓基点坐标的计算。

基点坐标常用的计算方法有列方程计算法和 CAD 软件作图找点法。

（6）制定加工工艺。

经过上述分析，本课题的加工工艺见表 8-3。

表 8-3　零件加工工艺表

材料	45#	零件号		机床	数控车床	
工步号	工步内容（走刀路线）	G 功能	刀具	切削用量		
				转速（r/min）	进给速度（mm/r）	背吃刀量（mm）
1	夹住棒料一头，留出长度大约为 100mm（手动操作），调用主程序加工					
2	自右向左粗车端面、外圆表面	G71	T0101	600	0.3	2
3	自右向左精车端面、外圆表面	G70	T0101	800	0.1	0.2
4	切外沟槽	G75	T0404	300	0.1	0
5	切断	G01	T0404	300	0.1	
6	检测、校核					

注意事项：

（1）数控车削的工艺内容。

（2）切削用量的确定。

（3）定位基准的选择。

（4）刀具的合理选择。

任务9　数控车削综合练习

任务内容：

零件的工艺分析及程序编制

相关知识：

例 1　分析如图 9-1 所示零件的加工工艺并编制加工程序。工艺条件：工件材质为 45# Φ30 棒料。

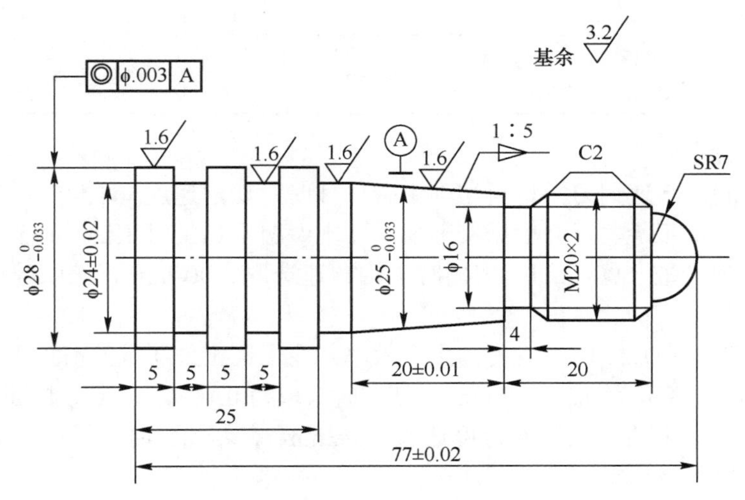

图 9-1　综合练习图一

（1）分析零件图样。

1）零件图样。

如图 9-1 所示，零件包括圆柱面、圆锥面、球面、端面、外沟槽、外螺纹、切断等加工。材料为 45#，毛坯尺寸为 Φ30 棒料。

2）精度分析。

本零件精度要求较高的尺寸有：外圆 $\Phi28^{\ 0}_{-0.033}$、$\Phi24\pm0.02$、$\Phi25^{\ 0}_{-0.033}$，长度 20 ± 0.01、77 ± 0.02 等。

3）表面粗糙度。

本例中，加工后的外圆 $\Phi28^{\ 0}_{-0.033}$、$\Phi24\pm0.02$、$\Phi25^{\ 0}_{-0.033}$、锥度 1:5 表面粗糙度要求为

Ra1.6μm，切槽与其他表面的粗糙度为 Ra3.2μm。

（2）工艺分析。

1）确定装夹方案、定位基准、编程原点、加工起点、换刀点。

由于毛坯为棒料，用三爪自定心卡盘夹紧定位。为了加工路径清晰，加工起点和换刀点可以设为同一点，放在 Z 向距工件前端面 200mm、X 向距轴心线 50mm 的位置。

2）制定加工方案及加工路线。

根据工件的形状及加工要求，选用数控车床进行本例工件的加工。

3）刀具的选用。

根据加工内容，可选用 93°外圆车刀、60°外螺纹刀、B=4 mm 切断刀，3 种刀具的刀片材料均选用高速钢。加工刀具的确定见表 9-1。

表 9-1　刀具清单

实训课题		综合零件一				
序号	刀具号	刀具名称及规格	刀尖半径	数量	加工表面	备注
1	T0101	90°外圆车刀	0.4mm	1	外表面、端面	
2	T0202	60°外螺纹刀	0.2mm	1	外螺纹	
3	T0404	切断刀（刀位点为左刀尖）	B=3mm	1	切槽、切断	

4）确定加工参数。

主轴转速（n）：高速钢刀具材料切削中碳钢件时，切削速度 v 取 45～60m/min，根据公式 n=1000v/(πD)及加工经验，并根据实际情况，本课题粗加工时主轴转速选取 600r/min，精加工时的主轴转速选取 800r/min，切槽时主轴转速选取 300r/min，车螺纹时主轴转速选取 300r/min。

进给速度（F）：粗加工时，为提高生产效率，在保证工件质量的前提下，可选择较高的进给速度，粗车时一般取为 0.3～0.8mm/r，精车时常取为 0.1～0.3mm/r，切断时宜取为 0.05～0.2mm/r。在本例中，粗加工时进给速度选取为 0.3mm/r，精加工时进给速度选取为 0.1mm/r，切断及切槽时取为 0.1mm/r。

背吃刀量（ap）：本例粗加工背吃刀量取为 2mm，精加工背吃刀量取为 0.2mm。

5）数值计算。

计算锥面小端直径，根据公式 $C=\frac{D-d}{L}$，即 $C=\frac{1}{5}=\frac{25-d}{20}$，得 d=21。

公差的处理，尺寸公差不对称取中值。$\Phi28^{\ 0}_{-0.033}$ 的中值为 Φ27.983，$\Phi25^{\ 0}_{-0.033}$ 的中值为 Φ24.983。

计算 M20 的外圆直径，由经验公式得 d=20–0.25=19.75。

其余各节点坐标的计算略。

螺纹加工计算及吃刀量详见任务 6 螺纹加工。

6）制定加工工艺。

经过上述分析，本例的加工工艺见表 9-2。

表 9-2　零件加工工艺表

材料	45#	零件号	1	系统	华中世纪星	
工步号	工步内容（走刀路线）	G 功能	刀具	切削用量		
				转速（r/min）	进给速度（mm/r）	背吃刀量（mm）
1	夹住棒料一头，留出长度大约 100mm（手动操作），调用主程序加工					
2	自右向左粗车球面、外圆表面	G71	T0101	600	0.3	2
3	自右向左精车球面、外圆表面	G70	T0101	800	0.1	0.2
4	切外沟槽	G01 子程序	T0404	300	0.1	0
5	车外螺纹	G76	T0202	300		
6	切断	G01	T0404	300	0.1	
7	检测、校核					

（3）加工参考程序。

%0040	主程序名
N10 T0101	调用刀具并建立工件坐标系
N20 M03 S600	主轴正转
N30 G00 X34 Z2	刀具至循环起点
N40 G71 U1 R1 P50 Q150 X0.4 Z0.2 F100	调用粗车循环
N50 G00 X0	快速移动至 X0
N60 G01 Z0 F80	工进至准备加工位置
N70 G03 X14 Z-7 R7	加工 SR7 球面
N80 G01 X16	加工端面
N90 X19.75 W-2	加工倒角
N100 W-18	加工螺纹外圆
N110 X21	加工端面
N120 X24.983 W-20	加工锥面
N130 W-5	加工 Φ25 外圆
N140 X27.983	加工端面
N150 W-28	加工 Φ28 外圆
N160 G00 X100	刀具径向快退
N170 Z200	刀具轴向快退
N180 M05	主轴停
N190 M00	程序暂停，对加工后的零件进行测量
N200 M03 S300	主轴重新正转

N210 T0404	调用 4 号刀并建立工件坐标系
N220 G00 Z-27	快速定位
N230 X25	靠近 Φ16×4 的起点
N240 G01 X16 F20	切槽
N250 G04 P2	槽底暂停
N260 G01 X22 W3 F20	切槽的右侧面倒角
N270 G00 X30	快速定位
N280 Z-52	到切槽起点
N290 M98 P20019	调用 2 次切槽子程序
N300 G00 X100	快退
N310 Z200	快退
N320 M05	主轴停
N330 M00	程序暂停，对加工后的零件进行测量
N340 M03 S300	主轴重新正转
N350 T0202	调用 2 号刀并建立工件坐标系
N360 G00 X22 Z-5	快速定位至切螺纹起点
N370 G82 X19.1 Z-25 F2	用单一循环车螺纹
N380 X18.5 Z-25 F2	用单一循环车螺纹
N390 X17.9 Z-25 F2	用单一循环车螺纹
N400 X17.5 Z-25 F2	用单一循环车螺纹
N410 X17.4 Z-25 F2	用单一循环车螺纹
N420 G00 X100	快退
N430 Z200	快退
N440 M05	主轴停
N450 M00	程序暂停，对加工后的零件进行测量
N460 M03 S300	主轴重新正转
N470 T0404	调用 4 号刀并建立工件坐标系
N480 G00 X32 Z-78	快速定位
N490 G01 X2 F20	切断（切到 2mm 时，防止工件掉落）
N500 M05	主轴停止
N510 M02	程序结束
掉头装夹，平端面，测量保证 77mm 总长	
%1910	切槽子程序
N010 G00 W-10	刀具靠近槽
N020 G01 X24 F20	一次切槽
N030 G04 P2	暂停

N040 G00 X32	径向退刀
N050 W1	沿 Z 轴正向平移 1mm
N060 G01 X24 F20	二次切槽
N070 G04 P2	暂停
N080 W-1	光槽底
N090 G00 X32	刀具退出
N100 M99	子程序结束

例 2　分析如图 9-2 所示零件的加工工艺并编制加工程序。工艺条件：工件材质为 45 钢 Φ55 棒料，已有 Φ20 底孔。

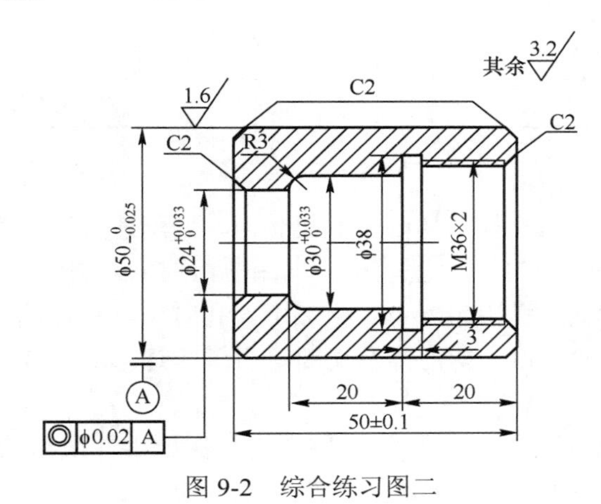

图 9-2　综合练习图二

（1）分析零件图样。

1）零件图样。

如图 9-2 所示，零件包括端面、内外圆柱面、内圆角、倒角、内沟槽、内螺纹、切断等加工。材料为 45#，毛坯为 Φ55 棒料。

2）精度分析。

本零件精度要求较高的尺寸有：外圆 $\Phi50_{-0.025}^{0}$，内孔 $\Phi24_{0}^{+0.033}$、$\Phi30_{0}^{+0.033}$，长度 50±0.1 等。

3）表面粗糙度。

本例中，加工后的外圆 $\Phi50_{-0.025}^{0}$ 的表面粗糙度要求为 Ra1.6μm，内孔、内螺纹及其他表面的粗糙度为 Ra3.2μm。

（2）工艺分析。

1）确定装夹方案、定位基准、编程原点、加工起点、换刀点。

由于毛坯为棒料，用三爪自定心卡盘夹紧定位。为了加工路径清晰，加工起点和换刀点可以设为同一点，放在 Z 向距工件前端面 200mm、X 向距轴心线 100mm 的位置。

2）制定加工方案及加工路线。

根据工件的形状及加工要求，选用数控车床进行本例工件的加工。

3）刀具的选用。

根据加工内容，可选用93°外圆刀、镗孔刀、60°内螺纹刀、B=3 mm切断刀、B=3 mm内槽刀，5种刀具的刀片材料均选用高速钢。加工刀具的确定见表9-3。

表9-3 刀具清单

实训课题		综合零件二				
序号	刀具号	刀具名称及规格	刀尖半径	数量	加工表面	备注
1	T0101	93°外圆车刀	0.4 mm	1	端面	
2	T0202	镗孔刀	0.4mm	1	内孔	
3	T0303	内槽刀	B=3mm	1	内槽	
4	T0404	切断刀（刀位点为左刀尖）	B=3 mm	1	切断	
5	T0505	60°内螺纹刀	0.2mm	1	内螺纹	

4）确定加工参数。

主轴转速（n）：高速钢刀具材料切削中碳钢件时，切削速度v取为45～60m/min，根据公式n=1000v/(πD)及加工经验，并根据实际情况，本课题粗加工外圆时主轴转速选取为500r/min，精加工外圆时的主轴转速选取为900r/min，粗加工内孔时主轴转速选取为600r/min，精加工内孔时的主轴转速选取为900r/min，切内槽及切断时主轴转速选取为300r/min，车内螺纹时主轴转速选取为300r/min。

进给速度（F）：粗加工时，为提高生产效率，在保证工件质量的前提下，可选择较高的进给速度，粗车时一般取为0.3～0.8mm/r，精车时常取为0.1～0.3mm/r，切断时宜取为0.05～0.2mm/r。在本例中，粗加工时进给速度选取为0.3mm/r，精加工时进给速度选取为0.1mm/r，切断及切槽时取为0.1mm/r。

背吃刀量（aP）：在车床主体、夹具、刀具和零件这一系统刚性允许的条件下，尽可能选取较大的背吃刀量以减少走刀次数，提高生产效率。本例粗加工背吃刀量取为1.5mm，精加工背吃刀量取为0.2mm。

5）轮廓基点坐标的计算。

6）制定加工工艺。

经过上述分析，本课题的加工工艺见表9-4。

表9-4 零件加工工艺表

材料	45#	零件号	1	系统	华中世纪星	
工步号	工步内容（走刀路线）	G功能	刀具	切削用量		
				转速（r/min）	进给速度（mm/r）	背吃刀量（mm）
I	夹住棒料一头，留出长度大约为70 mm（手动操作），调用主程序加工					
1	车端面	G94	T0101	500	0.3	

续表

材料	45#	零件号	1	系统	华中世纪星	
工步号	工步内容（走刀路线）	G功能	刀具	切削用量		
				转速（r/min）	进给速度（mm/r）	背吃刀量（mm）
2	粗车外圆表面	G90	T0101	500	0.3	2.3
3	自右向左粗镗内孔表面	G71	T0202	600	0.3	1.5
4	精车外圆表面	G01	T0101	900	0.1	0.2
5	自右向左精镗内表面	G70	T0202	900	0.1	0.2
6	切内沟槽	G01	T0303	300	0.1	
7	切内螺纹	G92	T0505	300		
8	切断	G01	T0404	300	0.1	
9	检测、校核					
Ⅱ	调头垫铜皮夹持Φ50外圆，找正夹牢，调用主程序2加工					
1	车端面、倒角	G01	T0101	900	0.1	0.2
2	车孔口倒角	G90	T0202	900	0.1	0.5
3	检测、校核					

（3）加工参考程序。

夹住棒料一头，留出长度大约70 mm（手动操作）	
%0041	主程序名
N010 T0101	选择1号外圆刀，建立工件坐标系
N020 M03 S500	主轴正转
N030 G00 X60 Z2	刀具移动至循环起点
N040 G80 X52 Z-53 F120	粗车外圆，进给速度为120mm/min
N050 X50.4 Z-53	粗车Φ50外圆，留0.2mm余量
N060 M05	主轴停
N070 M00	程序暂停，对加工后的零件进行测量
N080 M03 S900	主轴重新正转
N090 G00 X42 Z2	准备加工倒角
N100 G01 X50 Z-2 F100	加工倒角
N110 Z-53	车Φ50外圆
N120 G00 X100	快退
N130 Z200	快退
N140 M05	主轴停
N150 M00	程序暂停，对加工后的零件进行测量
N160 M03 S600	主轴重新正转
N170 T0202	调用2号刀并建立工件坐标系
N180 G00 X18 Z2	快速定位

N190 G71 U1 R1 P200 Q270 X-0.4 Z0.2 F120	调用粗车循环加工内表面
N200 G00 X42	快速定位至(42,2)
N210 G01 X34 Z-2 F100	加工倒角
N220 Z-20	加工 M36 内孔至 Φ34
N230 X30	加工台阶面
N240 W-17	加工 Φ30 孔
N250 G03 X24 W-3 R3	加工 R3 圆弧面
N260 G01 Z-53	加工 Φ24 内孔
N270 X18	径向退刀
N280 G00 Z200	快退
N290 G00 X100	快退
N300 M05	主轴停
N310 M00	程序暂停，对加工后的零件进行测量
N320 M03 S300	主轴重新正转
N330 T0303	调用 3 号刀并建立工件坐标系
N340 G00 X28 Z2	快速定位至(X28,Z2)
N350 Z-20	快速靠近槽，准备切槽
N360 G01 X38 F20	切槽至 Φ38
N370 G04 P2	暂停 2 秒
N380 G00 X28	退出加工槽
N390 Z2	轴向快速退出工件孔
N400 G00 X100 Z200	返回刀具换刀点
N410 M05	主轴停
N420 M00	程序暂停，对加工后的零件进行测量
N430 M03 S300	主轴重新正转
N440 T0505	调用 5 号刀并建立工件坐标系
N450 G00 X28 Z2	快速定位至螺纹切削(X28,Z2)
N460 G82 X34.9 Z-18.5 F2	用单一循环车螺纹
N470 X35.3 Z-18.5 F2	
N480 X35.6 Z-18.5 F2	
N490 X35.9 Z-18.5 F2	
N500 X36.0 Z-18.5 F2	
N510 G00 X100 Z200	返回刀具换刀点
N520 M05	主轴停
N530 M00	程序暂停，对加工后的零件进行测量
N540 M03 S300	主轴重新正转
N550 T0404	调用 4 号刀并建立工件坐标系
N560 G00 X60 Z53.2	快速定位
N570 G01 X18 F20	切断

N580 G00 X100 Z200	返回刀具换刀点
N590 M05	主轴停
N600 M02	程序结束
调头垫铜皮夹持 Φ50 外圆，找正夹牢，调用主程序 1922 加工	
%1922	
N010 T0101	选择 1 号外圆刀，建立工件坐标系
N020 M03 S600	主轴正转
N030 G00 X22 Z2	快速定位至 Φ22 直径处
N040 G01 Z0 F100	刀具与端面对齐，进给速度为 100mm/min
N050 X46	加工端面
N060 X52Z-3	倒角
N070 G00 X100 Z200	返回刀具换刀点
N080 M05	主轴停
N090 M00	程序暂停，对加工后的零件进行测量
N100 M03 S600	主轴重新正转
N110 T0202	调用 2 号刀并建立工件坐标系
N120 G00 X16 Z2	快速定位至螺纹切削(X16,Z2)
N130 G80 X20 Z-2 I4 F100	加工孔口倒角
N140 X24 Z-2	加工孔口倒角
N150 G00 X100 Z200	返回刀具换刀点
N160 M05	主轴停
N170 M02	程序结束

注意事项：

1）注意工艺路线、刀具及切削用量的确定。

2）加工孔时，若利用 G71 指令，注意精加工余量 X 地址后的数值为负值。

3）内槽加工完时，必须先径向退刀，再轴向退出工件孔，然后才能退回换刀点。

课后练习题

出具完整的工艺加工下列各图零件。

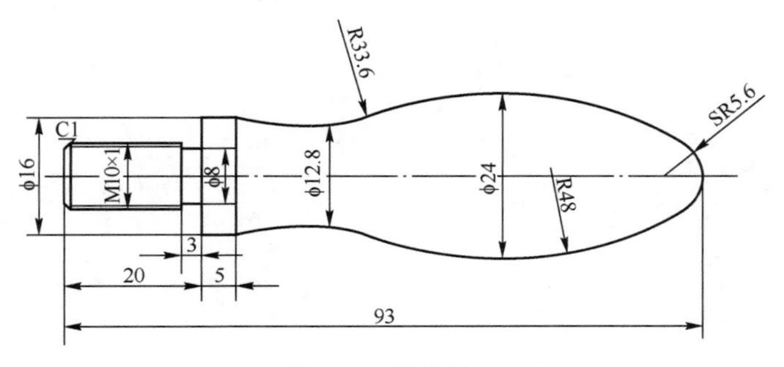

图 9-3　零件图 1

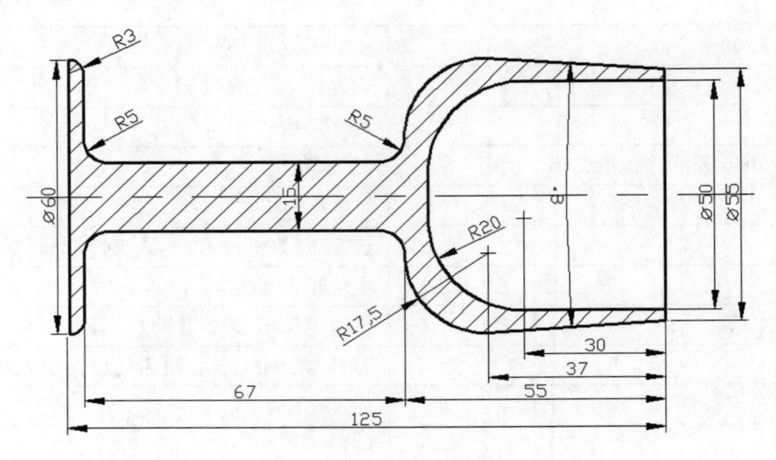

图 9-4　零件图 2

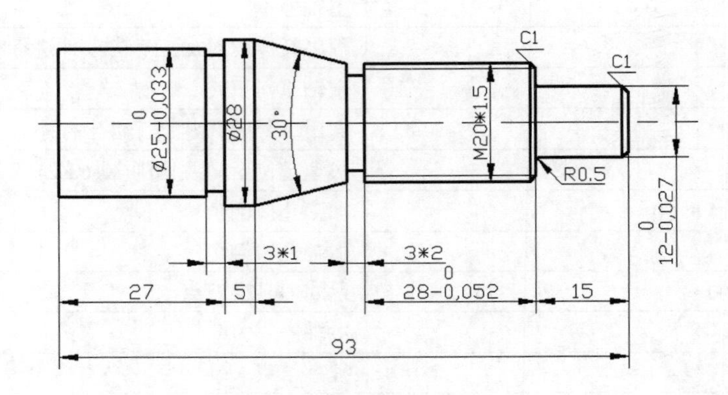

图 9-5　零件图 3

任务10 特殊工件的车削——薄壁和偏心

任务内容：

1. 薄壁工件的加工特点和加工工艺
2. 偏心轴、套的概念、常用车偏心工件的方法
3. 偏心件的测量
4. 切槽加工用刀具及刃磨
5. 切槽加工工艺和注意事项

相关知识：

一、薄壁工件加工

例 1　加工如图 10-1 所示的薄壁工件，试分析其数控车加工工艺。

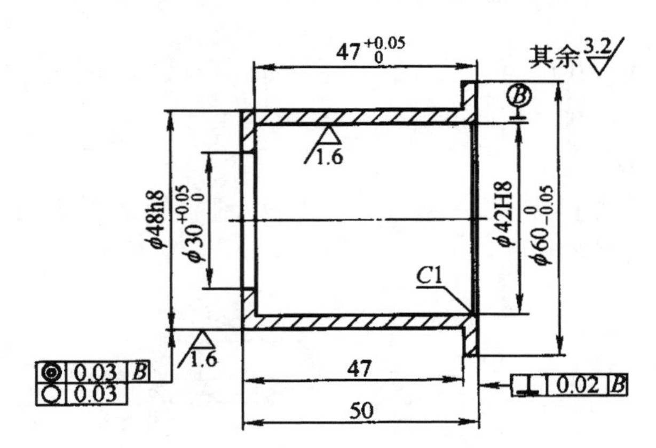

技术要求：未注倒角为 C1　　　材料：锡青铜

图 10-1　薄壁工件加工实例

1. 薄壁工件的加工特点

车薄壁工件时，由于工件的刚性差，在车削过程中，可能产生以下现象。

（1）因工件壁薄，在夹紧力的作用下容易产生变形。从而影响工件的尺寸精度和形状精度。当采用如图 10-2a 所示方式夹紧工件加工内孔时，在夹紧力的作用下，会略微变成三边形，但车孔后得到的是一个圆柱孔。当松开卡爪，取下工件后，由于弹性恢复，外圆恢复成圆柱形，而内孔则变成图 10-2b 所示的弧形三边形。若用内径千分尺测量时，各个方向直径 D 相等，但已变形不是内圆柱面了，称之为等直径变形。

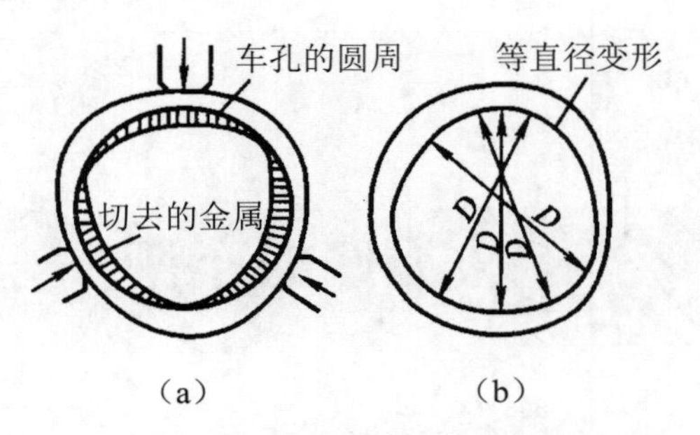

图 10-2　薄壁工件的夹紧变形

（2）因工件较薄，切削热会引起工件热变形，从而使工件尺寸难于控制。对于线膨胀系数较大的金属薄壁工件，如在一次安装中连续完成半精车和精车，由切削热引起工件的热变形，会对其尺寸精度产生极大影响，有时甚至会使工件卡死在夹具上。

（3）在切削力（特别是径向切削力）的作用下，容易产生振动和变形，影响工件的尺寸精度、形状、位置精度和表面粗糙度。

2. 薄壁工件的加工工艺

（1）工件分粗、精车阶段。

粗车时，由于切削余量较大，夹紧力稍大些，变形也相应大些；精车时，夹紧力可稍小些，一方面夹紧变形小，另一方面精车时还可以消除粗车时因切削力过大而产生的变形。

（2）合理选用刀具的几何参数。

精车薄壁工件时，刀柄的刚度要求高，车刀的修光刃不易过长（一般取为 0.2～0.3mm），刃口要锋利。通常情况下，车刀几何参数可参考下列要求：

1）外圆精车刀：k_r=90°～93°，k_r'=15°，α_0=14°～16°，α_{01}=15°，适当增大。

2）内孔精车刀：k_r=60°，k_r'=30°，γ_0=35°，α_0=14°～16°，α_{01}=6°～8°，λ_s=5°～6°。

（3）增加装夹接触面。

采用开缝套筒（见图 10-3）或一些特制的软卡爪使接触面增大，让夹紧力均布在工件上，从而使工件夹紧时不易产生变形。

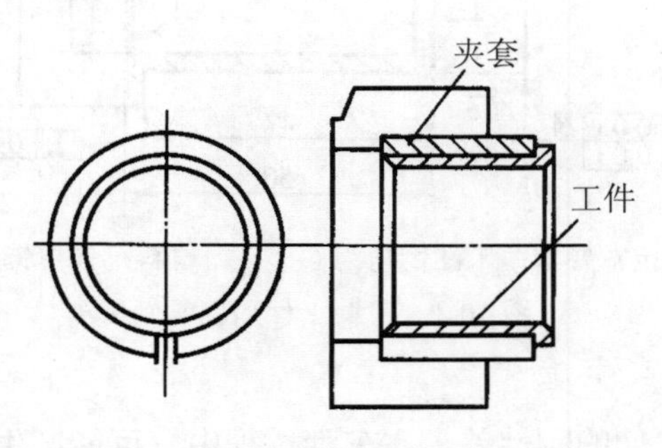

图 10-3　增大装夹接触面减少工件变形

（4）采用轴向夹紧夹具。

车薄壁工件时，尽量不使用图 10-4a 所示的径向夹紧，而优先选用图 10-4b 所示的轴向夹紧方法。图 10-4b 中，工件靠轴向夹紧套（螺纹套）的端面实现轴向夹紧，由于夹紧力 F 沿工件轴向分布，而工件轴向刚度大，不易产生夹紧变形。

（5）增加工艺肋。

有些薄壁工件在其装夹部位特制几根工艺肋（见图 10-5），以增强此处刚性，使夹紧力作用在工艺肋上，以减少工件的变形，加工完毕后，再去掉工艺肋。

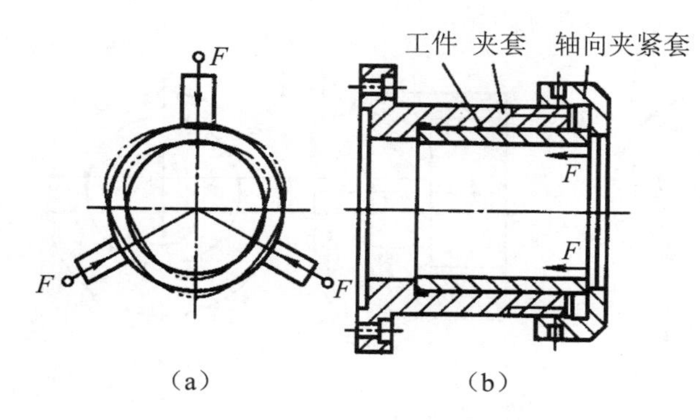

图 10-4　薄壁套的夹紧

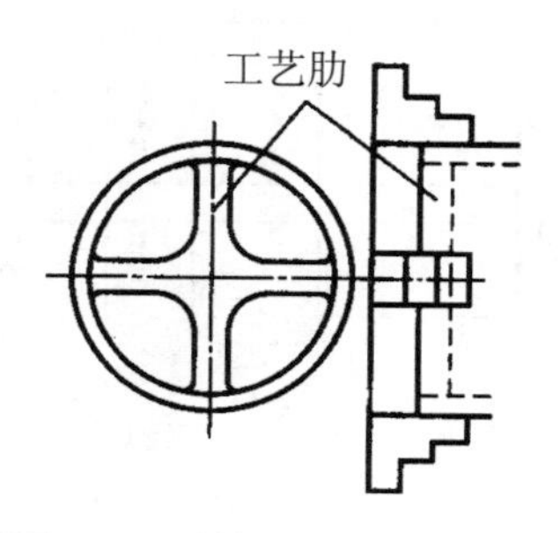

图 10-5　增加工艺肋减少变形

（6）充分浇注切削液。

通过充分浇注切削液，降低切削温度，减少工件热变形。

3. 加工实例的工艺分析与程序

本例的尺寸精度、形位精度和表面粗糙度要求均较高，而且该工件材料为锡青铜，壁厚仅 3mm，属于薄壁工件。因此，在加工过程中极易产生工件变形，从而无法保证零件的各项加工精度。对于薄壁工件，为了保证零件的加工精度要求，应合理安排其加工工艺并特别注意工件装夹方法的选择。

加工程序较简单，省略。

二、偏心工件加工实例

例 2　加工如图 10-6 所示的偏心轴套，试分析其数控车加工工艺。

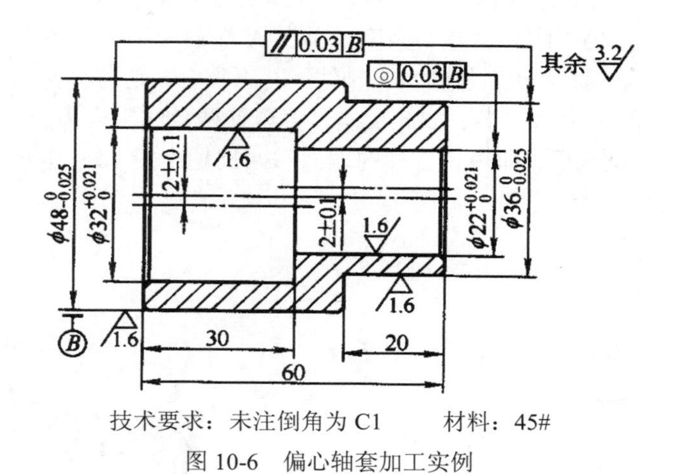

技术要求：未注倒角为 C1　　　材料：45#

图 10-6　偏心轴套加工实例

1. 偏心轴、套的概念

在机械传动中，要使回转运动转变为直线运动，或由直线运动转变为回转运动，一般采用曲柄滑块（连杆）机构来实现，在实际生产中常见的偏心轴、曲柄等就是其具体应用的实例，如图 10-7 所示。外圆和外圆的轴线或内孔与外圆的轴线平行但不重合（彼此偏离一定距离）的工件，称为偏心工件。外圆与外圆偏心的工件称为偏心轴（图 10-7a），内孔与外圆偏心的工件称为偏心套（图 10-7b）。两平行轴线间的距离称为偏心距。

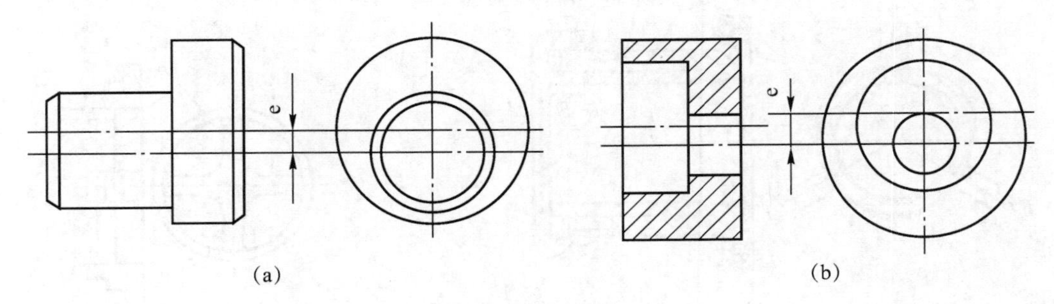

图 10-7　偏心工件

偏心轴、偏心套一般都在车床上加工。其加工原理基本相同，都是要采取适当的安装方法，将需要加工偏心圆部分的轴线校正到与车床主轴轴线重合的位置后，再进行车削。

为了保证偏心零件的工作精度。在车削偏心工件时，要特别注意控制轴线间的平行度和偏心距的精度。

2. 偏心工件的划线方法

安装、车削偏心工件时，应先用划线的方法确定偏心轴（套）轴线，随后在两顶尖或四爪单动卡盘上安装。现以偏心轴为例来说明偏心工件的划线方法，其步骤如下。

（1）先将工件毛坯车成一根光轴，直径为 D，长度为 L，如图 10-8 所示。使两端面与轴线垂直（其误差将直接影响找正精度），表面粗糙度值为 Ra1.6μm，然后在轴的两端面和四周外圆上涂一层蓝色显示剂，待干后将其放在平板上的 V 形架中。

（2）用游标高度尺划针尖端测量光轴的最高点，如图 10-9 所示，并记下其数，再把游标高度尺的游标下移工件实际测量直径尺寸的一半，并在工件的 A 端面轻轻地画出一条水平线，然后将工件转过 180°，仍用刚才调整的高度，再在 A 端面轻划另一条水平线。检查前、后两条线是否重合，若重合，即为此工件的水平轴线；若不重合，则需将游标高度尺进行调整，游标下移量为两平行线间距离的一半。如此反复，直至使两条线重合为止。

（3）找出工件的轴线后，即可在工件的端面和四周划出图 10-9 所示圈线（即过轴线的水平剖面与工件的截交线）。

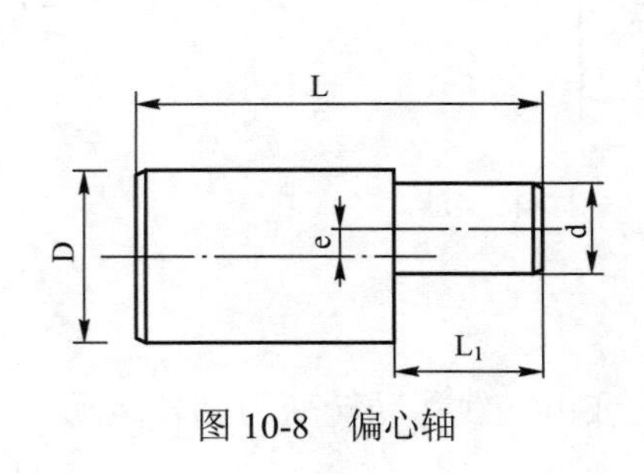

图 10-8　偏心轴

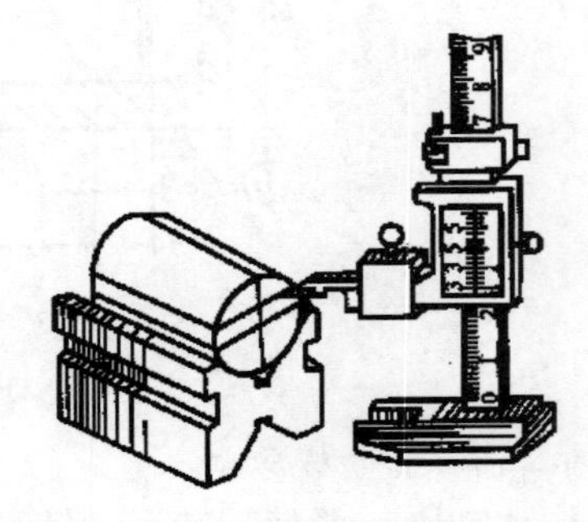

图 10-9　在 V 形架上划偏心的方法

（4）将工件转过 90°，用平型直角尺对齐已划好的端面线，然后用刚才调整好的游标高度尺在轴端面和四周划一道圈线，这样在工件上就得到两道互相垂直的圈线了。

（5）将游标高度尺的游标上移一个偏心距尺寸，也在轴端面和四周划上一道圈线。

（6）偏心距中心线划出后，在偏心距中心处两端分别打样冲眼，要求敲打样冲眼的中心位置准确无误，眼坑宜浅，且小而圆。

若采用两顶尖车削偏心轴，则要依样冲眼先钻出中心孔；若采用四爪单动卡盘装夹车削时，则要依样冲眼先划出一个偏心圆，同时还需在偏心圆上均匀地、准确无误地打上几个样冲眼，以便找正。

3. 常用车偏心工件的方法

偏心工件可以用三爪自定心卡盘、四爪单动卡盘和两顶尖等夹具安装车削。

（1）用四爪单动卡盘安装车削偏心工件。

数量少、偏心距小、长度较短、不便于两顶尖装夹或形状比较复杂的偏心工件，可安装在四爪单动卡盘上进行车削。

在四爪单动卡盘上车削偏心工件的方法有两种，即按划线找正车削偏心工件和用百分表找正车削偏心工件。

1）按划线找正车削偏心工件。根据已划好的偏心圆来找正。由于存在划线误差和找正误差，故此法仅适用于加工精度要求不高的偏心工件。现以图 10-6 所示工件为例来介绍其操作步骤。

a．装夹工件前，应先调整好卡盘爪，使其中两爪呈对称放置，另外两爪呈不对称放置，其偏离主轴中心的距离大致等于工件的偏心距。各对卡爪之间张开的距离稍大于工件装夹处的直径，使工件偏心圆线处于卡盘中央，然后装夹上工件（图 10-10）。

b．夹持工件长 15～20mm，夹紧工件后，要使尾座顶尖接近工件，调整卡爪位置，使顶尖对准偏心圆中心（即图 10-10 中的 A 点），然后移去尾座。

c．将划线盘置于床鞍上适当位置，使划针尖对准工件外圆上的侧素线（见图 10-11），移动床鞍，检查侧素线是否水平，若不呈水平，可用木锤轻轻敲击进行调整。再将工件转过 90°，检查并校正另一条侧素线，然后将划针尖对准工件端面的偏心圆线，并校正偏心圆（见图 10-12）。如此反复校正和调整，直至使两条侧素线均呈水平（此时偏心圆的轴线与基准圆轴线平行），又使偏心圆轴线与车床主轴轴线重合为止。

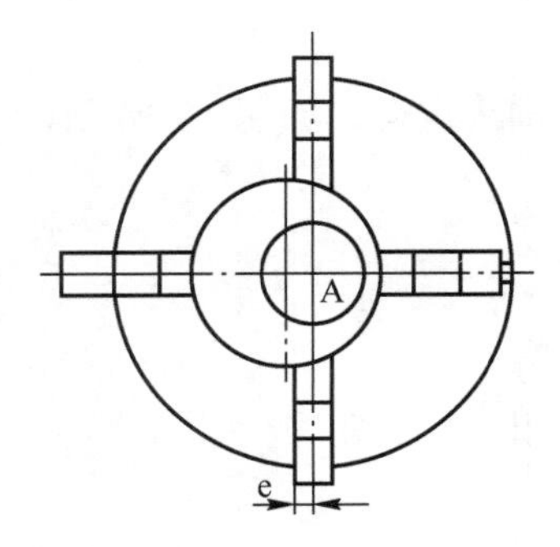

图 10-10　四爪单动卡盘装夹偏心工件

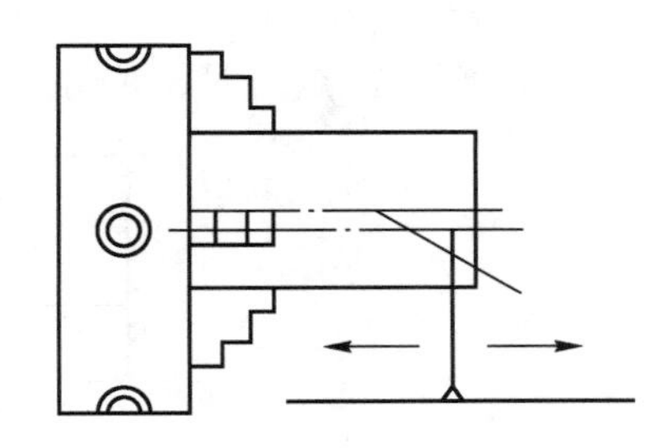

图 10-11　找正侧素线

d．将四个卡爪均匀地紧一遍，经检查确认侧素线和偏心圆线在紧固卡爪时没有位移，即可开始车削。

e．粗车偏心圆直径。

由于粗车偏心圆是在光轴的基础上进行的，切削余量很不均匀且又是断续切削，会产生一定的冲击和振动，所以外圆车刀取负刃倾角。刚开始车削时，进给量和切削深度要小，待工件车圆后，再适当增加，否则容易损坏车刀或使工件发生位移。

车削的起刀点应选在车刀远离工件的位置，车刀刀尖必须从偏心的最远点开始切入工件进行车削，以免打坏刀具或损坏机床。

f．检查偏心距。当还有 0.5mm 左右精车余量时，可采用图 10-13 所示方法检查偏心距。测量时，用分度值为 0.02mm 的游标卡尺测量两外圆间最大距离和最小距离。则偏心距就等于最大距离与最小距离值的一半，即 e=(b–a)/2。

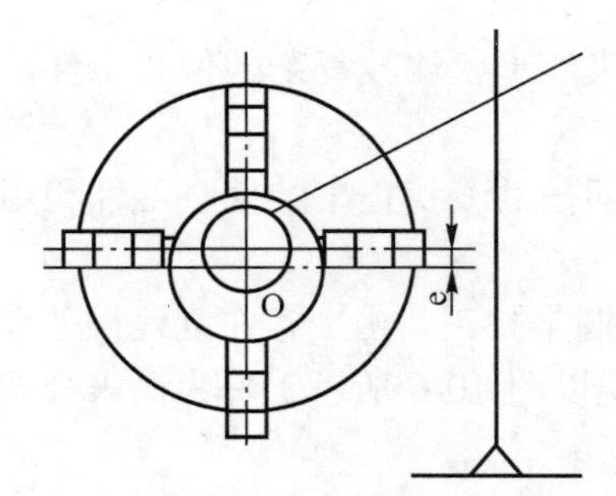

图 10-12　校正偏心圆

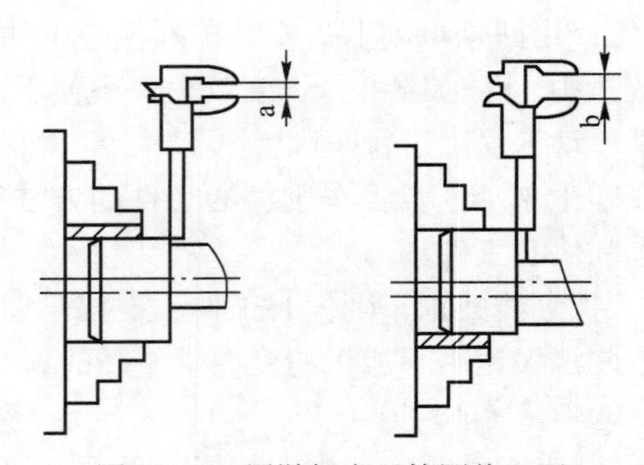

图 10-13　用游标卡尺检测偏心距

若实测偏心距误差较大时，可少量调节不对称的两个卡爪；若偏心距误差不大时，则只需继续夹紧某一只卡爪（当 e 偏大时，夹紧离偏心轴线近的那只卡爪；当 e 偏小时，夹紧离偏心轴线远的那只卡爪）。

g．精车偏心外圆。当用游标卡尺检查并调整卡爪，使其偏心距在图样允许的误差范围内之后，复检侧素线，以保证偏心圆、基准两轴线平行，便可精车偏心外圆。

2）用百分表找正。对于偏心距较小，加工精度要求较高的偏心工件，按划线找正加工，显然是达不到精度要求的，此时需用百分表来找正，一般可使偏心距误差控制在 0.02mm 以内。由于受百分表测量范围的限制，所以它只能适用于偏心距为 5mm 以下的工件的找正。仍以图 10-6 所示工件为例来说明其操作步骤。

a．用划线初步找正工件。

b．用百分表进一步找正，使偏心圆轴线与车床主轴轴线重合，如图 10-14 所示，找正 M 点用卡爪调整，找正 N 点用木锤或铜棒轻敲。

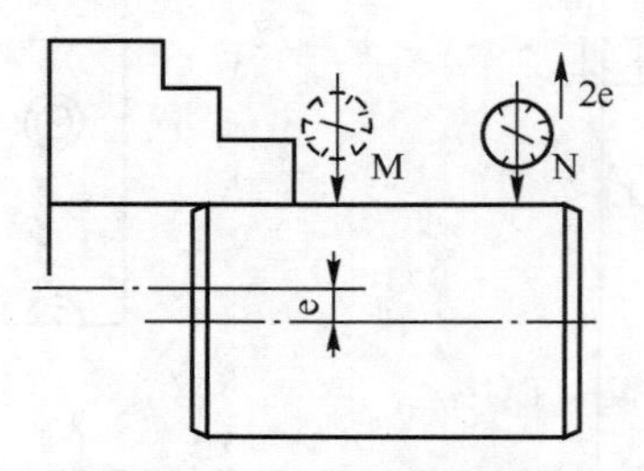

图 10-14　用百分表校正偏心件

c．找正工件侧素线，使偏心轴两轴线平行。为此，移动床鞍，用百分表在 M、N 两点处交替进行测量、校正，并使工件两端百分表读数误差值在 0.02mm 以内。

d．校正偏心距。将百分表测杆触头垂直接触偏心工件的基准轴（即光轴）外圆上，并使百分表压缩量为 0.5～1mm 左右，用手缓慢转动卡盘，使工件转过一周，百分表指示处的最大值和最小值之差的一半即为偏心距。按此方法校正 M、N 两点处的偏心距，使 M、N 两点偏心距基本一致，并且均在图样允许误差范围内。如此综合考虑，反复调整，直至校正完成。

e．粗车偏心轴，其操作要求、注意事项与用划针找正、车削偏心工件时相同。

f．检查偏心距。当还剩 0.5mm 左右精车余量时，可按图 10-15 所示方法复检偏心距，将百分表测量杆触头与工件基准外圆接触，使卡盘缓慢转过一周，检查百分表指示的最大值和最小值之差的一半，是否在图样所标偏心距允差范围内。通常复检时，偏心距误差应该是很小的，若偏心距超差，则略紧相应卡爪即可。

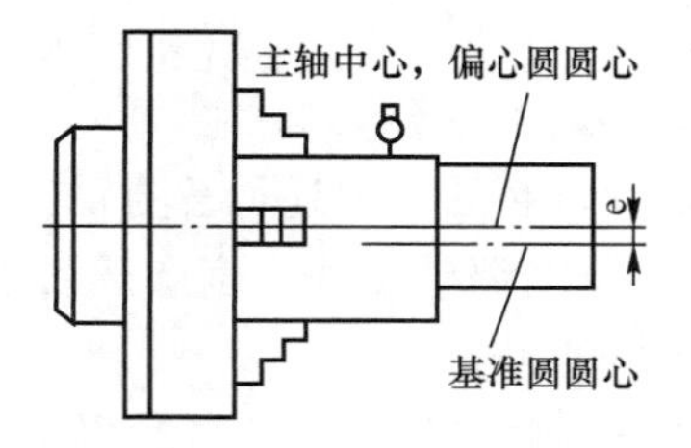

图 10-15 用百分表复检偏心距

g．精车偏心圆外径，保证各项加工精度要求。

（2）用三爪自定心卡盘安装、车削偏心工件。

在四爪单动卡盘上安装、车削偏心工件时装夹、找正相当麻烦。对于长度较短、形状比较简单且加工数量较多的偏心工件，也可以在三爪自定心卡盘上进行车削。其方法是在三爪中的任意一个卡爪与工件接触面之间，垫上一块预先选好的垫片，使工件轴线相对车床主轴轴线产生位移，并使位移距离等于工件的偏心距（见图 10-16）。

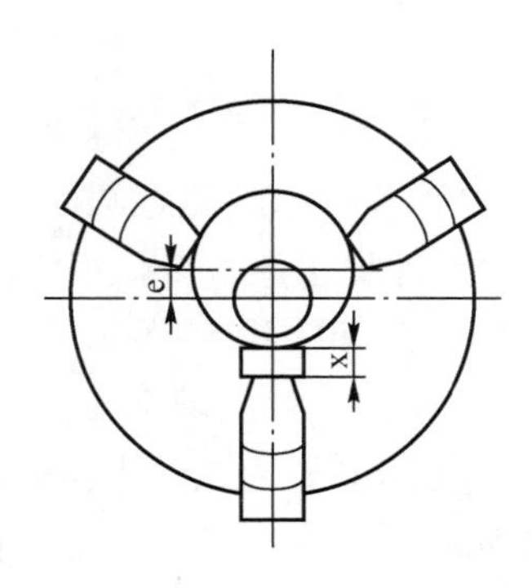

图 10-16 三爪自定心卡盘上车偏心件

1）垫片厚度的计算。垫片厚度 x（见图 10-16）可按下列公式计算：

$$x=1.5e\pm K，K\approx1.5\Delta e$$

式中：x——垫片厚度，mm；

e——偏心距，mm；

K——偏心距修正值，正负值可按实测结果确定，mm；

Δe——试切后，实测偏心距误差，mm。

例：用三爪自定心卡盘加垫片的方法车削偏心距 e=4mm 的偏心工件，试计算垫片厚度。

解：先暂不考虑修正值，初步计算垫片厚度：x=1.5e=6mm。

垫入 6mm 厚的垫片进行试切削，然后检查其实际偏心距为 4.05mm，则其偏心距误差为：

$$\Delta e=4.05-4=0.05\text{mm}$$

$$K=1.5\Delta e=1.5\times 0.05=0.075\text{mm}$$

由于实测偏心距比工件要求得大，则垫片厚度的正确值应减去修正值，即

$$x=1.5e-K=1.5\times 4-0.075=5.925\text{mm}$$

2）用三爪自定心卡盘车削偏心工件的注意事项。

a．应选用硬度较高的材料做垫块，以防止在装夹时发生挤压变形。垫块与卡爪接触的一面应做成与卡爪圆弧相同的圆弧面，否则，接触面将会产生间隙，造成偏心距误差。

b．装夹时，工件轴线不能歪斜，否则会影响加工质量。

c．对精度要求较高的偏心工件，必须按上述计算方法，在首件加工时进行试车检验，再按实测偏心距误差求得修正值 K，从而调整垫片厚度，然后才可正式车削。

（3）用两顶尖安装、车削偏心工件。

较长的偏心轴，只要轴的两端面能钻中心孔，有装夹鸡心夹头的位置，都可以安装在两顶尖间进行车削（见图 10-17）。

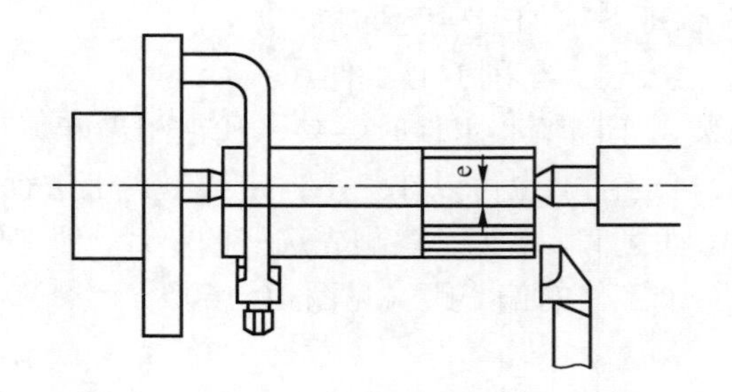

图 10-17　在两顶尖装夹车偏心件

由于是用两顶尖装夹，在偏心中心孔中车削偏心圆，这与在两顶尖间车削一般外圆相类似，不同的是车偏心圆时，在一转内工件加工余量变化很大，且是断续切削，因而会产生较大的冲击和振动。其优点是不需要用很多时间去找正偏心。

用两顶尖安装、车削偏心工件时，先在工件的两个端面上根据偏心距的要求，共钻出 2n+2 个中心孔（其中只有 2 个不是偏心中心孔，n 为工件上偏心轴线的个数）。然后先顶住工件基准圆中心孔车削基准外圆，再顶住偏心圆中心孔车削偏心外圆。

单件、小批量生产精度要求不高的偏心轴，其偏心中心孔可经划线后在钻床上钻出；偏心距精度要求较高时，偏心中心孔可在坐标镗床上钻出；成批生产时，可在专门中心孔钻床或偏心夹具上钻出。

采用两顶尖安装、车削偏心工件时，应注意以下几个方面的问题：

a．用两顶尖安装、车削偏心工件时，关键是要保证基准圆中心孔和偏心圆中心孔的钻孔

位置精度，否则偏心距精度则无法保证，所以钻中心孔时应特别注意。

b．顶尖与中心孔的接触松紧程度要适当，且应在其间经常加注润滑油，以减少彼此磨损。

c．断续车削偏心圆时，应选用较小的切削用量，初次进刀时一定要从离偏心最远处切入。

（4）其他车削偏心工件的方法。

除了以上几种车偏心工件的常用方法外，其他车削偏心工件的方法有双重卡盘安装车削偏心工件、偏心卡盘安装车削偏心工件和专用夹具安装车削偏心工件等。

4．偏心件的测量

常用的偏心距测量方法有以下两种。

（1）在两顶尖间检测偏心距。

对于两端有中心孔、偏心距较小、不易放在 V 形架上测量的轴类零件，可放在两顶尖间测量偏心距，如图 10-18 所示。检测时，使百分表的测量头接触在偏心部位，用手均匀、缓慢地转动偏心轴，百分表上指示出的最大值与最小值之差的一半就等于偏心距。

偏心套的偏心距也可以用类似上述方法来测量，但必须将偏心套套在心轴上，再在两顶尖间检测。

（2）在 V 形架检测偏心距。

将工件外圆放置在 V 形架上，转动偏心工件，通过百分表读数最大值与最小值之间差值的一半确定偏心距，如图 10-19 所示。

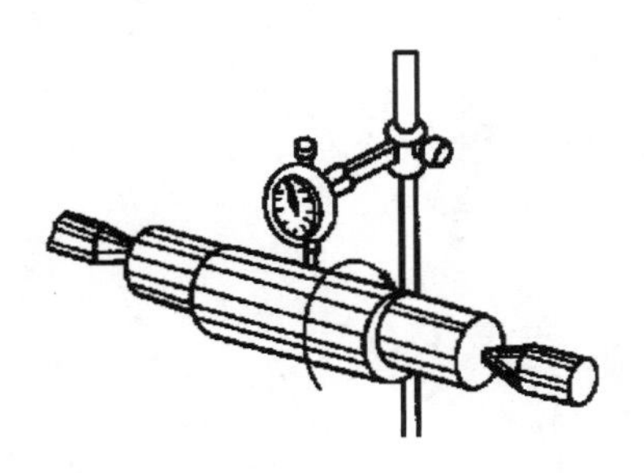

图 10-18　在两顶尖间测量偏心距

图 10-19　在 V 形架上间接测量偏心距

采用以上方法测量偏心距时，由于受百分表测量范围的限制，只能测量无中心孔或工件较短、偏心距 $e<5mm$ 的偏心工件。若工件的偏心距较大（$e \geqslant 5mm$），则可采用 V 形铁、百分表和量块等量具采用间接测量的方法进行。

5．加工实例的工艺分析与程序

（1）零件精度分析。

精度要求较高的尺寸主要有：外圆 $\Phi48_{-0.025}^{0}$ mm、$\Phi36_{-0.025}^{0}$ mm，内孔 $\Phi32_{0}^{+0.021}$ mm、$\Phi22_{0}^{+0.021}$ mm，内孔 Φ32 和外圆 Φ36 与外圆 Φ48 的偏心距为 2mm，两处偏心距无相位角要求。

主要的形位精度有：内孔 Φ32 和外圆 Φ36 的轴心线对外圆 Φ48 基准轴线 B 的平行度公差为 0.03mm，内孔 Φ22 的轴心线对外圆 Φ48 基准轴线 B 的同轴度公差为 0.03mm。

本例中，外圆和内孔加工后的表面粗糙度要求为 Ra1.6μm，端面、倒角等表面的粗糙度为 Ra3.2μm。

（2）本例四爪卡盘装夹的车削步骤。

1）粗、精车外圆，保证外圆 $\Phi48_{-0.025}^{0}$，粗、精车内孔，保证内孔 $\Phi22_{0}^{+0.021}$，且保证内孔

轴线与外圆轴线的同轴度要求。

2）在V形架上划线（如图10-9所示）并划出偏心圆，打样冲眼。

3）在四爪卡盘上装夹后，先用划线初步找正工件，再进一步用百分表找正，找正工件侧素线并校正偏心距，使偏心圆轴线与车床主轴轴线重合。

4）粗车偏心轴，然后检查偏心距并进行调整；精车偏心圆外径，保证外圆尺寸$\Phi36_{-0.025}^{0}$、偏心距（2±0.1）和平行度要求。

5）掉头装夹，重复以上步骤3）和4），加工出偏心内孔，保证内孔尺寸$\Phi32_{0}^{+0.021}$、偏心距（2±0.1）和平行度要求。

特殊面的加工——宏程序

任务内容：

1. 椭圆面的加工
2. 抛物线的加工

一、椭圆面的加工

根据零件图 11-1 所示，完成该零件的车削编程（毛坯 Φ40×62，材料：铝棒）。

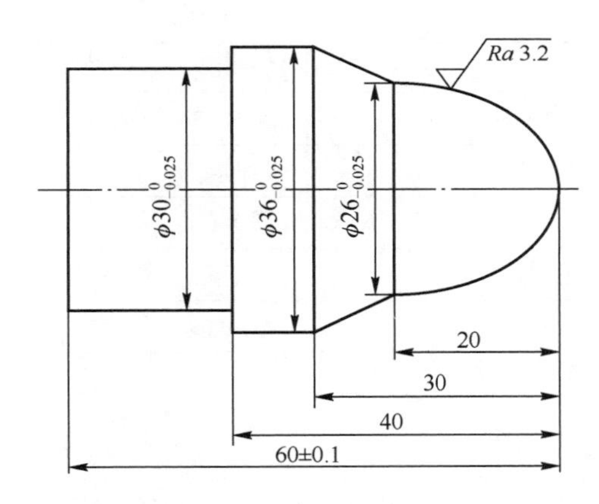

技术要求

1. 不允许用砂布或锉刀修整表面
2. 未注倒角C0.5
3. 锐边倒钝去毛刺
4. 椭圆长轴2a=40mm，短轴2b=26mm

图 11-1　零件图

（1）阅读与该任务相关的知识。

（2）分析零件图 11-1，确定装夹方案。

根据此零件的图形及尺寸，宜采用三爪卡盘夹紧工件，以轴心线与前端面的交点为编程原点。

（3）确定加工工艺。

1）装夹零件毛坯工件伸出长度不小于 33mm，车端面。

2）粗、精加工该零件左端外形轮廓至尺寸要求。

3）零件调头，装夹 Φ30 外圆（校正），工件伸出长度不小于 35mm。

4）车端面至零件总长尺寸要求。

5）粗、精加工零件右端外形轮廓至尺寸要求。

（4）参考程序。

%0042	程序名
T0202 M08	选用 2 号刀，冷却液开
M03 S500	主轴正传，转速为 500r/min
G00 X0 Z25	快速定位
G01 Z20 F100	确定椭圆起刀点
#1=20	给变量赋值
WHILE[#1 GE 0]DO1	条件判断语句
#2=26/20*SQRT[20*20-#1*#1]	椭圆表达式
G01 X[#2] Z[#1] F100	椭圆插补
#1=#1-0.1	插补运算
END1	插补结束
G01 X36 Z-10 F100	精车锥度
X36 Z-22	精车 Φ36 外圆
G00 X120 Z200	快速退刀
M09	冷却液关
M05	主轴停止
M30	程序结束

1．变量

（1）变量的表示。

FANUC 系统使用“#”表示变量，例如：#1、#100 等。变量根据变量号可以分成 4 种类型，见表 11-1。

表 11-1　变量类型

变量号	变量类型	功能
#0	空变量	该变量总是空，任何值都不能赋给该变量
#1～#33	局部变量	局部变量只能用在宏程序中存储数据，如运算结果。当断电时，局部变量被初始化空。调用宏程序时，自变量对局部变量赋值
#100～#109 #500～#999	公共变量	公共变量在不同的宏程序中的意义相同。当断电时，变量#500～#999 的数据被保存，即使断电也不会丢失
#1000 以上	系统变量	系统变量用于读写 CNC 运行时的各种数据，如刀具当前位置和补偿

（2）变量的说明。

1）变量引用时，为在程序中使用变量值，指定后跟变量号的地址。当用表达式指定变量时，要把表达式放在括号中，例如，G0 X[#1+#2] F#3。式中 X 后的坐标值即是由#1、#2 这两个变量组成的表达式来表示。

2）表达式可以用于指定变量号，此时，表达式必须封闭在括号中，例如，#[#1+#2-12]。

注意：

①宏程序中，方括号用于封闭表达式，圆括号只表示注释内容，使用变量时必须注意，FANUC 系统通过参数来切换圆括号和方括号。

②表达式可以表示变量号和变量。这两者并不一样，例如，X#[#1+#2]并不等于 X[#1+#2]。

③当在程序中定义变量时，小数点可以省略。例如，当定义#1=123；时变量#1 的实际值是 123.0。

④被引用变量的值根据地址的最小设定单位自动舍入。例如，当 G01 X#1；以 0.001mm（由数控机床的最小脉冲当量决定）的单位执行时，CNC 把 123456 赋给变量#1，实际指令值为 G00 X12.346。

⑤改变引用的变量值的符号，要把负号放在“#”的前面，如 G00 X-#1。

⑥当变量值未定义时，这样的变量成为空变量。当引用未定义的变量时，变量及地址字都有被忽略。例如，当变量#1 的值是 0，并且变量#2 的值是空时，G00 X#1 #2 的执行结果为 G00 X0。

⑦变量#0 总是空变量，它不能写，只能读。

2. 运算符与表达式

（1）HNC-21T3 系统的运算符见表 11-2。

表 11-2　运算符

运算符类型	运算符	说明
算术运算符	+	加
	-	减
	*	乘
	/	除
条件运算符	EQ	等于（=）
	NE	不等于（≠）
	GT	大于（>）
	GE	大于或等于（≥）
	LT	小于（<）
	LE	小于或等于（≤）
逻辑运算符	AND	与
	OR	或
	XOR	异或
函数运算符	SIN	正弦
	ASIN	反正弦
	COS	余弦

续表

运算符类型	运算符	说明
函数运算符	ACOS	反余弦
	TAN	正切
	ATAN	反正切
	ABS	绝对值
	FUP	上取整
	FIX	下取整
	ROUND	舍入
	SQRT	平方根
	EXP	指数
	LN	自然对数

（2）关于运算符的说明。

1）角度单位。

函数 SIN、ASIN、ACOS、TAN 和 ATAN 的角度单位是度（°）。

2）上取整和下取整。

CNC 处理数值运算时，若操作后产生的整数绝对值大于原数的绝对值为上取整；若小于原数的绝对值为下取整。对于负数的处理应小心。

例如：假定#1=1.1，并且#2= –1.1

当执行#3=FUP[#1]时，2.0 赋给#3。

当执行#3=FIX[#1]时，1.0 赋给#3。

当执行#3=FUP[#2]时，–2.0 赋给#3。

当执行#3=FIX[#2]时，–1.0 赋给#3。

3）运算符的优先级。

按照优先顺序以依次是函数→乘除运算（*、/、AND、MOD）→加减运算（+、-、OR、XOR）。

4）括号嵌套。

括号用于改变运算优先级。括号最多可以嵌套使用 5 级，包括函数内部使用的括号。

3. 功能语句

（1）无条件转移（GOTO）语句——转移有顺序号 n 的程序段。

格式：

GOTOn；其中 n 为行号

例如：

GOTO1；转移至标记有顺序号为 N1 的程序段

GOTO#10；转移至变量#10 所决定的顺序号的程序段

（2）条件转移（IF）语句。

格式 1：IF[表达式] GOTOn

说明：如果指定的条件表达式满足时，转移到标有顺序号的程序段；如果指定的条件表达式不满足时，则执行下一个程序段。

格式2：IF[表达式] THEN

说明：如果表达式满足，执行预先决定的宏程序语句，且只执行一个宏程序语句，如条件语句 IF[#EQ#2] THEN#3=0，表示如果#1 和#2 的值相同，0 赋给#3。

（3）循环功能（WHILE）语句。

格式：

WHILE [ ] DOm；其中 m=1,2,3

…

ENDm

说明：在 WHILE 后指定一个条件表达式，当指定条件满足时，执行从 DO 到 END 之间的程序；否则，转到 ENDm 后的程序段。

4. 椭圆编程

（1）椭圆的解析方程式。

椭圆的解析方程式为：

$$X^2/a^2+Z^2/b^2=1$$

其中：

a——长半轴；

b——短半轴。

注意椭圆的圆心在图 11-2 的正中心。

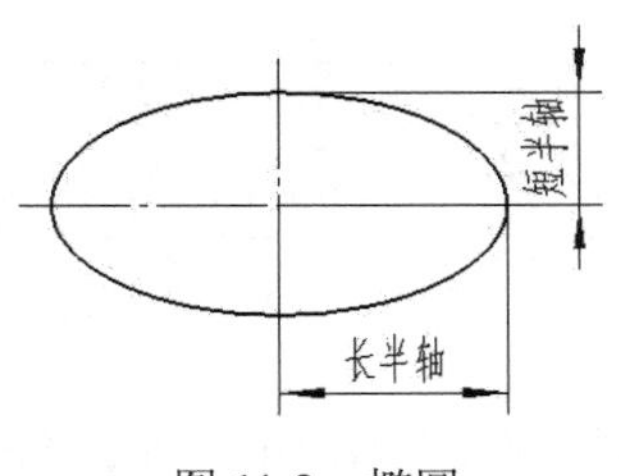

图 11-2　椭圆

（2）编程范例。

使用宏指令编写如图 11-3 所示的加工程序。

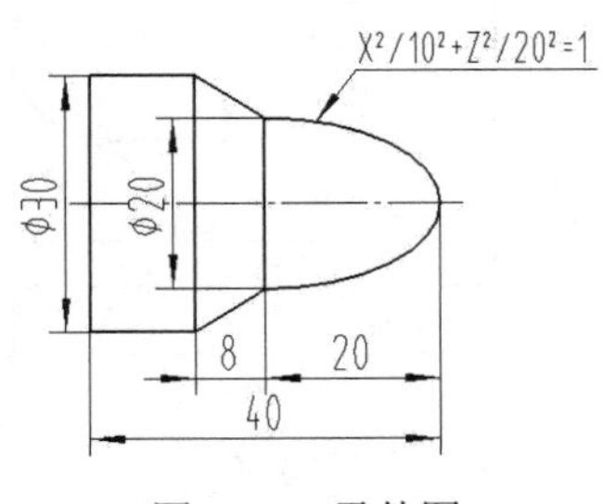

图 11-3　零件图

该零件图加工程序见表 11-3。

表 11-3 加工程序

%1112	程序名
T0101 G90	调用 01 号精加工刀、01 号刀补，设定绝对值编程及转进给
M03 S500	主轴以 500r/min 正转
G00 X80 Z50	快速定位到换刀点
X0 Z2	快速定位到接近工件点
G01 X0 Z0 F100 M07	冷却液开，直线进给到椭圆轮廓起点
#1=20	给#1 赋初始值 20（#1 相当于自变量 Z 坐标。以椭圆中心为原点，椭圆轮廓起点 Z 坐标为 20，终点 Z 坐标为 0）
N20 #2=10.0*SQRT[1-#1*#1/400.0]	计算#2 的值（#2 相当于因变量 X 坐标：将椭圆方程进行转换得 $X=10\sqrt{1-Z^2/400}$，用#1 和#2 分别代替公式中的 Z 和 X 即可）
#11=#1-20	计算#11 的值，#11 相当于编程坐标系下椭圆上点的 Z 坐标（因椭圆中心与工件坐标系零点不重合，在 Z 方向存在偏置，因此要加上该偏置值–20）
G01 X[2*#2] Z[#11]	直线插补到用变量表示的椭圆上的各点
#1=#1-0.5	自变量#1 以步长 0.5 递减（步长越小得到的表面越光滑）
IF [#1GE0] GOTO 20	设定循环条件：#1 的值大于或等于 0，程序跳到到 N20 标记处继续向下执行
G01 X30 Z-28;	直线插补加工锥面
Z-40	直线插补加工到终点
G00 X100	X 方向快速退刀
Z100	Z 方向快速退刀
M30	程序结束并返回程序起点

二、抛物线曲面的加工

根据零件图 11-4 所示，完成该零件的车削编程（毛坯 Φ40×70，材料：铝棒）。

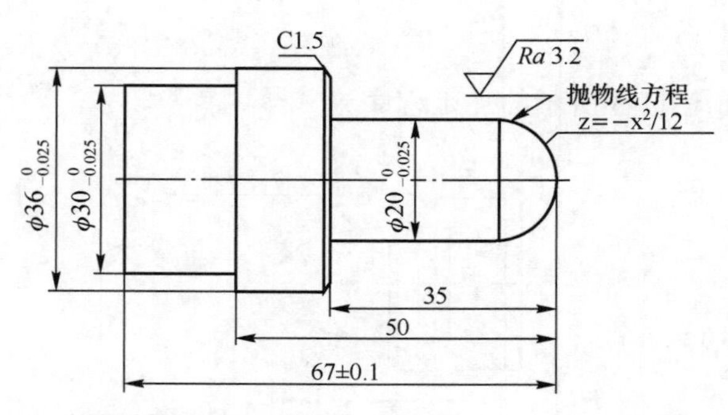

图 11-4 零件图

读图分析

（1）阅读与该任务相关的知识。

（2）分析零件图 11-4，确定装夹方案。

根据此零件的图形及尺寸，宜采用三爪卡盘夹紧工件，以轴心线与前端面的交点为编程原点。

（3）确定加工工艺。

1）装夹零件毛坯工件伸出长度不小于 35mm，车端面。

2）粗、精加工该零件左端外形轮廓至尺寸要求。

3）零件调头，装夹 Φ30 外圆（校正）。

4）车端面至零件总长尺寸要求。

5）粗、精加工零件右端外形轮廓至尺寸要求。

（4）参考程序。

%0043	程序名
T0202 M08	选用 2 号刀，冷却液开
M03 S800	主轴正传，转速为 800r/min
G00 X0 Z3	X 轴确定起刀点
G01 Z0 F100	Z 轴确定起刀点
#1=0	给变量赋值
WHILE[#1 GE-12]DO1	条件判断语句
#2=-2*SQRT[12*#1]	抛物线表达式
G01 X[#2] Z[#1] F100	抛物线插补
#1=#1-0.1	插补运算
END1	插补结束
G01 X2 Z-35 F100	精车 Φ20 外圆
G00 X1	X 轴快速退刀
Z200	Z 轴快速退刀
M05	主轴停
M30	程序结束

相关知识

抛物线编程

（1）抛物线的解析方程式。

抛物线的解析方程式，例如：$Z=-0.5X^2$。

其中：

（1）正、负号代表开口方向，左开口为负，右开口为正。

（2）抛物线坐标系建立在抛物线的顶点位置，如图 11-5 所示。

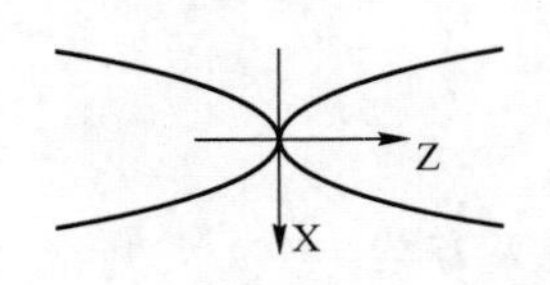

图 11-5　抛物线

（2）编程范例。

使用 G74 指令编写如图 11-6 所示的钻孔加工程序。

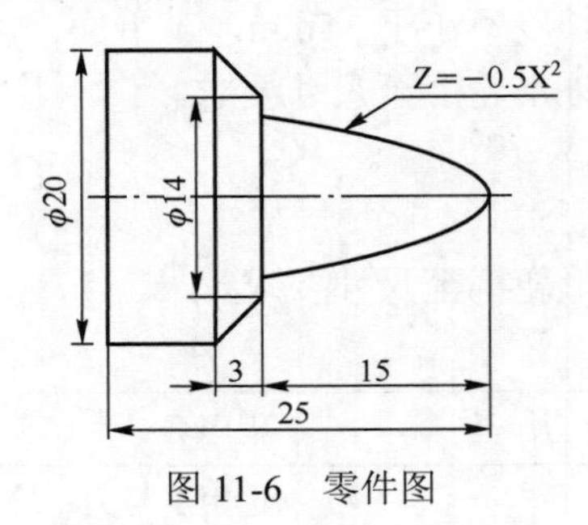

图 11-6　零件图

该零件图加工程序见表 11-4。

表 11-4　加工程序

%0044	程序名
T0101	调用 01 号精加工刀、01 号刀补
M03 S500	主轴以 500r/min 正转
G00 X80 Z50	快速定位到换刀点
X0 Z2	快速定位到接近工件点
G01 X0 Z0 F100 M07	冷却液开，直线进给到抛物线轮廓起点
#1=0	给#1 赋初始值 0（#1 相当于自变量 Z 坐标。以抛物线顶点为原点，抛物线轮廓起点 Z 坐标为 20，终点 Z 坐标为 0）
WHILE [#1 GE -15] DO1	设定循环条件：#1 的值大于或等于–15。
#2=SQRT[-#1/0.5]	计算#2 的值（#2 相当于变量 X 坐标：用#1 和#2 分别代替公式中的 Z 和 X 即可）
G01 X[2*#2] Z[#11]	直线插补用变量表示的抛物线上的各点
#1=#1-0.5	自变量#1 以步长 0.5 递减（步长越小得到的表面越光滑）
END1	循环结束
G01 X14.0	直线切削到 X14.0mm
X20.0 Z-18	斜线切削到 X20 Z-18mm
Z-25	直线切削到 Z-25mm
G00 X100	X 方向快速退刀
Z100	Z 方向快速退刀
M30	程序结束并返回程序起点

课后练习题

使用宏指令编写如图 11-7 所示的椭圆轴零件图的加工程序。

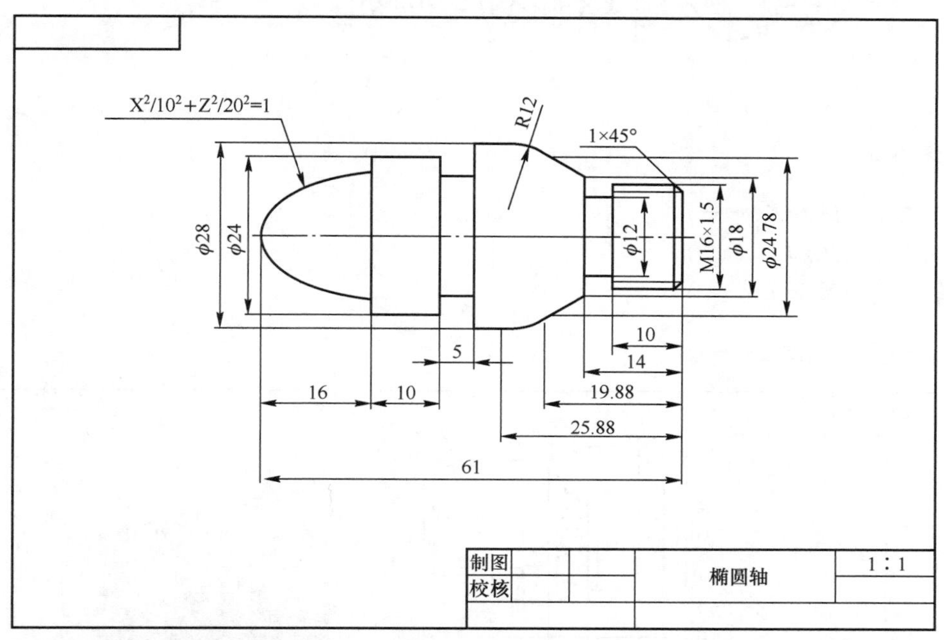

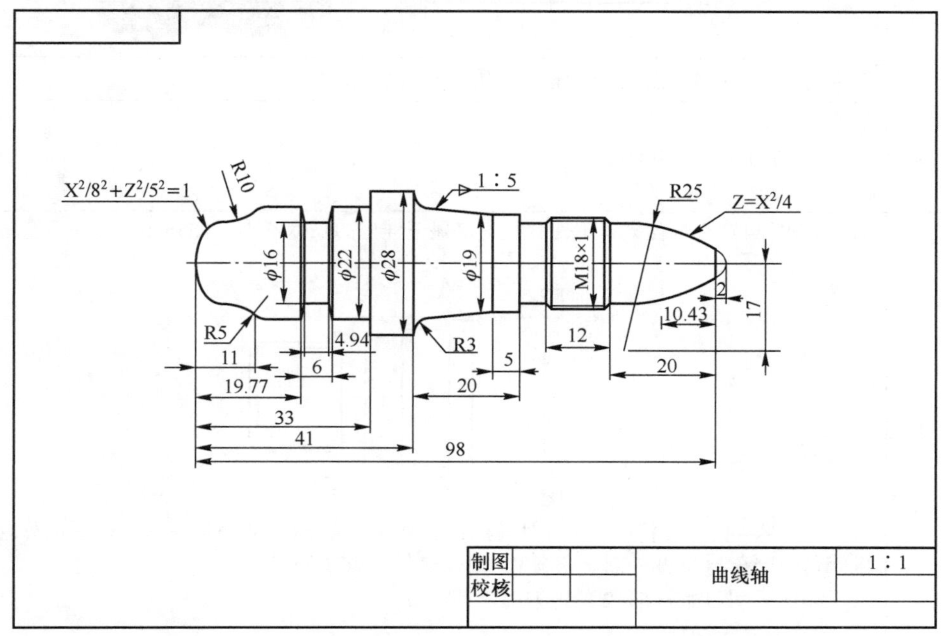

图 11-7　椭圆轴零件图

任务12 综合技能训练

任务内容：

综合技能训练加工（一）
综合技能训练加工（二）
综合技能训练加工（三）

综合技能训练加工（一）

零件图	
毛坯	工件材质为 45 钢或铝棒，毛坯尺寸为 Φ35×65mm
刀具	01 号：外圆刀 02 号：切刀（刀宽 4mm） 03 号：螺纹刀（60°）
加工工艺	1．用三爪自定心卡盘夹紧工件并找正，保证伸出的长度不小于 55mm，装夹示意图如下图所示 2．用 01 号外圆刀粗精加工工件外轮廓：车端面并完成 C2 的倒角→车削 Φ25 的外圆→车削圆锥部分→车削 Φ30 外圆→车削 R2 圆弧→车削 Φ34 外圆 3．用 02 号切刀加工 5×2 的退刀槽 4．用 03 号螺纹刀加工 M24×2 的螺纹
有关计算	1．中值计算：取 $\Phi34^{\ 0}_{-0.08}$ 的中值为 Φ33.96，$\Phi30^{\ 0}_{-0.08}$ 的中值为 Φ29.96 2．基点计算：螺纹小径 24–2×1.299=21.402

参考程序如下	
%0045	程序名
T0101	换 1 号刀，确定其坐标系
M03 S500	主轴正转，转速为 500r/min
G00 X37 Z2	快速定位至 G71 循环起点
G71 U1 R1 P1 Q2 U0.5 W0.05 F100	外径粗加工复合循环 G71
N1 G42 G01 X0 F80	精加工起始段建立右刀补，精加工进给速度
Z0	G01 方式走刀至程序零点
X24 C2	精加工端面并完成 C2 的倒角
Z-25	精加工 Φ24 的外圆
G01 X22.96 Z-33	精加工圆锥面
G01 Z-41	精加工 Φ29.96 的外圆
G02 X33.96 Z-43.0 R2	精加工 R2 的圆弧
N2 G01 Z-48	精加工 Φ33.96 的外圆
G00 X100	X 方向退刀至换刀点
G40 Z100	取消刀补，Z 方向退刀至换刀点
G00 X100	X 方向退刀至换刀点
Z100	Z 方向退刀至换刀点
T0202	换 2 号刀，确定其坐标系
S500	主轴正转 500r/min
G00Z-25	Z 方向快速定位起刀点
X26	X 方向快速定位起刀点
G01 X20 F20	执行切槽循环
G00 X100	X 方向退刀至换刀点
Z100	Z 方向退刀至换刀点
T0303	换 3 号螺纹刀
S300	主轴正转 300r/min
G00 X26 Z2	快速定位至螺纹切削循环起点
G76 C2R-2 E5 A60 X21.4 Z-20 I0 K1.3 U0.1 V0.1 Q1.2 F2	执行螺纹切削循环
G00 X100	X 方向退刀至换刀点
Z100	Z 方向退刀至换刀点
T0202	换 2 号刀，确定其坐标系
G00Z-52	Z 方向快速定位起刀点
X36	X 方向快速定位起刀点
G01 X0.5 F20	执行切断加工
G00 X100 Z100	X、Z 方向退刀至换刀点
M05	主轴停
M30	主程序结束

综合技能训练加工（二）

零件图	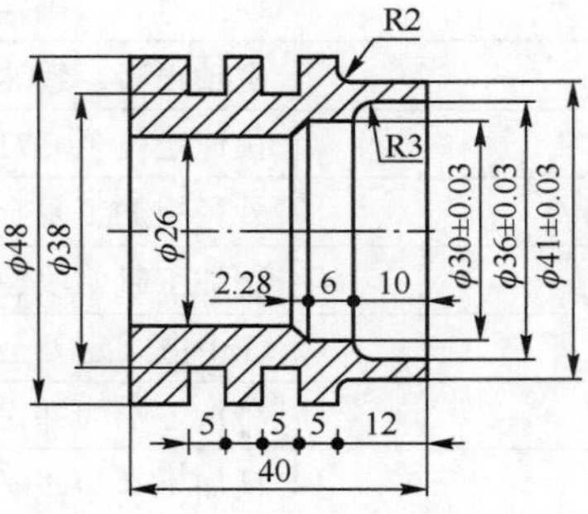 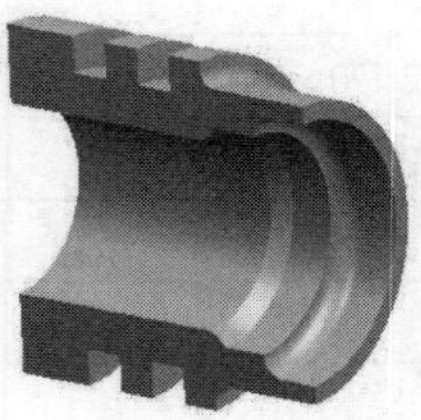 φ48 φ38 φ26 φ30±0.03 φ36±0.03 φ41±0.03 R2 R3 2.28 6 10 5 5 5 12 40
毛坯	工件材质为 45 钢或铝棒，毛坯尺寸为 Φ50×42mm
刀具	01 号：外圆刀 02 号：切刀（刀宽 5mm） 03 号：内圆刀 尾座：钻头（Φ25mm）
加工工艺	1．用三爪自定心卡盘夹紧工件并找正，保证伸出的长度不小于 30mm，装夹示意图如下图所示 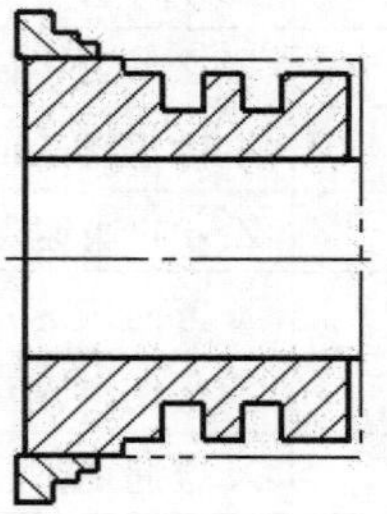 （a） 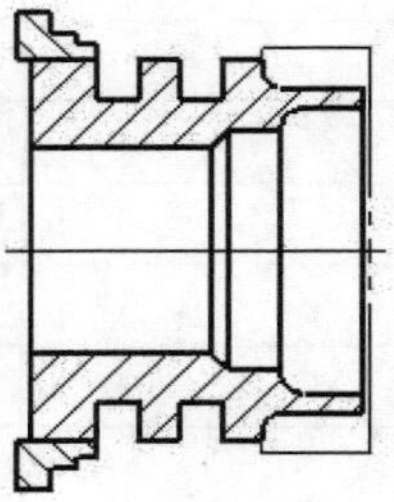 （b） 2．用 Φ25 的钻头钻通孔，用 01 号外圆刀粗精加工外轮廓，用 02 号切刀加工 5×5 的槽；如示意图 a 所示 3．调头加工，用三爪卡盘夹紧工件并找正，保证伸出的长度不少于 15mm，如示意图 b 所示 4．用 01 号外圆刀完成工件右端外轮廓的加工，保证总长度为 12mm，用 03 号内圆刀车削内轮廓
有关计算	中值计算： Φ41±0.03 的编程中值为 Φ41 Φ36±0.03 的编程中值为 Φ36 Φ30±0.03 的编程中值为 Φ30

参考程序如下

%0046	程序名
T0101	调用 1 号刀
M03 S500	主轴正转，转速为 500r/min

G00 X52 Z2	快速定位至循环起点
G71 U1 R1 P1 Q2 X0.5 Z0.05 F100	执行外径粗加工复合循环 G71
N1 G42 G00 X0 S800	精加工起始点建立右刀补，精加工主轴转速为 800r/min
Z0 F80	进给到程序零点，并设定精加工进给量
X48	加工 Z0 的端面
N2 Z-29	加工 Φ48 的外圆
G00 X100	X 方向退刀至换刀点
G40 Z100	取消刀补，Z 方向退刀至换刀点
G00 X100	X 方向退刀至换刀点
Z100	Z 方向退刀至换刀点
T0202	换 2 号切槽刀，确定其坐标系
S400	设定切槽时主轴转速
G00Z-12	Z 方向快速定位起刀点
X52	X 方向快速定位起刀点
G01 X38 F20	执行切槽
G00 X52	X 向定位至起刀点
Z-22	Z 向定位至起刀点
G01 X38 F20	执行切槽
G00 X100	X 方向快速定位换刀点
Z100	Z 方向快速定位换刀点
M05	主轴停
M30	主程序结束
掉头加工程序如下	
%0046	程序头
T0303	换 3 号内圆刀，确定其坐标系
M03 S600	主轴正转，转速为 600r/min
G00 X24 Z2 G98	快速定位至内圆车削循环起点并执行分进给
G71 U1 R1 P1 Q2 X-0.5 Z0.05 F100	执行内径粗加工复合循环 G71
N1 G41 G00 X36 S800	精加工起始点建立左刀补，精加工主轴转速为 800r/min
G01 Z-7 F60	加工 Φ36 内圆，并设定精加工进给量
G03 X30 Z-10 R3	执行 R3 的圆弧加工
G01 Z-16	执行 Φ30 内圆的加工
X26 Z-18.28	执行长度为 2.28 的锥面加工
Z-40	执行 Φ26 内圆的加工
N2 G01 X20	刀具退离工件表面
G00 Z100	Z 方向快速定位换刀点

G40 X100	取消刀补，X 方向快速定位换刀点
G00 Z100	Z 方向快速定位换刀点
X100	X 方向快速定位换刀点
T0101	换 1 号外圆刀，确定其坐标系
G00 X52 Z2	快速定位至外圆车削循环起点
G71 U2 R1 P1 Q2 X0.5 Z0.05 F100	执行外径粗加工复合循环 G71
N1 G42 G01 X34 S1000	精加工起始点建立右刀补，并设定精加工转速
G01 Z0 F80	进给到 Z 向程序零点，并设定精加工进给量
G01 X41	加工 Z0 的端面
Z-10	加工 Φ41 的外圆
G02 X48 Z-12 R2	加工 R2 的圆弧
N2 G01 X49	刀具退离工件表面
G00 X100	X 方向快速定位换刀点
G40 Z100	取消刀补，Z 方向快速定位换刀点
G00 X100	X 方向快速定位换刀点
Z100	Z 方向快速定位换刀点
M05	主轴停
M30	主程序结束

综合技能训练加工（三）

零件图	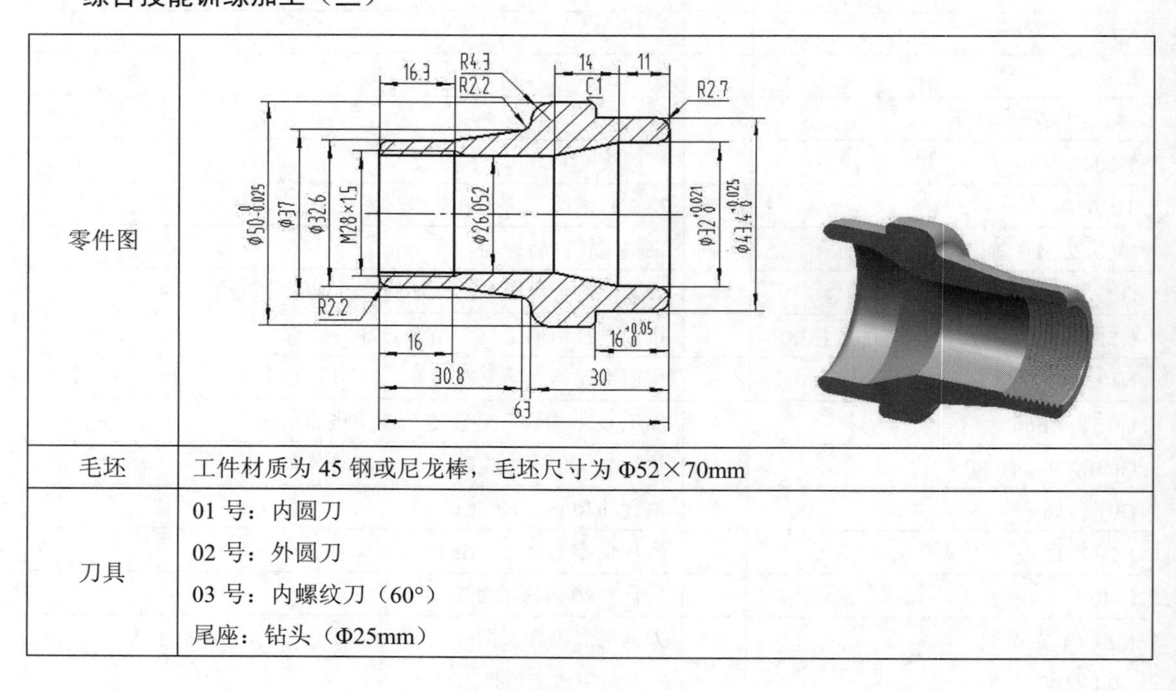
毛坯	工件材质为 45 钢或尼龙棒，毛坯尺寸为 Φ52×70mm
刀具	01 号：内圆刀 02 号：外圆刀 03 号：内螺纹刀（60°） 尾座：钻头（Φ25mm）

<table>
<tr><td>加工工艺</td><td>1．用三爪自定心卡盘夹紧工件并找正，保证伸出的长度不小于 40mm，装夹示意图如图 a 所示
（a）　（b）
2．用 01 号内圆刀粗精加工工件右段内轮廓
3．用游标卡尺测量，并修整加工
4．修正完后调头，装夹示意图如图 b 所示，保证伸出长度 16mm
5．用内圆刀加工工件右端轮廓
6．用内螺纹刀加工 M28×1.5 内螺纹</td></tr>
<tr><td>有关计算</td><td>中值计算：
$\Phi50^{0}_{-0.025}$ 的中值为 Φ49.987；$\Phi32^{+0.021}_{0}$ 的中值为 Φ32.01
$\Phi43.4^{+0.025}_{0}$ 的中值为 Φ43.387 $16^{+0.05}_{0}$ 的中值为 16.025</td></tr>
</table>

参考程序如下	
%0047	程序名
T0101	调用 1 号刀
M03 S500	主轴正转，转速为 500r/min
G00 X24 Z2	快速定位至循环起点
G71 U1 R0.5 P1 Q2 X-0.5 Z0.05 F100	执行内径粗加工复合循环 G71
N1 G41 G00 X38	精加工 X 向起始点建立左刀补
G01 Z0 F80	精加工 Z 向起始点
G01 X37.2	精加工端面
G02 X32.01 Z-2.7 R2.7	精加工 R2.7 的圆弧
G01 Z-11	精加工 Φ32.6 的圆弧
G01 X26.052 Z-25	精加工锥面
G01 Z-30	精加工 Φ26.052 的内圆
N2 G01 X24	刀具退离工件表面
G00 Z200	X 方向快速定位换刀点
G40 X100	取消刀补，Z 方向快速定位换刀点
G00 X24 Z2	快速定位至循环起点
G70 P1 Q2	内径精加工复合循环 G70
G00 Z200	X 方向快速定位换刀点
X100	Z 方向快速定位换刀点

T0202	换 2 号外圆刀，确定其坐标系
M03 S500	主轴正转，转速为 800r/min
G00 X52 Z2	快速定位至外圆车削循环起点
G71 U1 R0.5 P1 Q2 X0.5 Z0.1 F120	执行外径粗加工复合循环 G71
N1 G42 G00 X32 S800	精加工起始点建立右刀补，指定精加工转速为 800r/min
G01 Z0 F80	刀具切入工件零点，指定精加工进给速度为 80mm/min
G01 X38	精加工 Φ38 端面
G02 X43.387 Z-2.7 R2.7	精加工 R2.7 的圆弧
G01 Z-16.025	精加工 Φ43.4 的外圆
X48	精加工 Φ48 的端面
G01 X49.987 Z-17	完成 C1 的倒角
N2 G01 X51	刀具退离工件表面
G00 X100	X 方向快速定位换刀点
G40 Z100	取消刀补 Z 方向快速定位换刀点
G00 X100	X 方向快速定位换刀点
Z100	Z 方向快速定位换刀点
M05	主轴停
M30	主程序结束
调头加工程序如下	
%0048	程序名
T0101	换 3 号内圆刀，确定其坐标系
M03 S800	主轴正转，转速为 750r/min
G00 X24 Z2	快速定位至内圆车削循环起点
G71 U1 R1 P1 Q2 X-0.5 Z0.05 F100	执行内径粗加工复合循环 G71
N1 G41 G00 X28.052 S1000	精加工起始点建立左刀补，并设定精加工转速
G01 Z0 F80	刀具切入工件 Z 向零点，并设定精加工进给速度
G01 X26.052 Z-1	精加工 C1 的倒角
G01 Z-40	精加工 Φ26.052 的内圆
N2 G01 X26	刀具退离工件表面
G00 Z100	Z 方向快速定位换刀点
G40 X100	取消刀补，X 方向快速定位换刀点
G00 X200	Z 方向快速定位换刀点
Z100	X 方向快速定位换刀点
T0303	换 3 号刀，确定其坐标系
M03 S400	主轴正转，转速为 400r/min
G00 X26 Z2	快速定位至螺纹切削 G76 循环起点

G76 C2 R-2 E5 A60 X28 Z-16.3 I0 K0.975 U0.1 V0.1 Q1.2 F1.5	执行螺纹切削循环 G76
G00 Z200	Z 方向快速定位换刀点
X100	X 方向快速定位换刀点
T0202	换 2 号刀，确定其坐标系
M03 S500	主轴正转，转速为 500r/min
G00 X54 Z2	快速定位至 G71 循环起点
G71 U1 R0.5 P1 Q2 X0.5 Z0.1 F100	执行外径粗加工复合循环 G71
N1G42 G01 X26	精加工 X 向切削起点建立右刀补
Z0	精加工 Z 向切削起点
G01 X28.2	精加工 Φ28.2 的端面
G03 X32.6 Z-2.2 R2.2	精加工 R2.2 的圆弧
G01 Z-16	精加工 Φ32.6 的圆弧
G01 X37 Z-30.8	精加工圆锥面
G02 X41.4 Z-33 R2.2	精加工 R2.2 的圆弧
G03 X49.987 Z-37.3 R3	精加工 R3 的圆弧
N2 G01 X52	刀具退离工件表面
G00 X100	X 方向快速定位换刀点
Z100	Z 方向快速定位换刀点
G00 X100	X 方向快速定位换刀点
Z100	Z 方向快速定位换刀点
M05	主轴停
M30	主程序结束

任务13 教学案例

一、数控车床教学案例一（螺纹轴套加工）

螺纹轴套零件图如图 13-1 所示。

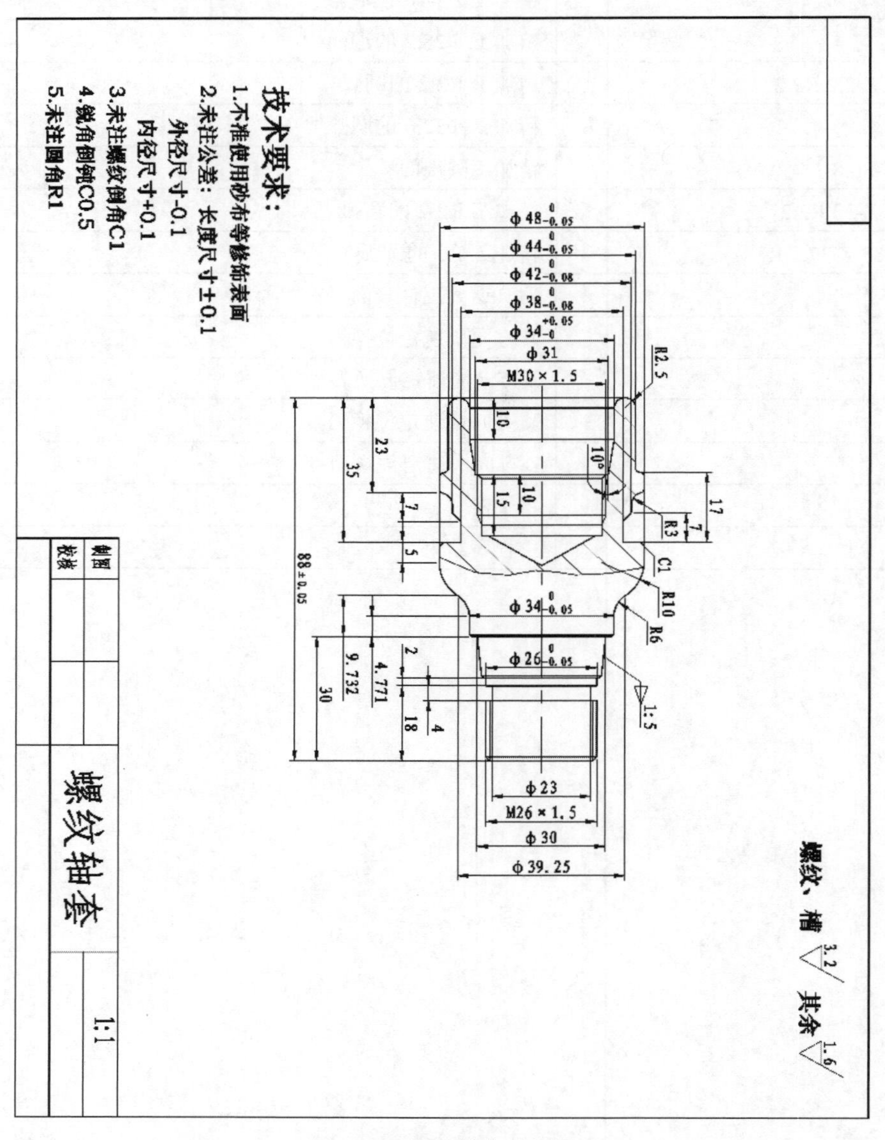

图 13-1 螺纹轴套零件图

学习目标：

（1）掌握数控车床单件零件的加工工艺。

（2）掌握数控车床单件轮廓的检测方法。

（一）加工准备

毛坯：Φ50×90的45钢。

刀具：35°外圆刀（左偏刀）、切槽刀（刀宽4mm）、60°外螺纹、93°内镗刀（刀杆Φ20）、60°内螺纹（刀杆Φ20）、45°外圆刀（平端面）、Φ23钻头。

量具：游标卡尺、内外径千分尺、螺纹环规、螺纹塞规。

机床：CK6143。

夹具：三爪自定心卡盘。

（二）加工工艺分析（工件坐标系设在端面中心）

加工步骤	图示
加工步骤一：装夹外圆毛坯加工左端轮廓，保证工件伸出长度不少于55mm	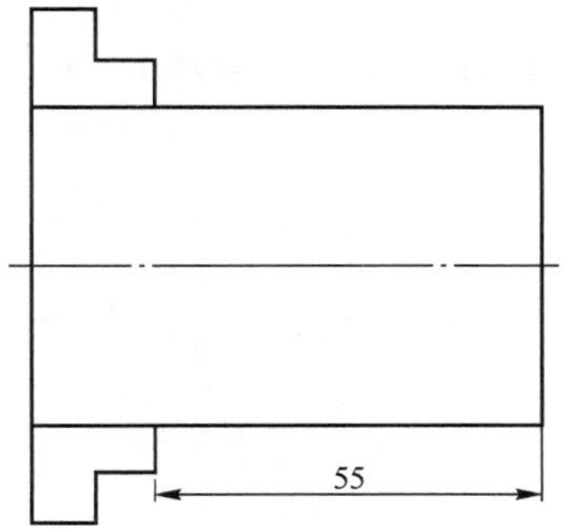 55
加工步骤二：钻孔，粗及精加工内轮廓、内螺纹至尺寸要求	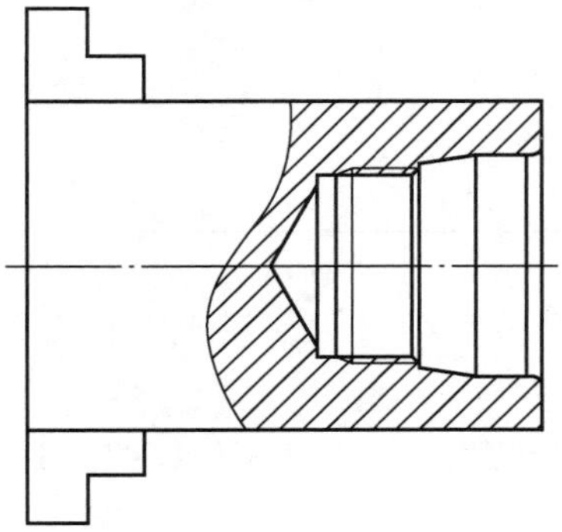
加工步骤三：粗、精加工外轮廓至尺寸要求	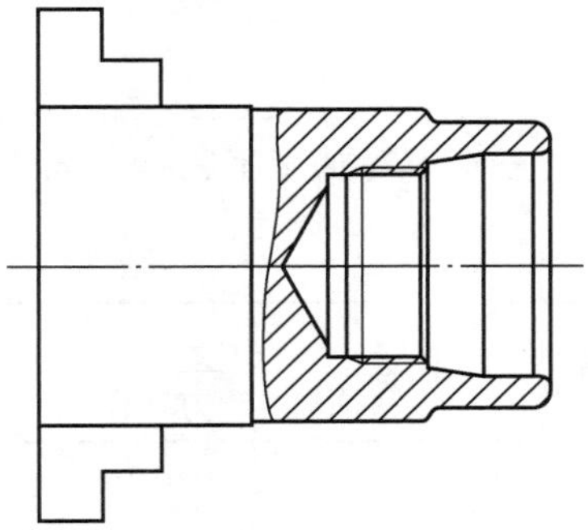

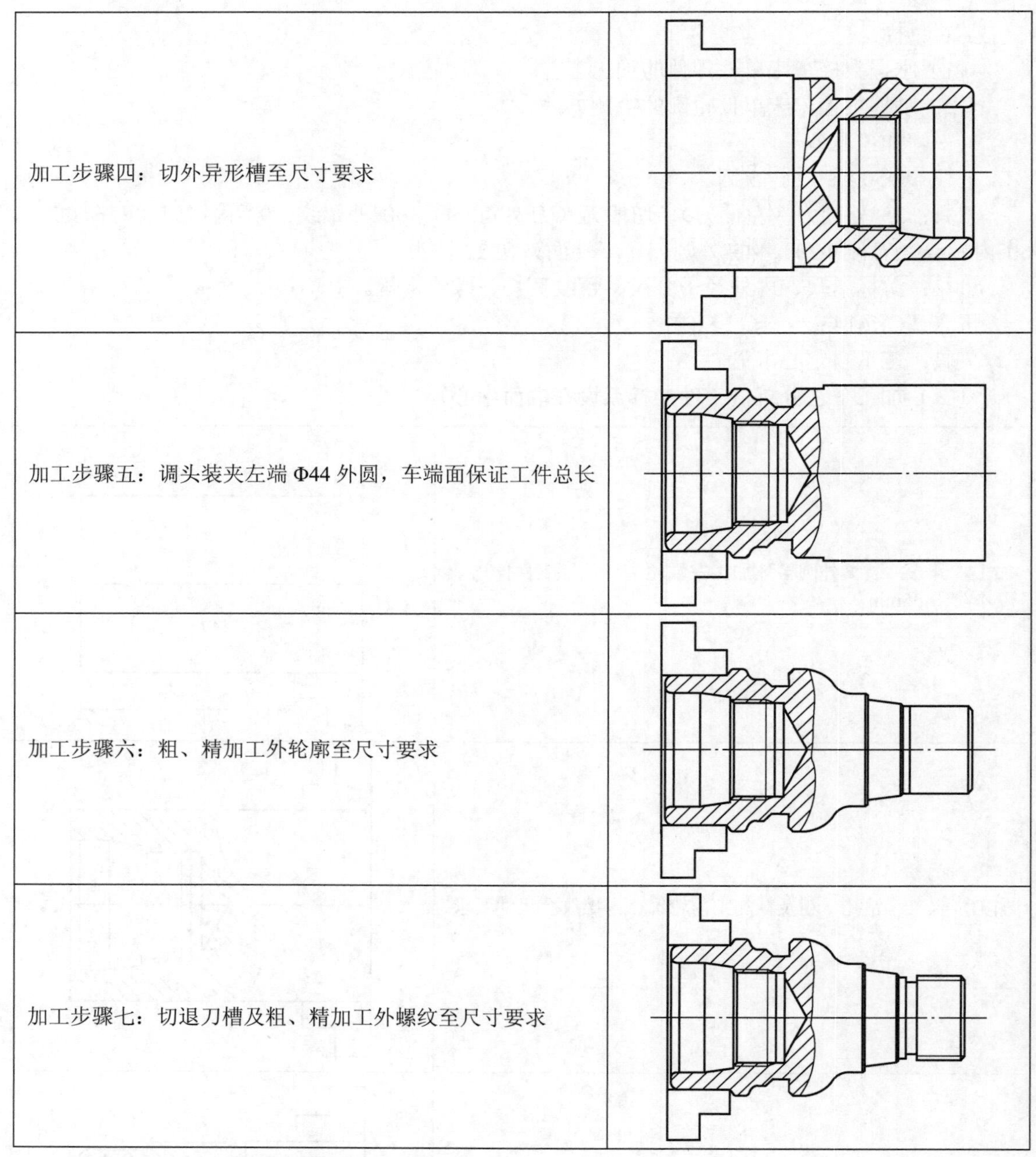

加工步骤	图示
加工步骤四：切外异形槽至尺寸要求	
加工步骤五：调头装夹左端 Φ44 外圆，车端面保证工件总长	
加工步骤六：粗、精加工外轮廓至尺寸要求	
加工步骤七：切退刀槽及粗、精加工外螺纹至尺寸要求	

（三）填写加工工艺卡（表 13-1）

表 13-1 加工工艺卡

序号	内容	刀具		主轴转速 r/min	进给量 mm/min	背吃刀量 mm	备注
		刀具号	规格				
1	粗加工内轮廓	T0101	93°内镗刀（刀杆 Φ20）	1000	170	1.3	
2	精加工内轮廓	T0101	93°内镗刀（刀杆 Φ20）	1500	120	1	

续表

序号	内容	刀具		主轴转速 r/min	进给量 mm/min	背吃刀量 mm	备注
		刀具号	规格				
3	粗、精车内螺纹	T0303	60°内螺纹（刀杆 Φ20）	800		0.2	
4	粗加工外轮廓	T0101	35°外圆刀（左偏刀）	1000	180	1.3	
5	精加工外轮廓	T0101	35°外圆刀（左偏刀）	1500	120	1	
6	切外异形槽	T0202	切槽刀（刀宽 4mm）	1000	60	4	
7	切退刀槽	T0202	切槽刀（刀宽 4mm）	1000	60	4	
8	粗、精车外螺纹	T0303	60°外螺纹	800		0.2	
9	平端面	T0404	45°外圆刀	800	100	1	
10	钻孔		Φ23 钻花	350			

（四）编写加工程序并在机床上完成加工

左端内轮廓程序	
%0049	程序名
T0303	调用 3 号刀具，3 号补偿
M3 S600	主轴正转转速为 600r/min
G00 X22.0 Z2.0	快速定位到 G71 循环起点
G71 U1 R1 P1 Q2 X0.5 Z0.1 F100	G71 粗加工循环
N1 G00 X46.0 G41 S800	快速定位，建立左刀补，精加工转速为 800r/min
Z0 F120	精加工轮廓
G02 X34 R2.5	
Z-10	
X31 Z-18.507	
X28.5 C1	
W-15	
N2 X21	
G00 Z200	快速退刀
X150	
M30	程序结束
左端内螺纹加工程序	
%0050	程序名
T0404	调用 4 号刀具，4 号补偿
M8	冷却液开
M3 S800	主轴正转转速为 800r/min
G00 X25	快速定位到 G76 循环起点
Z-15	
G76 C2 R-2 E5 A60 X24.05 Z-14 I0 K0.975 U0.1 V0.1 Q1.2 F1.5	G76 螺纹加工循环

G00 X25	快速退刀
Z200	
M30	程序结束
左端外轮廓程序	
%0051	程序名
T0101	调用 1 号刀具，1 号补偿
M3 S600	主轴正转转速为 600r/min
G00 X51 Z2 M8	快速定位到 G71 循环起点，冷却液开
G71 U1 R0.5 P1 Q2 X0.5 Z0.1 F100	G71 粗加工循环
N1 G00 X34.0 G42 S800	快速定位，建立右刀补，精加工转速为 800r/min
G01 Z0 F120	精加工轮廓
X44 R2.5	
Z-18 R1	
X48 R1	
Z-46	
N2 X51	
G00 X150	快速退刀并取消刀补
Z200 G40	
G00 X150	快速退刀
Z200	
M30	程序结束
左端切异形槽程序	
%0052	程序名
G98	分进给
T0202	调用 2 号刀具，2 号补偿
M8	冷却液开
M3 S600	主轴正转转速为 600r/min
G00 X52	快速定位到切槽起点
Z-35；	
G01 X38 F60	异形槽加工
G01 X52 F200	
Z-33	
G1 X38 F60	
G01 X52 F200	
Z-31	
G1 X42 F60	
X38 Z-33 F50	
G01 X52 F200	
Z-29	
G01 X42 F60	

G01 X52 F200	异形槽加工
Z-26	
G01 X48 F60	
G02 X42 Z-29 R3	
G01 X52 F200	
Z-37	
G01 X44 Z-34 F60	
G00 X150	快速退刀
Z200	
M30	程序结束
右端外轮廓加工程序	
%0053	程序名
T0101	调用 1 号刀具，1 号补偿
M8	冷却液开
M3 S600	主轴正转转速为 600r/min
G00 X52 Z2	快速定位到 G71 循环起点
G71 U1 R0.2 P1 Q2 X1 Z0.5 F180	G71 粗加工循环
N1 G00 G42 X19 S800	快速定位，建立右刀补，精加工转速为 800r/min
G01 X25.7 Z-1.5 F120	精加工轮廓
Z-17.5	
X26	
Z-20	
X28 C1	
X30 Z-30	
X34 C1	
Z-34.771	
G02 X39.25 Z-39.732 R6	
G03 X48 Z-48.0 R1	
G01 X50 Z-55	
N2 X53	
G00 X150	快速退刀并取消刀补
Z250 G40	
M30	程序结束
右端退刀槽加工程序	
%0054	程序名
T0202	调用 2 号刀具，2 号补偿
M8	冷却液开
M3 S200	主轴正转转速为 200r/min
G00 X30	快速定位到切槽起点
Z-18	

G1 X23 F60	切退刀槽
G00 X150	快速退刀
Z200	
M30	程序结束
右端外螺纹加工程序	
%0055	程序名
T0303	调用 3 号刀具，3 号补偿
M8	冷却液开
M3 S200	主轴正转转速为 200r/min
G00 X2	快速定位到 G76 循环起点
Z3	
G76 C2 R-2 E-5 A60 X30.05 Z-30 I0 K0.975 U0.1 V0.1 Q1.2 F1.5	G76 螺纹加工循环
G00 X150	快速退刀
Z200	
M30	程序结束

（五）评分标准（表 13-2）

表 13-2　评分标准表

姓名		图号			总得分			
序号	考核项目	考核内容及要求		配分	评分标准	检测结果	扣分	得分
1	外轮廓（59）	Φ23	−0.1	1.5	超差不得分			
2		$\Phi26^{\ 0}_{-0.05}$	IT	2.5	每超差 0.02 扣 1 分			
3		$\Phi34^{\ 0}_{-0.05}$	IT	2.5				
4		$\Phi38^{\ 0}_{-0.08}$	IT	2.5				
5		$\Phi42^{\ 0}_{-0.08}$	IT	2.5				
6		$\Phi44^{\ 0}_{-0.05}$	IT	2.5				
7		$\Phi48^{\ 0}_{-0.05}$	IT	2.5				
8		18	±0.1	1.5	超差不得分			
9		4	±0.1	1.5				
10		2	±0.1	1.5				
11		30	±0.1	1.5				
12		35	±0.1	1.5				
13		1:5	IT	4	样板规检查轮廓错误不得分			
14		R10	IT	4	R 检查轮廓错误不得分			
15		R6	IT	4				

续表

序号	考核项目	考核内容及要求		配分	评分标准	检测结果	扣分	得分
16	外轮廓（59）	R3	IT	4				
17		R2.5	IT	4				
18		3—R1	IT	6				
19		C1	IT	2	超差一处扣1分			
20		Ra1.6	IT	4				
21		锐角倒钝C0.5	IT	3				
22	外螺纹（10）	M26×1.5	IT	10	合格给10分			
23		表面粗糙度	IT	不合格扣2分				
24		大径	IT					
25		螺距	IT					
36		牙型	IT					
37		14	IT					
38	内轮廓（16）	$\Phi34_{0}^{+0.05}$	IT	2.5	每超差0.02扣1分			
39		10	±0.1	1.5	超差不得分			
40		10°	IT	4	样板规检查轮廓错误不得分			
41		R2.5	IT	4	R检查轮廓错误不得分			
42		Ra1.6	IT	3	超差一处扣1分			
43		C1	IT	1				
44	内螺纹（10）	M26×1.5	IT	10	合格给10分			
45		表面粗糙度	IT	不合格扣2分				
46		大径	IT					
47		螺距	IT					
48		牙型	IT					
49		10	IT					
50	全长及表面质量（5）	88±0.05	IT	3	每超差0.02扣1分			
51		整体表面质量	IT	2	一般扣1分			
52			IT		差或为完成扣2分			

（六）任务总结

通过对教学案例一的加工，请分析是否有更好的加工工艺。

二、数控车床教学案例二（两件套装配加工）

装配图及件一、件二零件图见图 13-2 至图 13-4。

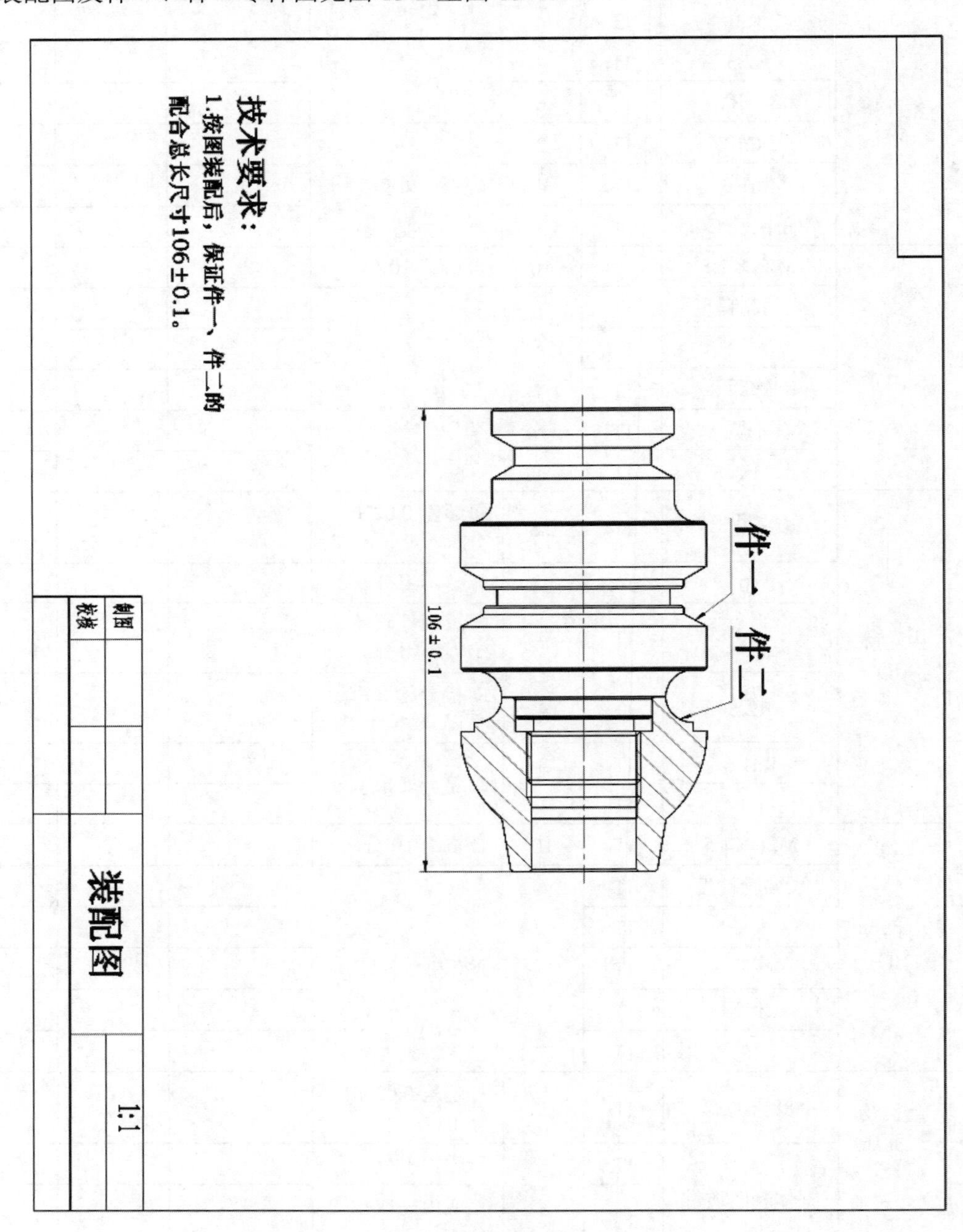

图 13-2　装配图

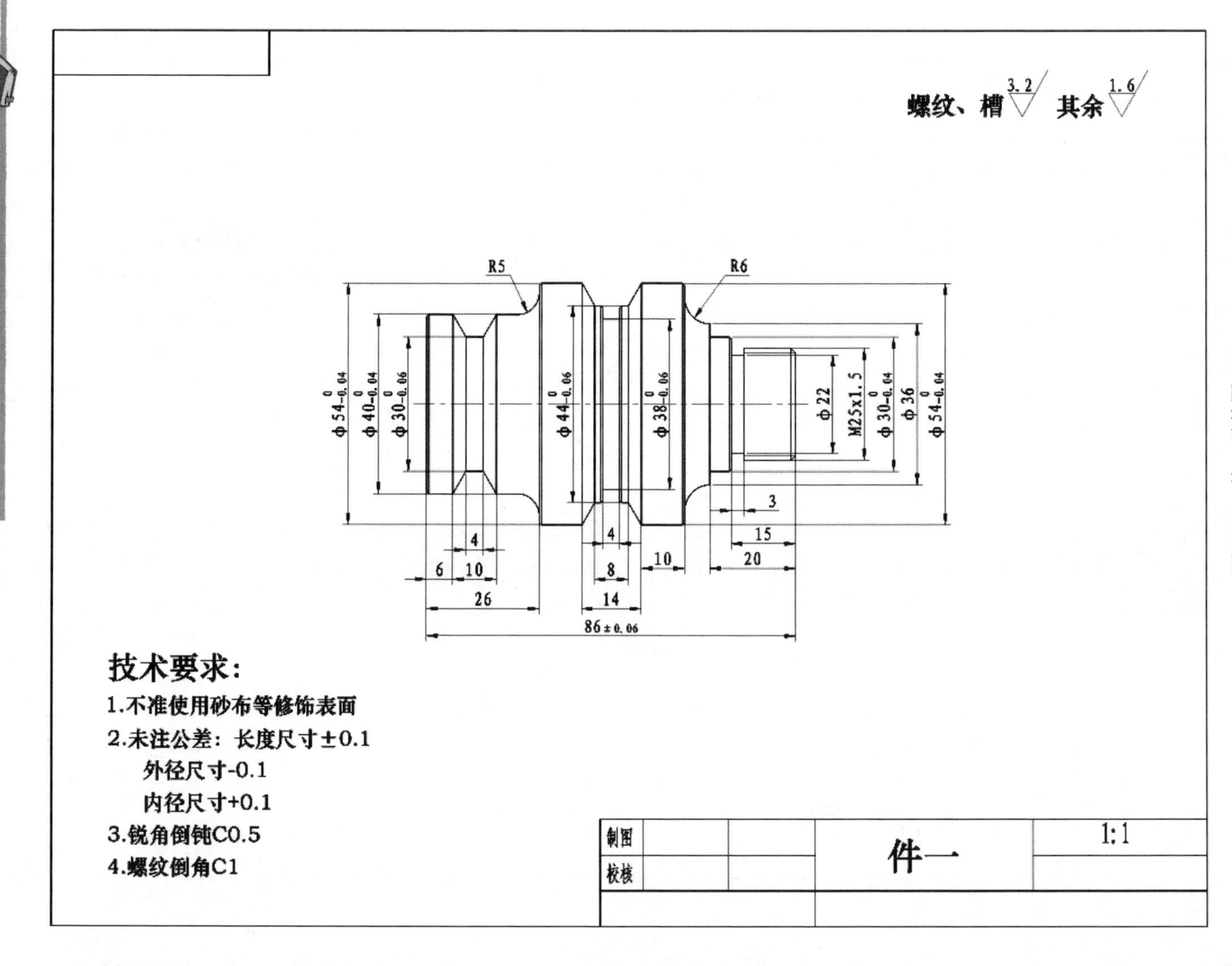
螺纹、槽 3.2
其余 1.6
R5
R6
φ54-0.04
φ40-0.04
φ30-0.06
φ44-0.06
φ38-0.06
φ22
M25x1.5
φ30-0.04
φ36
φ54-0.04
86±0.06
技术要求：
1.不准使用砂布等修饰表面
2.未注公差：长度尺寸±0.1
外径尺寸-0.1
内径尺寸+0.1
3.锐角倒钝C0.5
4.螺纹倒角C1
制图
校核
件一
1:1

图 13-3　件一零件图

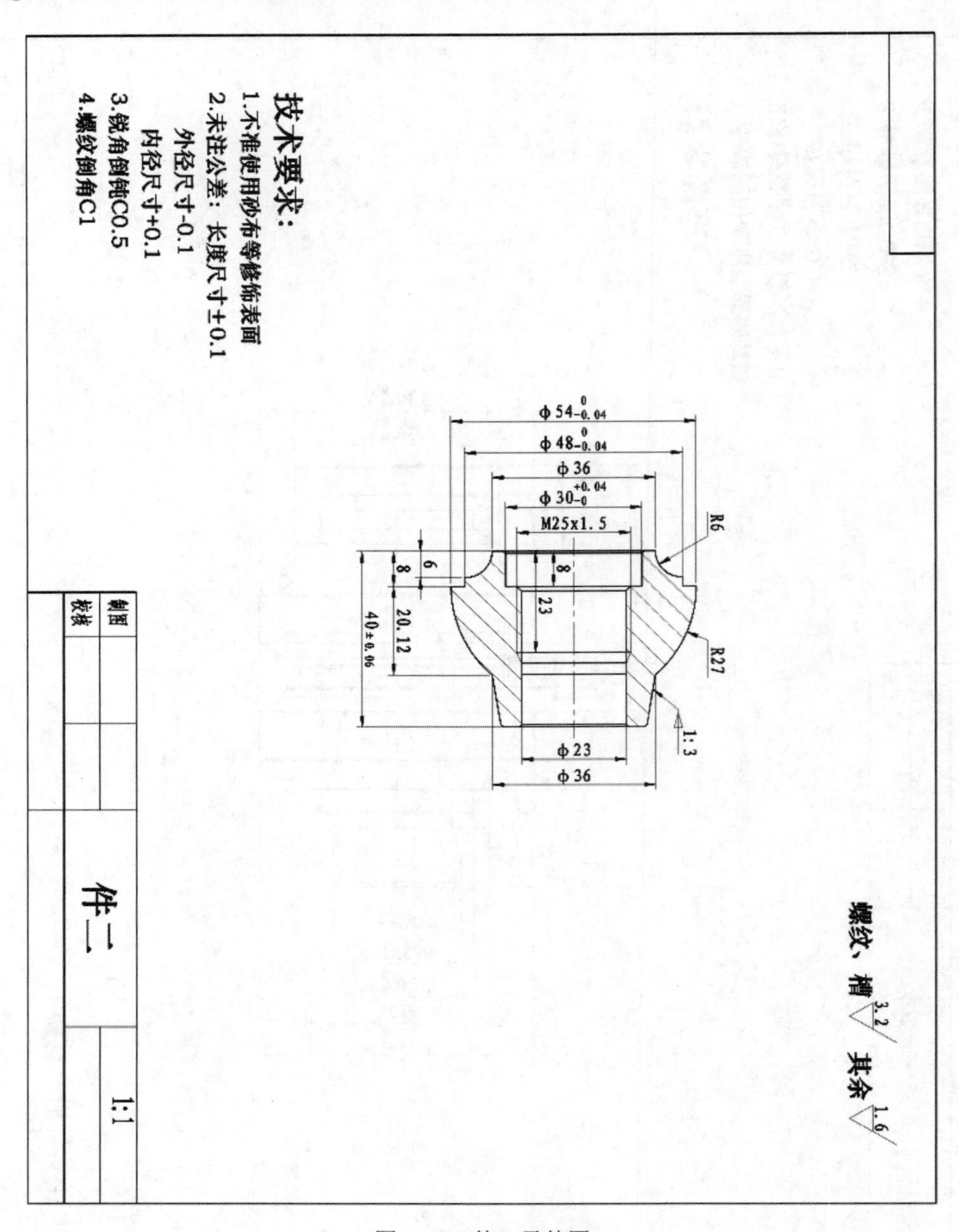

图 13-4　件二零件图

任务目标：

（1）掌握数控车床两件装配零件的加工工艺及精度的控制。

（2）掌握数控车床三件配合的测方法。

（一）加工准备

毛坯：件一为 Φ55×88 的 45 钢；件二为 Φ55×42 的 45 钢。

刀具：35°外圆刀（左偏刀）、切槽刀（刀宽 4mm）、60°外螺纹、93°内镗刀（刀杆 Φ20）、60°内螺纹（刀杆 Φ20）、45°外圆刀（平端面）、Φ23 钻头。

量具：游标卡尺、内外径千分尺、螺纹环规、螺纹塞规。

机床：CK6143。

夹具：三爪自定心卡盘。

（二）加工工艺分析（工件坐标系设在端面中心）

加工步骤	图示
加工步骤一：装夹件二外圆毛坯加工左端轮廓，保证工件伸出长度不少于 13mm	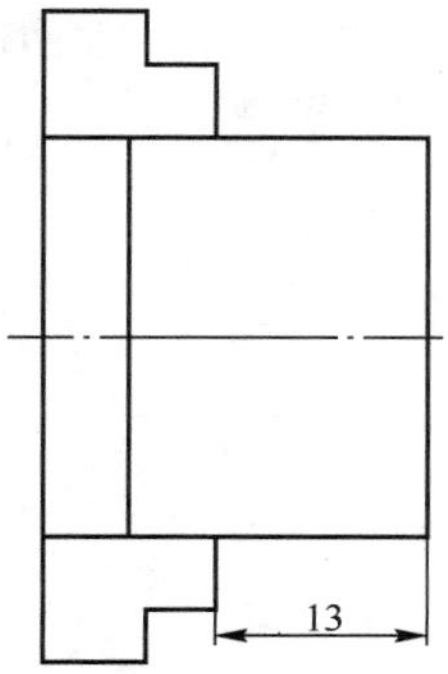 13
加工步骤二：车端面，钻孔	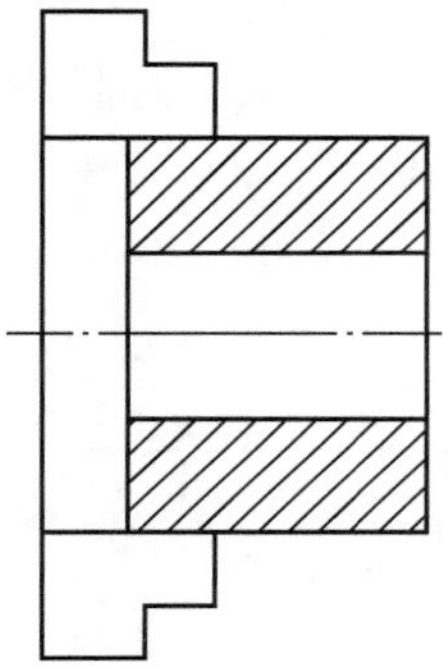
加工步骤三：粗、精加工内轮廓及粗、精加工内螺纹至尺寸要求	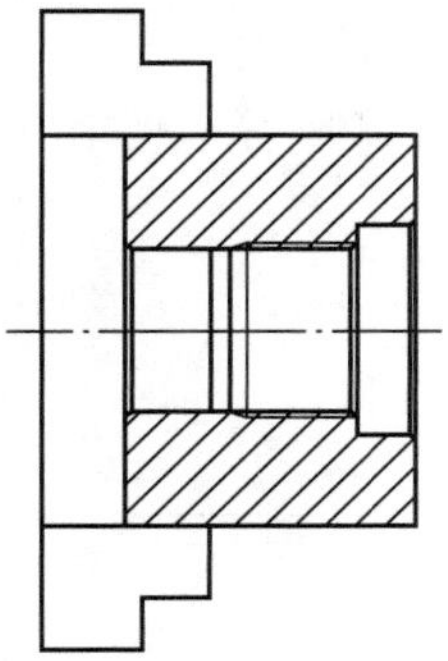
加工步骤四：粗、精加工外轮廓至尺寸要求	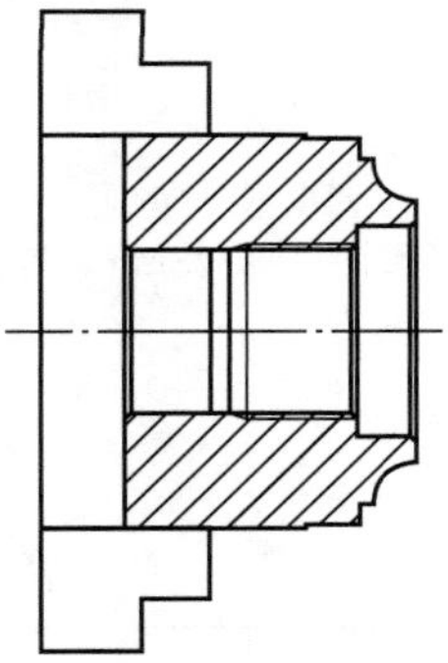

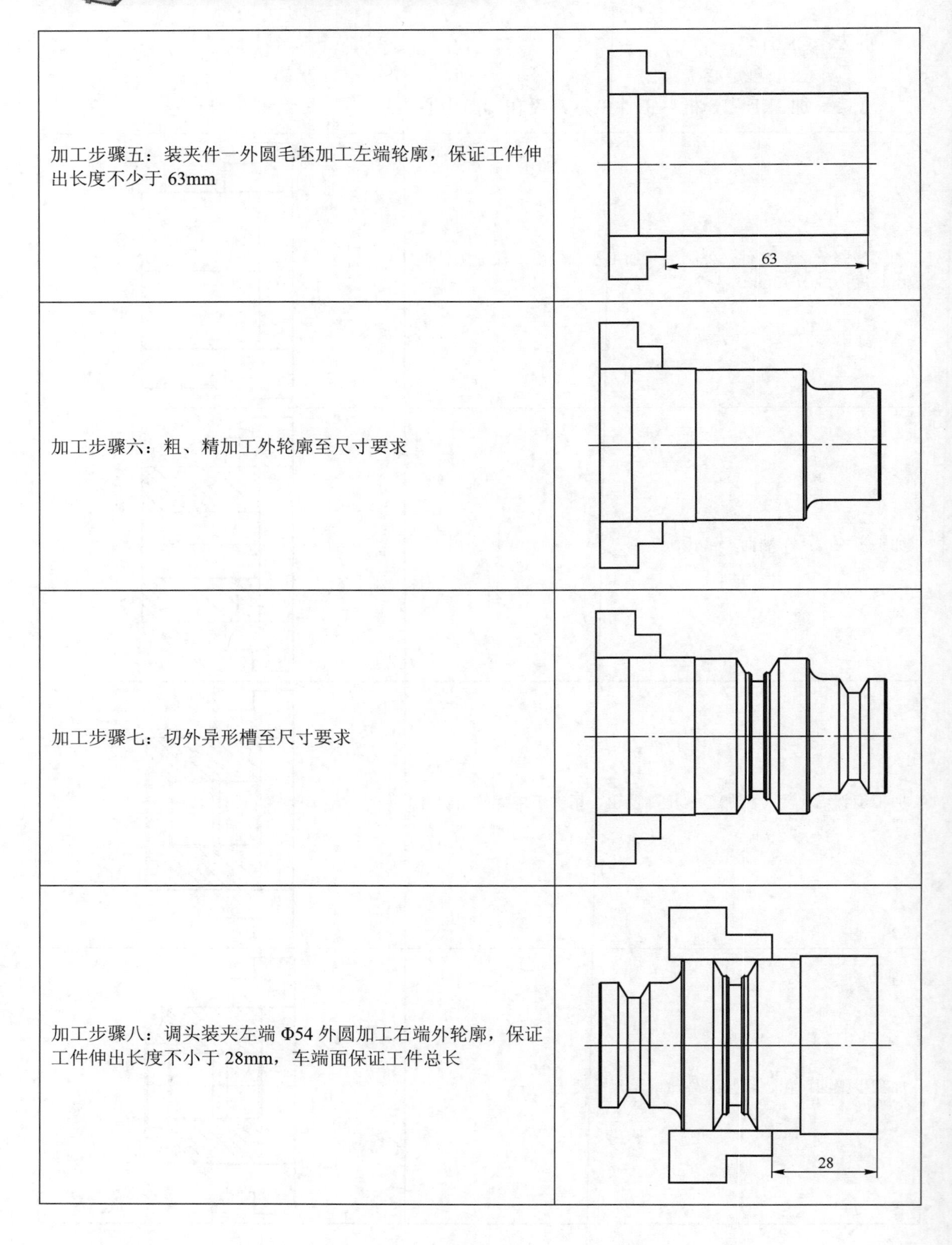

加工步骤五：装夹件一外圆毛坯加工左端轮廓，保证工件伸出长度不少于 63mm

加工步骤六：粗、精加工外轮廓至尺寸要求

加工步骤七：切外异形槽至尺寸要求

加工步骤八：调头装夹左端 Φ54 外圆加工右端外轮廓，保证工件伸出长度不小于 28mm，车端面保证工件总长

加工步骤九：粗、精加工外轮廓至尺寸要求	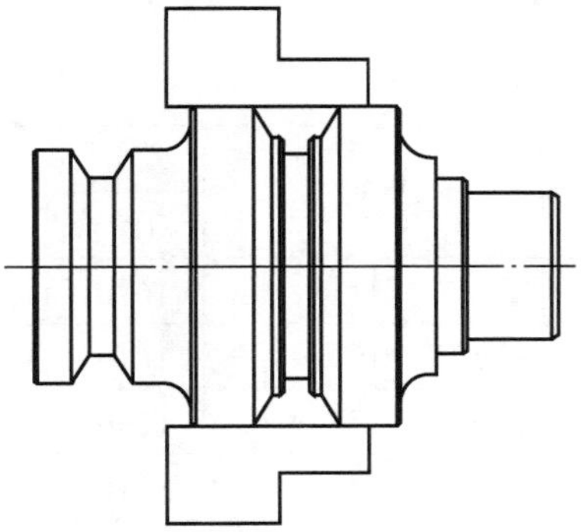
加工步骤十：切退刀槽，粗、精加工外螺纹至尺寸要求	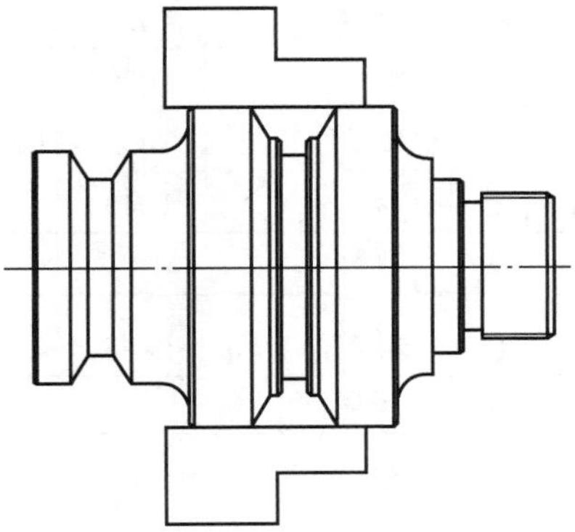
加工步骤十一：件二与件一装配	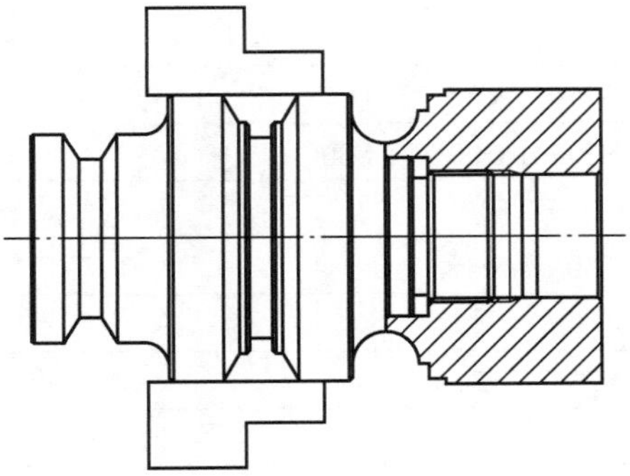
加工步骤十二：粗、精加工件二外轮廓至尺寸要求并保证工件总长	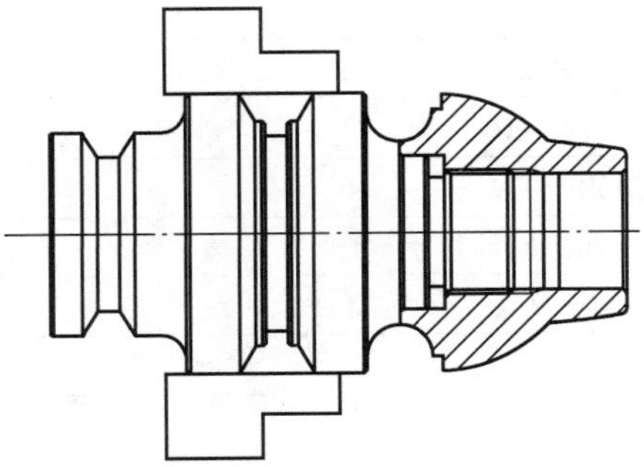

（三）填写加工工艺卡

表 13-3 加工工艺卡

序号	内容	刀具		主轴转速 r/min	进给量 mm/min	背吃刀量 mm	备注
		刀具号	规格				
1	粗加工内轮廓	T0101	93°内镗刀（刀杆 Φ20）	800	150	1.3	
2	精加工内轮廓	T0101	93°内镗刀（刀杆 Φ20）	1200	120	1	
3	粗、精加工内螺纹	T0303	60°内螺纹（刀杆 Φ20）	500		0.2	
4	粗加工外轮廓	T0101	35°外圆刀（左偏刀）	800	180	1.3	
5	精加工外轮廓	T0101	35°外圆刀（左偏刀）	1200	120	1	
6	切外异形槽	T0202	切槽刀（刀宽 4mm）	600	40	4	
7	切退刀槽	T0202	切槽刀（刀宽 4mm）	600	40	4	
8	粗、精加工外螺纹	T0303	60°外螺纹	500		0.2	
9	平端面	T0404	45°外圆刀	800	100	1	
10	钻孔		Φ23 钻花	350			

（四）编写加工程序并在机床上完成加工

件二左端内轮廓程序	
%0056	程序名
T0101	调用 1 号刀具，1 号补偿
M03 S600	主轴正转转速为 600r/min
G00 X22 Z2	快速定位到 G71 循环起点
G71 U1 R0.5 P3 Q4 X-1 Z0.1 F150	G71 粗加工循环
N3 G41 G00 X33 S800	快速定位，建立左刀补，精加工转速为 800r/min
G01 Z0 F120	精加工轮廓
X30 C0.5	
Z-8	
X23.052 C1.5	
Z-23	
X23	
N4 Z-42	
G00 Z200	快速退刀并取消刀补
G40 X100	
M30	程序结束
左端内螺纹加工程序	
%0057	程序名
T0303	调用 3 号刀具，3 号补偿
M03 S200	主轴正转转速为 200r/min
G00 X22	快速定位到 G76 循环起点

Z-6	
G76 C2 R-2 E-5 A60 X25 Z-23 I0 K0.975 U0.1 V0.1 Q1.2 F1.5	G76 螺纹加工循环
G00 X25	快速退刀
Z200	
M30	程序结束
件一左端外轮廓程序	
%0058	程序名
T0101 G98	调用 1 号刀具，1 号补偿
M03 S500	主轴正转转速为 500r/min
G00 X56.0	快速定位到 G71 循环起点
Z2.0	
G71 U1 R0.5 P1 Q2 X1 Z0.1 F180	G71 粗加工循环
N1 G42 G00 X38 S800	快速定位，建立右刀补，精加工转速为 800r/min
G01 Z0 F120	精加工轮廓
X40 C0.5	
Z-21	
X52 Z-26 R5	
X54 C0.5	
N2 Z-62	
G00 X100	快速退刀并取消刀补
G40 Z100	
M30	程序结束
件一左端切异形槽程序	
%0059	程序名
G98	分进给
T0202	调用 2 号刀具，2 号补偿
M8	冷却液开
M3 S200	主轴正转转速为 200r/min
G00 X44	快速定位到切槽起点
Z-12	
G01 X30.0 F40	异形槽加工
G0 X42.0	
Z-13	
G01 X30 F40	
G00 X42	
Z-9	
G01 X40.0 F40	
G01 X30.0 Z-12.0 F40	

G00 X42	异形槽加工
Z-16	
G01 X40 F40	
G01 X30 Z-13 F40	
G00 X57	
Z-45	
G01 X38 F40	
G00 X57	
Z-44	
G01 X38 F40	
G00 X57	
Z-39	
G01 X54 F40	
G01 X44 Z-42 F40	
G01 Z-43.5 F40	
G01 X43 Z-44 F40	
G01 X38 F40	
G00 X57	
Z-50	
G01 X54 F40	
G01 X44 Z-47 F40	
G01 Z-45.5 F40	
G01 X43 Z-45 F40	
G01 X38 F40	
G00 X100	快速退刀
Z100	
M30	程序结束
件一右端外轮廓加工程序	
%0060	程序名
T0101	调用 1 号刀具，1 号补偿
M8	冷却液开
M3 S500	主轴正转转速为 500r/min
G00 X56 Z2	快速定位到 G71 循环起点
G71 U1 R0.5 P1 Q2 X1 Z0.1 F180	G71 粗加工循环
N1 G00 X18 S800	快速定位，建立右刀补，精加工转速为 800r/min
G01 Z0 F120	精加工轮廓
X23 C15	
Z-15	
X30.0 C0.5	

Z-20	精加工轮廓
X36	
X48 Z-26 R6	
X54 C0.5	
N2 Z-26.5	
G00 X100	快速退刀并取消刀补
G40 Z100	
M30	程序结束
右端退刀槽加工程序	
%0061	程序名
T0202	调用 2 号刀具，2 号补偿
M8	冷却液开
M03 S600	主轴正转转速为 600r/min
G00 X33	快速定位到切槽起点
Z-15	
G01 X22 F40	切退刀槽
G00 X100	快速退刀
Z100	
M30	程序结束
右端外螺纹加工程序：	
%0062	程序名
T0303	调用 3 号刀具，3 号补偿
M8	冷却液开
M03 S500	主轴正转转速为 500r/min
G00 X23 Z2	快速定位到 G76 循环起点
G76 C2 R-2 E5 A60 X23.05 Z-12 I0 K0.975 U0.1 V0.1 Q1.2 F1.5	G76 螺纹加工循环
G00 X150	快速退刀
Z200	
M30	程序结束
件二右端外轮廓程序	
%0063	程序名
T0101	调用 1 号刀具，1 号补偿
M08 M03 S600	冷却液开，主轴正转转速为 600r/min
G00 X56 Z2	快速定位到 G71 循环起点
G71 U1.3 R0.5 P1 Q2 X1 Z0.1 F180	G71 粗加工循环
N1 G42 G00 X25.0 S1200	快速定位，建立右刀补，精加工转速为 1200r/min
G01 Z0 F120	
X28	
G03 X28.08 Z-0.5 R0.5	精加工轮廓

X36.0 Z-11.88	精加工轮廓
G03 X54.0 Z-32.0 R27	
N2G01 Z-33	
G00 X100	快速退刀并取消刀补
G40 Z100	
M30	程序结束

（五）评分标准（表 13-4）

表 13-4 评分标准

姓名		图号		总得分				
序号	件一考核项目	考核内容及要求		配分	评分标准	检测结果	扣分	得分
1	外轮廓（39.5）	Φ22	−0.1	1.5	超差不得分			
2		$\Phi30_{-0.04}^{0}$	IT	2	每超差 0.02 扣 1 分			
3		$\Phi54_{-0.04}^{0}$	IT	2				
4		$\Phi38_{-0.06}^{0}$	IT	2				
5		$\Phi44_{-0.06}^{0}$	IT	2				
6		$\Phi54_{-0.04}^{0}$	IT	2				
7		$\Phi30_{-0.06}^{0}$	IT	2				
8		$\Phi40_{-0.04}^{0}$	IT	2				
9		R6	IT	3	R 规检测轮廓错误不得分			
10		R5	IT	3				
11		15	±0.1	1.5	超差不得分			
12		3	±0.1	1.5				
13		20	±0.1	1.5				
14		4	±0.1	1.5				
15		26	±0.1	1.5				
16		C1	IT	1	超差一处扣 1 分			
17		锐边倒钝 C0.5	IT	4				
18		Ra1.6	IT	4.5				
19	外螺纹（10）	M25×1.5	IT	10	合格给 10 分			
20		表面粗糙度	IT	不合格扣 2 分				
21		大径	IT					
22		螺距	IT					
23		牙型	IT					
24		21	IT					
25	全长及表面质量（4）	86±0.06	IT	2	每超差 0.02 扣 1 分			
26		整体表面质量	IT	2	一般扣 1 分			
27			IT		差或未完成扣 2 分			

续表

姓名		图号			总得分			
序号	件二考核项目	考核内容及要求		配分	评分标准	检测结果	扣分	得分
1	外轮廓（21.5）	$\Phi48^{0}_{-0.04}$	IT	2	每超差0.02扣1分			
2		$\Phi54^{0}_{-0.04}$	IT	2				
3		R27	IT	3	R 规检测轮廓错误不得分			
4		R6	IT	3				
5		1:3	IT	3	样板规检测轮廓错误不得分			
6		8	±0.1	1.5	超差不得分			
7		锐边倒钝C0.5	IT	2	超差一处扣1分			
8		Ra1.6	IT	3				
9	内轮廓（7.5）	$\Phi30^{+0.04}_{0}$	IT	2	每超差0.02扣1分			
10		C1	IT	1	超差一处扣1分			
11		锐角倒钝C0.5	IT	1				
12		Ra1.6	IT	1				
13	内螺纹（10）	M25×1.5	IT	10	合格给10分			
14		表面粗糙度	IT	不合格扣2分				
15		大径	IT					
16		螺距	IT					
17		牙型	IT					
18		21	IT					
19	全长及表面质量（4）	40±0.06	IT	2	每超差0.02扣1分			
20		整体表面质量	IT	2	一般扣1分			
21			IT		差或未完成扣2分			

姓名		图号		总得分			
序号	配合考核项目	考核内容及要求	配分	评分标准	检测结果	扣分	得分
1	件一、件二的配合		2	件一、件二配合后R6圆弧面的衔接率大于或等于70%得2分			
2	件一、件二的配合		3	螺纹配合，松紧合适得3分			
3	件一、件二的配合		3	配合总长106±0.1合格得3分，每超差0.01扣1分			

（六）任务总结

通过对教学案例二的加工，思考如何在配车后能轻松地旋下工件。

三、数控车床教学案例三（三件套装配加工）

三件套装配图及各零件图如图 13-5 至 13-8。

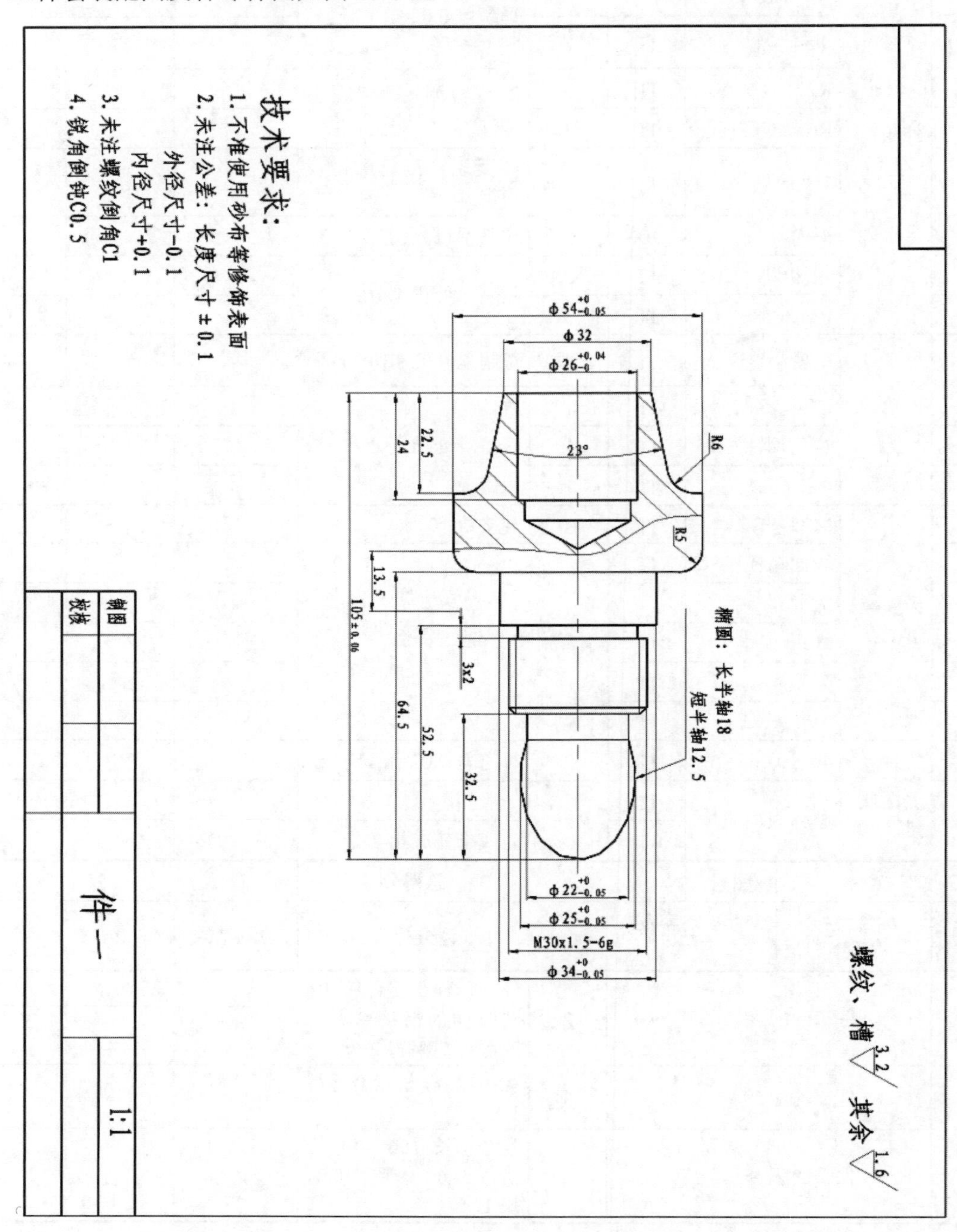

图 13-5　件一零件图

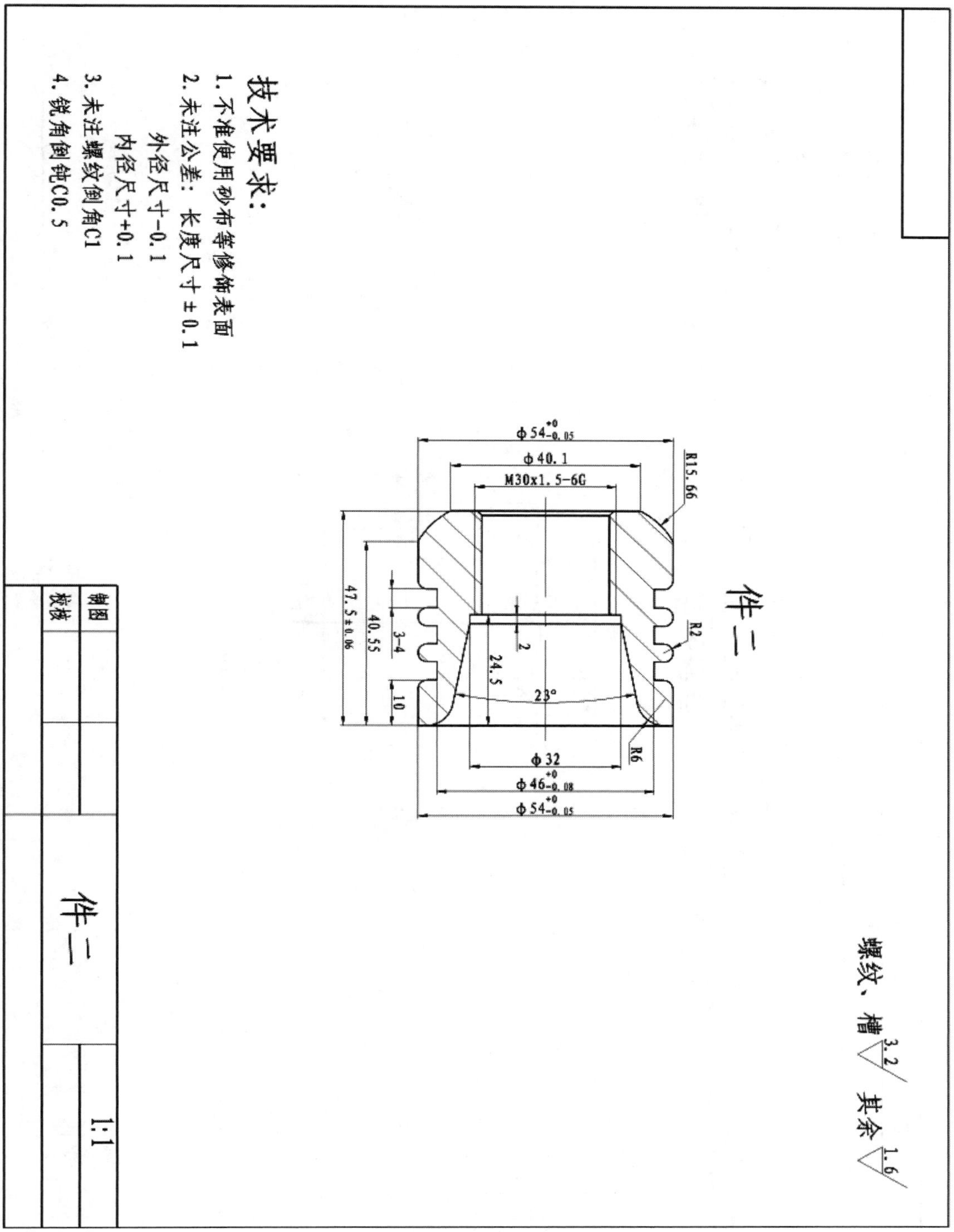

技术要求：
1. 不准使用砂布等修饰表面
2. 未注公差：长度尺寸±0.1
外径尺寸-0.1
内径尺寸+0.1
3. 未注螺纹倒角C1
4. 锐角倒钝C0.5

件二

螺纹、槽 3.2　其余 1.6

制图	
校核	

件二　1:1

图 13-6　件二零件图

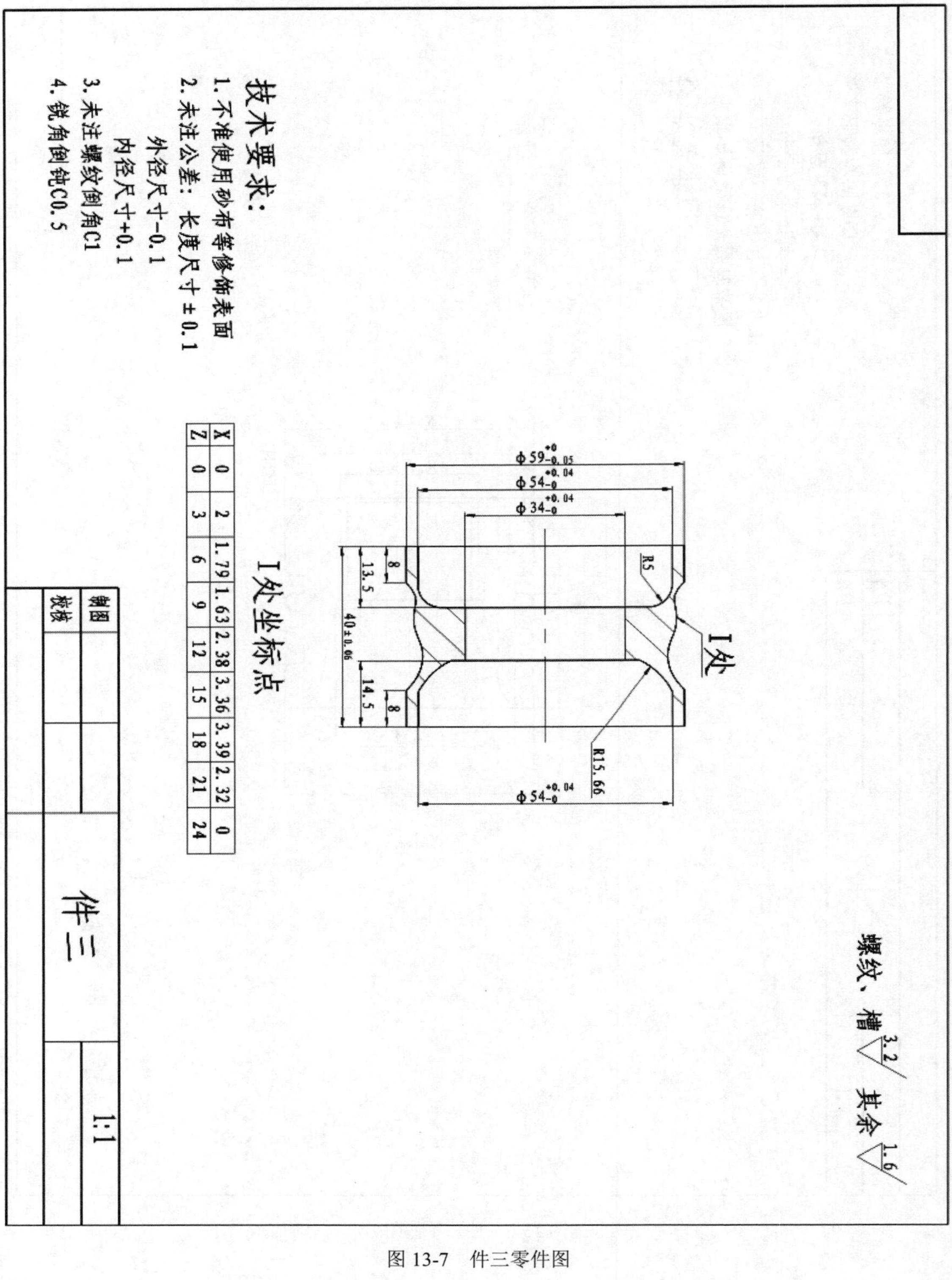

螺纹、槽 3.2 其余 1.6

I处

R5

R15.66

$\phi 59^{+0}_{-0.05}$

$\phi 54^{+0.04}_{-0}$

$\phi 34^{+0.04}_{-0}$

$\phi 54^{+0.04}_{-0}$

8

8

13.5

14.5

40 ± 0.06

技术要求:

1. 不准使用砂布等修饰表面
2. 未注公差：长度尺寸 ±0.1
   外径尺寸-0.1
   内径尺寸+0.1
3. 未注螺纹倒角C1
4. 锐角倒钝C0.5

I处坐标点

X	0	2	1.79	1.63	2.38	3.36	3.39	2.32	0
Z	0	3	6	9	12	15	18	21	24

制图			件三	1:1
校核				

图 13-7 件三零件图

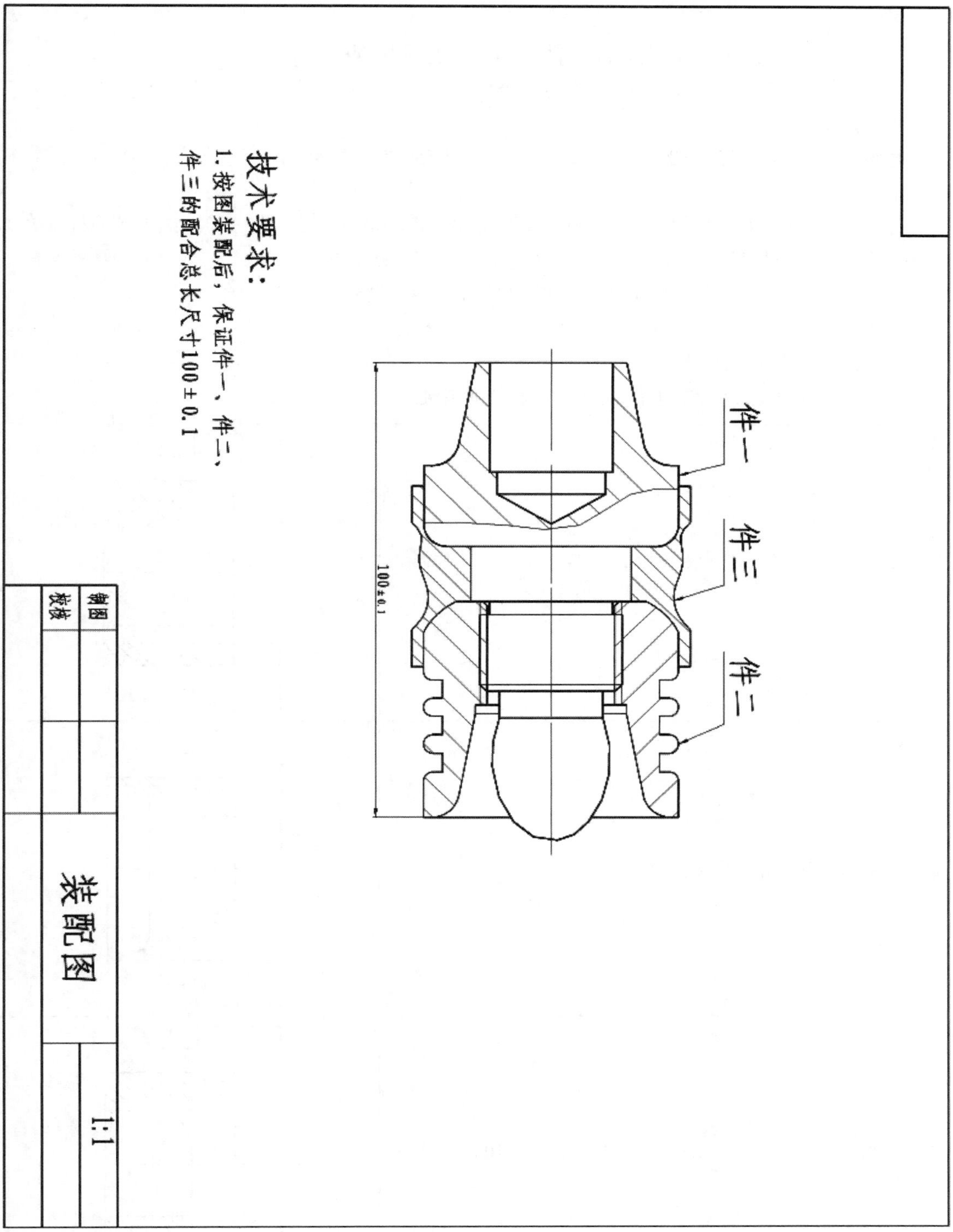

技术要求：

1. 按图装配后，保证件一、件二、件三的配合总长尺寸100±0.1

件一

件三

件二

100±0.1

制图		
校核		

装配图

1:1

图 13-8　装配图

任务目标：

（1）掌握数控车床三件套装配零件的加工工艺及精度的控制；

（2）掌握数控车床三件套装配的检测方法。

（一）加工准备

毛坯：件一为 Φ55×107 的 45 钢；件二为 Φ55×50 的 45 钢；件三为 Φ60×42 的材料 45 钢。

刀具：35°外圆刀（左偏刀）、切槽刀（刀宽 4mm）、60°外螺纹刀、93°内镗刀（刀杆 Φ20）、60°内螺纹刀（刀杆 Φ20）、45°外圆刀（平端面）、Φ25 钻头。

量具：游标卡尺、内外径千分尺、螺纹环规、螺纹塞规。

机床：CK6143。

夹具：三爪自定心卡盘。

（二）加工工艺分析（工件坐标系设在端面中心）

加工步骤一：装夹件三外圆毛坯加工左端轮廓，保证工件伸出长度不少于 10mm；车端面，使用 Φ25 钻花钻孔	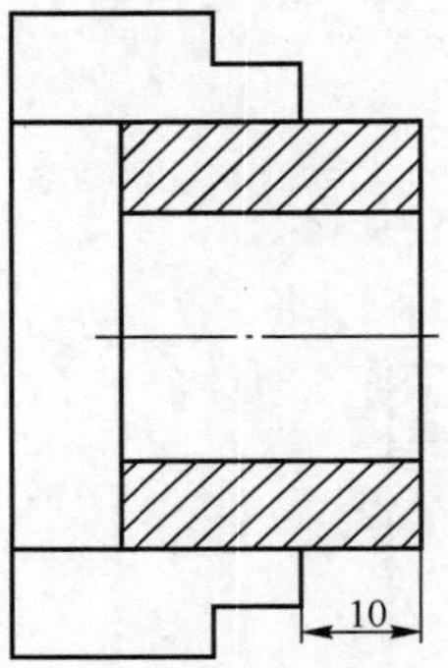 10
加工步骤二：粗、精加工内轮廓保证尺寸要求	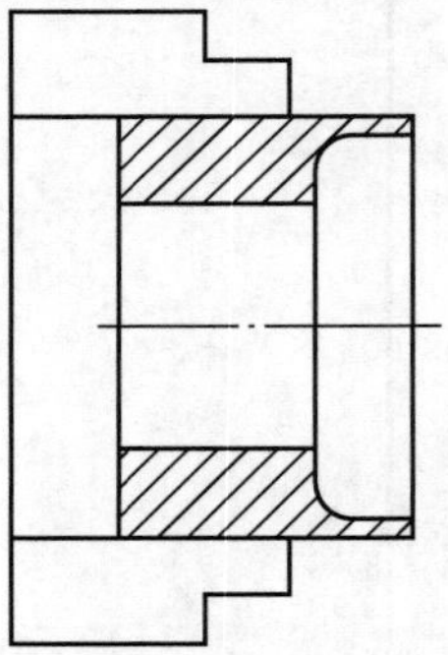
加工步骤三：调头装夹，保证工件伸出长度不少 10mm，车端面保证总长	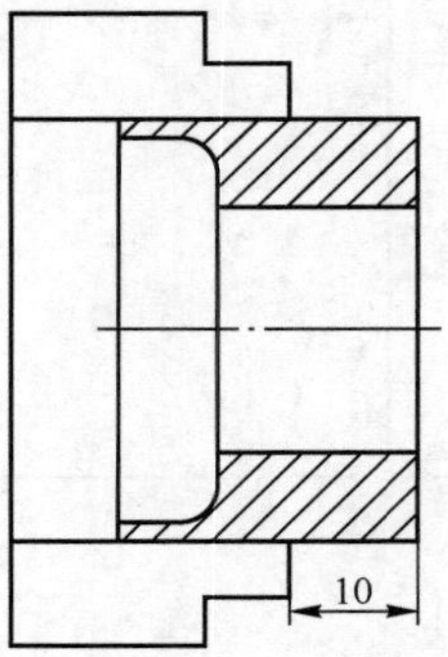 10

加工步骤四：粗、精加工内轮廓保证尺寸要求	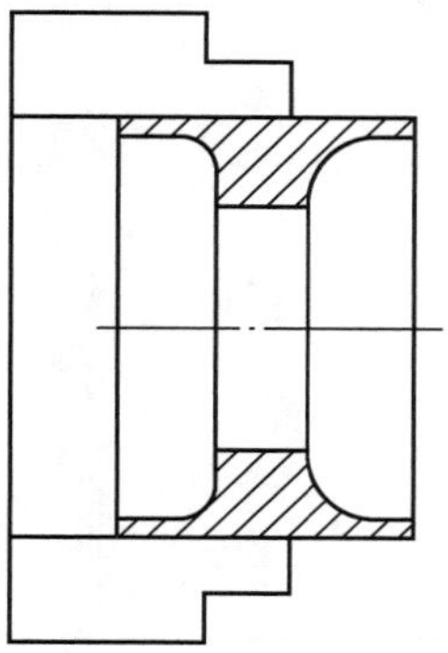
加工步骤五：装夹件二外圆毛坯加工右端轮廓，保证工件伸出长度不少于35mm；车端面，使用Φ25钻花钻孔	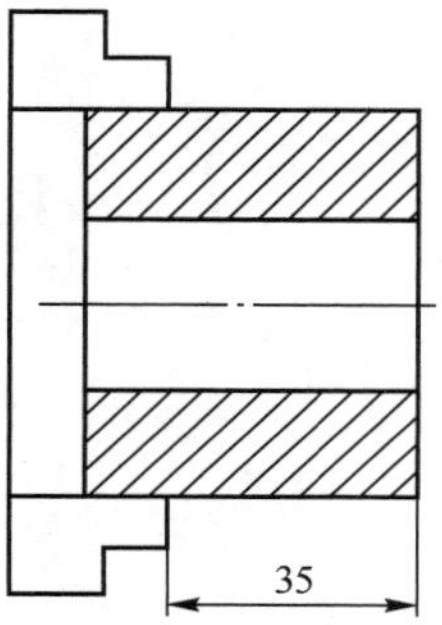 35
加工步骤六：粗、精加工内轮廓保证尺寸要求	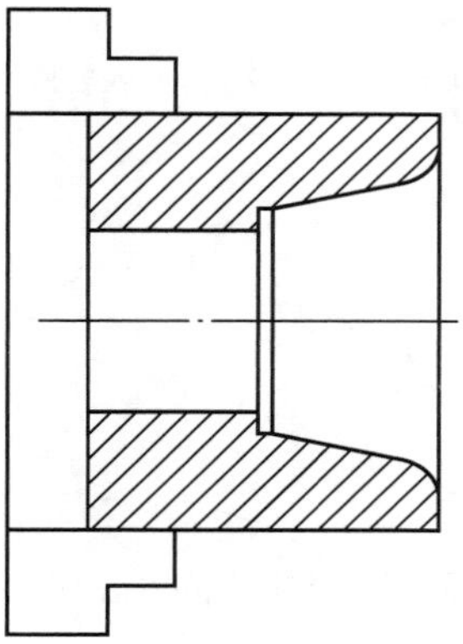
加工步骤七：粗、精加工外轮廓保证尺寸要求	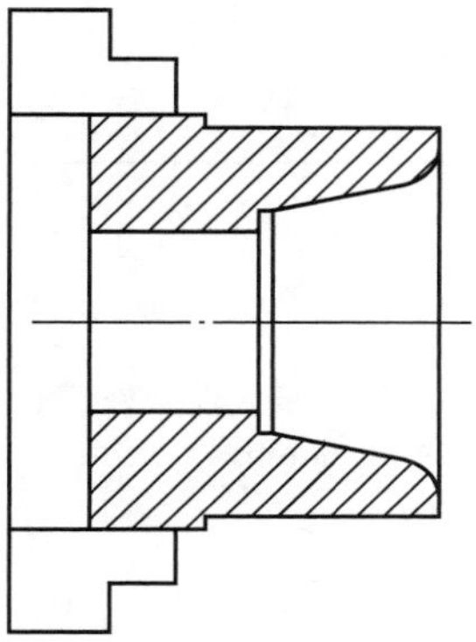

加工步骤八：加工外异形槽	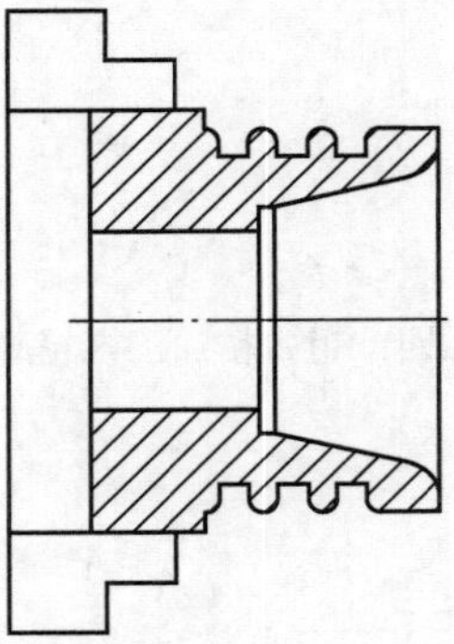
加工步骤九：调头装夹 Φ54 处，车端面保证总长	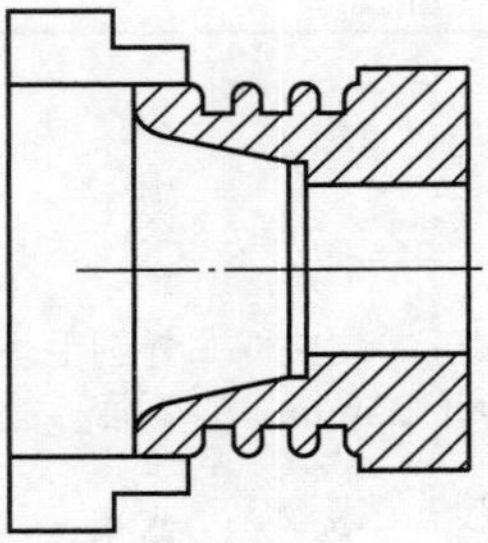
加工步骤十：粗、精加工内轮廓及内螺纹保证尺寸要求	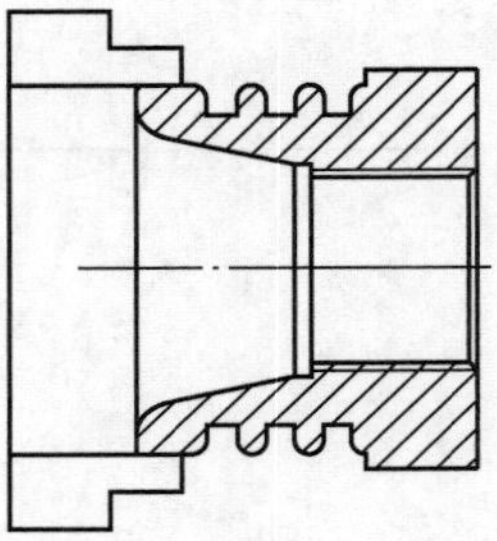
加工步骤十一：粗、精加工外轮廓保证尺寸要求	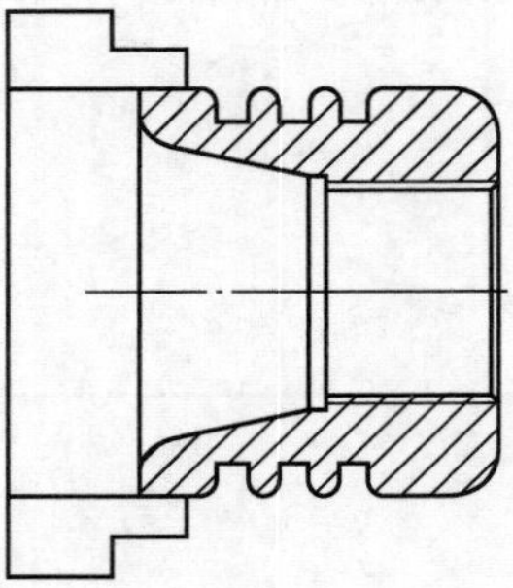
加工步骤十二：装夹件一外圆毛坯加工右端轮廓，保证工件伸出长度不少于 80mm	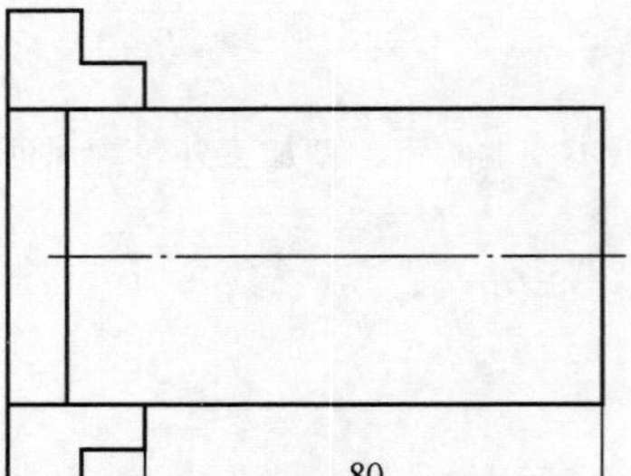 80

加工步骤十三：车端面，粗、精加工外轮廓保证尺寸要求	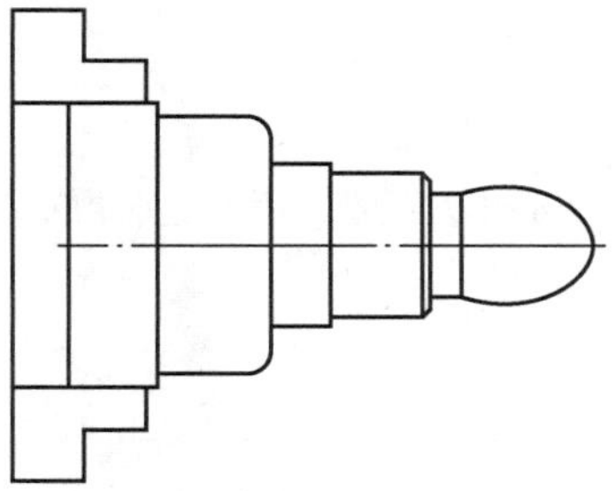
加工步骤十四：车退刀槽，粗、精加工外螺纹保证尺寸要求	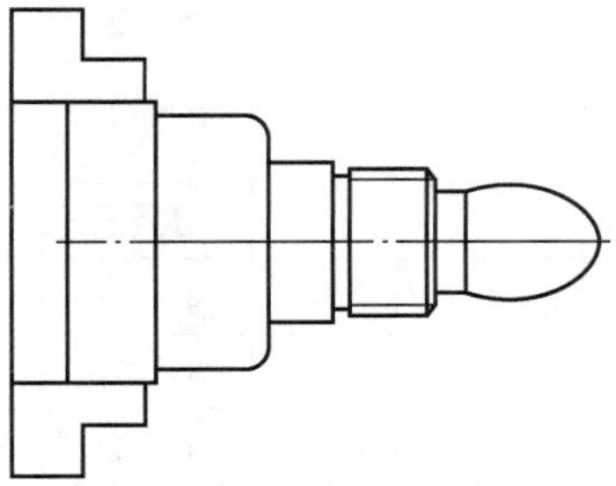
加工步骤十五：件一、件二、件三装配；粗、精加工件三外轮廓保证尺寸要求	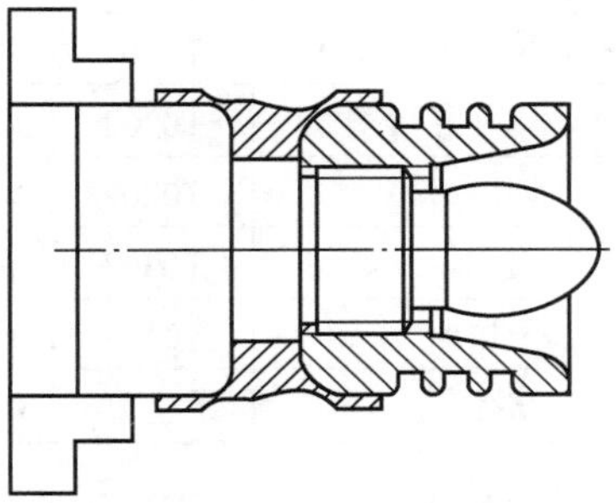
加工步骤十六：将件一调头装夹于 Φ34 处，使用 Φ25 钻花钻孔，车端面保证总长	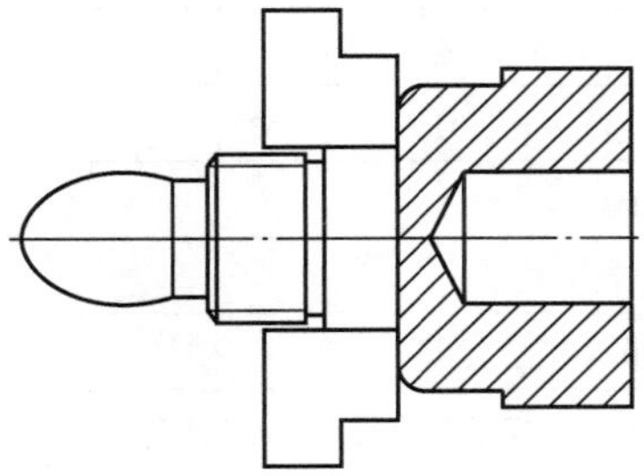
加工步骤十八：粗、精加工内轮廓保证尺寸要求	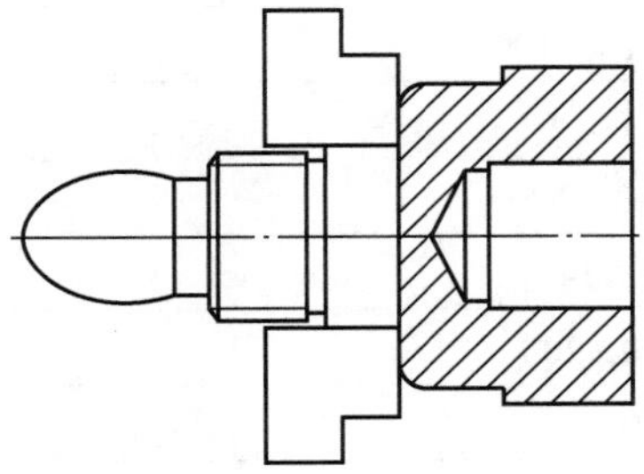

加工步骤十九：粗、精加工外轮廓保证尺寸要求	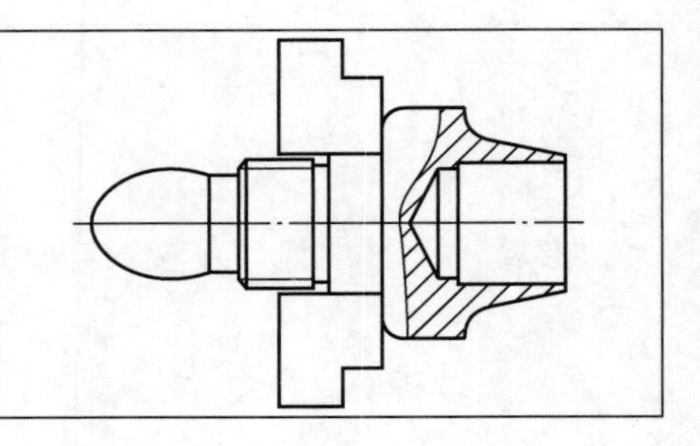

（三）填写加工工艺卡（表 13-5）

表 13-5　加工工艺卡

序号	内容	刀具		主轴转速 r/min	进给量 mm/min	背吃刀量 mm	备注
		刀具号	规格				
1	粗加工内轮廓	T0101	93°内镗刀（刀杆 Φ20）	800	150	1.3	
2	精加工内轮廓	T0101	93°内镗刀（刀杆 Φ20）	1200	120	1	
3	粗、精内螺纹	T0303	60°内螺纹（刀杆 Φ20）	500		0.2	
4	粗加工外轮廓	T0101	35°外圆刀（左偏刀）	800	180	1.3	
5	精加工外轮廓	T0101	35°外圆刀（左偏刀）	1200	120	1	
6	切外异形槽	T0202	切槽刀（刀宽 4mm）	600	40	4	
7	切退刀槽	T0202	切槽刀（刀宽 4mm）	600	40	4	
8	粗、精外螺纹	T0303	60°外螺纹	500		0.2	
9	平端面	T0404	45°外圆刀	800	100	1	
10	钻孔		Φ23 钻花	350			

（四）编写加工程序并在机床上完成加工

件三左端内轮廓程序	
%1111	程序名
T0101	调用 1 号刀具，1 号补偿
M03 S600	主轴正转转速为 600r/min
G00 X22 Z2	快速定位到 G71 循环起点
G71 U1 R0.5 P1 Q2 X-1 Z0.1 F150	G71 粗加工循环
N1 G41 G00 X56.0 S1200	快速定位，建立左刀补，精加工转速为 1200r/min
G01 Z0 F120	精加工轮廓
X54	
Z-13.5 R5	
N2 X34	
G00 Z200	快速退刀并取消刀补
G40 X100	
M30	程序结束

件三右端内轮廓程序	
%2222	程序名
T0101	调用 1 号刀具，1 号补偿
M03 S600	主轴正转速度为 600r/min
G00 X22 Z2	快速定位到 G71 循环起点
G71 U1.3 R0.5 P1 Q2 X-1 Z0.1 F180	G71 粗加工循环
N1 G41 G00 X56.0 S1200	定位到起切点，建立左刀补，确定精加工转速、精加工进给速度
G01 Z-7.45 F120	
X54	精加工程序
Z-14.5 R15.66	
X34	
N2 Z-36	
G00 Z200	快速退刀，取消刀补
G40 X100	
M30	程序结束
件二右端内轮廓程序	
%3333	程序名
T0101	调用 1 号刀具，1 号补偿
M03 S600	主轴正转速度为 600r/min
G00 X22 Z2.0	快速定位到 G71 循环起点
G71 U1 R0.5 P1 Q2 X-1 Z0.1 F180	G71 粗加工循环
N1 G41 G00 X50.0 S1200	定位到起切点，建立左刀补，确定精加工转速、精加工进给速度
G01 Z0 F120	
X40.3 R6	精加工程序
Z-3.24	
X32.0 Z-22.5	
N2 Z-24.5	
G00 X22	快速退刀，取消刀补
G40 Z200	
M30	程序结束
件二右端外轮廓程序	
%4444	程序名
T0101	调用 1 号刀具，1 号补偿
M03 S800	主轴正转速度为 800r/min
G00 X56 Z2	快速定位到 G71 循环起点
G71 U1.3 R0.5 P1 Q2 X1 Z0.1 F180	G71 粗加工循环

N1 G42 G00 X50 S1200	定位到起切点，建立左刀补，确定精加工转速、精加工进给速度
G01 Z0 F120	
X54.0 C0.5	精加工程序
N2 Z-30	
G00 X100	快速退刀，取消刀补
G40 Z100	
M30	程序结束
件二右端异形槽加工程序	
%5555	程序名
T0202	调用 2 号刀具，2 号补偿
M03 S200	主轴正转速度为 200r/min
G00 X56	快速定位到切槽起点
Z-30	
G01 X46 F40	加工异形槽
G00 X56	
Z-29	
G01 X46 F40	
G00 X56	
Z-32	
G02 X50 Z-30 R2	
G0 X56	
Z-27	
G01 X54 F40	
G03 X50 Z-29 R2 F40	
G0 X56	
Z-22	
G01 X46 F40	
G0 X56	
Z-21	
G01 X46 F40	
G0 X56	
Z-24	
G01 X54 F40	
G02 X50-22 R2 F40	
G00 X56	
Z-19	

G01 X54 F40	加工异形槽
G02 X50 Z-21 R2 F40	
G0 X56	
Z-14	
G01 X46 F40	
G0 X56	
Z-13	
G01 X46 F40	
G0 X56	
Z-16	
G01 X54 F40	
G03 X50 Z-14 R2F 40	
G0 X56	
Z-11	
G01 X54 F40	
G02 X50 Z-13 R2 F40	
G00 X100	快速退刀
Z100	
M30	程序结束
件二左端内轮廓加工程序	
%6666	程序名
T0101	调用 1 号刀具，1 号补偿
M03 S600	主轴正转速度为 600r/min
G00 X22 Z2	快速定位到 G71 循环起点
G71 U1 R0.5 G71 P1 Q2 X-1 Z0.1 F180	G71 粗加工循环
N1 G41 G00 X34 S1200	定位到起切点，建立左刀补，确定精加工转速、精加工进给速度
G01 Z0 F120	
X2852 C1.5	精加工程序
N2 Z-24	
X22	快速退刀，取消刀补
G00Z200	
M30	程序结束
件二左端内螺纹加工程序	
%7777	程序名
T0303	调用 3 号刀具，3 号补偿
M03 S300	主轴正转转速为 1000r/min

G00 X22 Z-6	快速定位到 G76 循环起点
G76 C2 R-2 E-5 A60 X30 Z-23 I0 K0.975 U0.1 V0.1 Q1.2 F1.5	G76 螺纹加工循环
G00 X25	快速退刀
Z200	
M30	程序结束
件二左端外轮廓加工程序	
%8888	程序名
T0101	调用 1 号刀具，1 号补偿
M03 S600	主轴正转速度为 600r/min
G00 X56 Z2	快速定位到 G71 循环起点
G71 U1.3 R0.5 P1 Q2 X1 Z0.1 F180	G71 粗加工循环
N1 G42 G00 X38.0 S1200	定位到起切点，建立左刀补，确定精加工转速、精加工进给速度
G02 X54 Z-7.05 R15.66	
N2 Z-30	精加工程序
G00 X100	快速退刀，取消刀补
G40 Z100	
M30	程序结束
件一左端外轮廓加工程序	
%9999	程序名
T0101	调用 1 号刀具，1 号补偿
M03 S600	主轴正转转速为 600r/min
G00 X57 Z3	快速定位到 G71 循环起点
G71 U1 R0.5 P1 Q2 X1 Z0.1 F180	G71 粗加工循环
N1 G42 G00 X0 S1200	快速定位，建立右刀补，精加工转速为 1500r/min
G01 Z0 F120	精加工轮廓
#1=-18	
WHILE[#1LE7]DO1	
#2=SQRT[1-#1*#1/324]*12.5	
G01X[2*#2]Z[-#1-18]	
#1=#1+0.15	
END1	
Z-32.5	
X29.7 C1	
Z-52.5	
X34.0 C0.5	
Z-64.5	

X44	精加工轮廓
G03 X54.0 Z-69.5 R5	
N2 G01 Z-70	
G00 X100	快速退刀并取消刀补
G40 Z100	
G00 X56 Z2	快速定位到 G70 循环起点
G00 X100	快速退刀
Z100	
M05	
M30	程序结束
件一左端退刀槽加工程序	
%0011	程序名
T0202	调用 2 号刀具，2 号补偿
M8	冷却液开
M3 S300	主轴正转转速为 300r/min
G00 X36 Z-52.5	快速定位到切槽起点
G01 X26 F40	退刀槽加工
G00 X100	快速退刀
Z200	
M30	程序结束
件一右端外螺纹加工程序	
%0022	程序名
T0303	调用 3 号刀具，3 号补偿
M8	冷却液开
M03 S300	主轴正转转速为 300r/min
G00 X32 Z-30	快速定位到 G76 循环起点
G76 C2 R-2 E5 A60 X28.05 Z-49.5 I0 K0.975 U0.1 V0.1 Q1.2 F1.5	G76 螺纹加工循环
G00 X150	快速退刀
Z200	
M30	程序结束
配车件三外轮廓加工程序	
%0033	程序名
T0101	调用 1 号刀具，1 号补偿
M08 M03 S600	冷却液开，主轴正转转速为 600r/min
G00 X61 Z2	快速定位到 G71 循环起点
G71 U1 R0.5 G71 P1 Q2 X1 Z0.1 F120	G71 粗加工循环

N1 G42 G01 X59.000 Z-0.376 F120	快速定位，建立右刀补，精加工转速为 1200r/min
G01 Z-8.400	精加工程序
G03 X58.743 Z-8.694 I-0.400 K0.000	
G02 X54.083 Z-11.764 I7.454 K-8.076	
G02 X52.090 Z-15.013 I8.669 K-4.436	
G02 X52.001 Z-15.457 I9.665 K-1.187	
G02 X52.059 Z-16.706 I6.272 K-0.480	
G02 X52.631 Z-17.913 I5.601 K0.690	
G02 X53.622 Z-19.212 I30.734 K10.970	
G03 X54.308 Z-20.709 I-4.464 K-1.811	
G03 X54.243 Z-22.151 I-8.185 K-0.536	
G02 X54.252 Z-23.432 I5.598 K-0.622	
G02 X54.794 Z-24.682 I6.609 K0.779	
G03 X55.380 Z-26.091 I-6.553 K-2.098	
G03 X55.266 Z-27.455 I-4.803 K-0.483	
G02 X55.068 Z-28.100 I10.439 K-1.938	
G02 X54.961 Z-28.652 I10.539 K-1.294	
G02 X55.060 Z-29.476 I3.183 K-0.223	
G02 X55.588 Z-30.249 I2.880 K0.552	
G02 X56.931 Z-31.234 I4.114 K2.084	
G02 X58.710 Z-32.092 I6.127 K5.463	
G03 X59.000 Z-32.400 I-0.255 K-0.308	
G01 Z-40	
G01 X60.200	
N2 G00 X61.693	
G00 X100	快速退刀并取消刀补
G40 Z100	
M30	程序结束
件一左端内轮廓加工程序	
%0044	程序名
T0404	调用 4 号刀具，4 号补偿
M03 S600	主轴正转转速为 600r/min
G00 X22 Z3	快速定位到 G71 循环起点
G71 U1 R0.5 P1 Q2 X1 Z0.1 F180	G71 粗加工循环
N1 G41 G00 X28 S1500	快速定位，建立右刀补，精加工转速为 1500r/min
G01 Z0 F150	

X26.0 C0.5	精加工轮廓
N2 Z-24	
G00 X22	快速退刀并取消刀补
G00 G40 Z200	
M30	程序结束
件一左端外轮廓加工程序	
%0055	程序名
T0101	调用 1 号刀具，1 号补偿
M03 S600	主轴正转转速为 600r/min
G00 X57 Z3	快速定位到 G71 循环起点
G71 U1 R0.5 P1 Q2 X1 Z0.1 F180	G71 粗加工循环
N1 G42 G00 X30.0 S800	快速定位，建立右刀补，精加工转速为 800r/min
G01 Z0 F150	
X32	精加工轮廓
X39.2 Z-17.7	
G02 X54.0 Z-22.5 R6	
N2 G01 Z-50	
G00 X100	快速退刀并取消刀补
G40 Z200	
M05	主轴停止
M30	程序结束

（五）评分标准（表 13−6）

表 13-6　评分标准

姓名		图号			总得分			
序号	件一考核项目	考核内容及要求		配分	评分标准	检测结果	扣分	得分
1	外轮廓（18.5）	Φ22 $^{0}_{-0.05}$	IT	1	每超差 0.02 扣 1 分			
2		Φ25 $^{0}_{-0.05}$	IT	1				
3		Φ34 $^{0}_{-0.05}$	IT	1				
4		Φ54 $^{0}_{-0.05}$	IT	1				
5		R6	IT	2	R 规检测轮廓错误不得分			
6		R5	IT	2				
7		椭圆	IT	3	样板规检测轮廓错误不得分			
8		22.5	IT	0.5	超差不得分			
9		32.5	±0.1	0.5				

续表

序号	件一考核项目	考核内容及要求		配分	评分标准	检测结果	扣分	得分
10	外轮廓（18.5）	52.5	±0.1	0.5	超差一处扣 1 分			
11		64.5	±0.1	0.5				
12		3×2	±0.1	0.5				
13		C1	IT	0.5				
14		锐边倒钝 C0.5	IT	1.5				
15		Ra1.6	IT	3				
16	内轮廓（4.5）	$\Phi26^{+0.04}_{0}$	IT	1.5	每超差 0.02 扣 1 分			
17		24	±0.1	1	超差不得分			
18		锐边倒钝 C0.5	IT	1	超差一处扣 1 分			
19		Ra1.6	IT	1				
20	外螺纹（10）	M30×1.5-6g	IT	10	合格得 10 分			
21		表面粗糙度	IT	一项不合格扣 2 分				
22		大径	IT					
23		螺距	IT					
24		牙型	IT					
25		17	IT					
26	全长及表面质量（4）	105±0.06	IT	2	每超差 0.02 扣 1 分			
27		整体表面质量	IT	2	一般扣 1 分			
28			IT		差或未完成扣 2 分			
姓名		图号			总得分			
序号	件二考核项目	考核内容及要求		配分	评分标准	检测结果	扣分	得分
1	外轮廓（9）	$\Phi46^{0}_{-0.08}$	IT	1	每超差 0.02 扣 1 分			
2		$\Phi54^{0}_{-0.05}$	IT	1				
3		4	±0.1	0.5	超差不得分			
4		R2	IT	2	R 规检测轮廓错误不得分			
5		R15.66	IT	2				
6		锐边倒钝 C0.5	IT	0.5	超差一处扣 1 分			
7		Ra1.6	IT	2				
8	内轮廓（7）	Φ32	+0.1	0.5	超差不得分			
9		24.5	±0.1	0.5				
10		23°	IT	2	样板规检测轮廓错误不得分			

续表

序号	件二考核项目	考核内容及要求		配分	评分标准	检测结果	扣分	得分
11		R6	IT	2	R 规检测轮廓错误不得分			
12		锐边倒钝 C0.5	IT	1	超差一处扣 1 分			
13		Ra1.6	IT	1				
14	内螺纹（10）	M30×1.5-6G	IT	10	合格给 10 分			
15		表面粗糙度	IT	一项不合格扣 2 分				
16		大径	IT					
17		螺距	IT					
18		牙型	IT					
19		23	IT					
20	全长及表面质量（4）	47.5±0.06	IT	2	每超差 0.02 扣 1 分			
21		整体表	IT	2	一般扣 1 分			
22		面质量	IT		差或未完成扣 2 分			
姓名		图号			总得分			
序号	件三考核项目	考核内容及要求		配分	评分标准	检测结果	扣分	得分
1	外轮廓（6）	$\Phi59^{0}_{-0.05}$	IT	1	每超差 0.02 扣 1 分			
2		曲线	IT	3	样板规检测轮廓错误不得分			
3		锐边倒钝 C0.5	IT	1	超差一处扣 1 分			
4		Ra1.6	IT	1				
5	内轮廓（11）	$\Phi59^{+0.04}_{0}$	IT	1	每超差 0.02 扣 1 分			
6		$\Phi34^{+0.04}_{0}$	IT	1				
7		13.5	±0.1	0.5	超差不得分			
8		14.5	±0.1	0.5				
9		R5	IT	2	R 规检测轮廓错误不得分			
10		R15.66	IT	2				
11		锐边倒钝 C0.5	IT	2	超差一处扣 1 分			
12		Ra1.6	IT	2				
13	全长及表面质量（4）	40±0.06	IT	2	每超差 0.02 扣 1 分			
14		整体表面质量	IT	2	一般扣 1 分			
15			IT		差或未完成扣 2 分			

续表

姓名		图号		总得分			
序号	配合考核项目	考核内容及要求	配分	评分标准	检测结果	扣分	得分
1	件一、件三的配合		4	R5 圆弧面配合接触率≥70%得 2 分			
				圆柱面配合接触率≥70%得 2 分			
2	件一、件二的配合		3	螺纹配合，松紧合适得 3 分			
3	件二、件三的配合		2	R15.66 圆弧面配合接触率≥70%得 2 分			
4	件一、件二、件三的配合		3	配合总长 100±0.1 合格得 3 分，每超差 0.01 扣 1 分			

（六）任务总结

通过对教学案例三的加工，思考自动生成程序的优缺点。

四、数控车床教学案例四（火箭模型六件套装配加工）

火箭模型六件套装配图及各零件图：

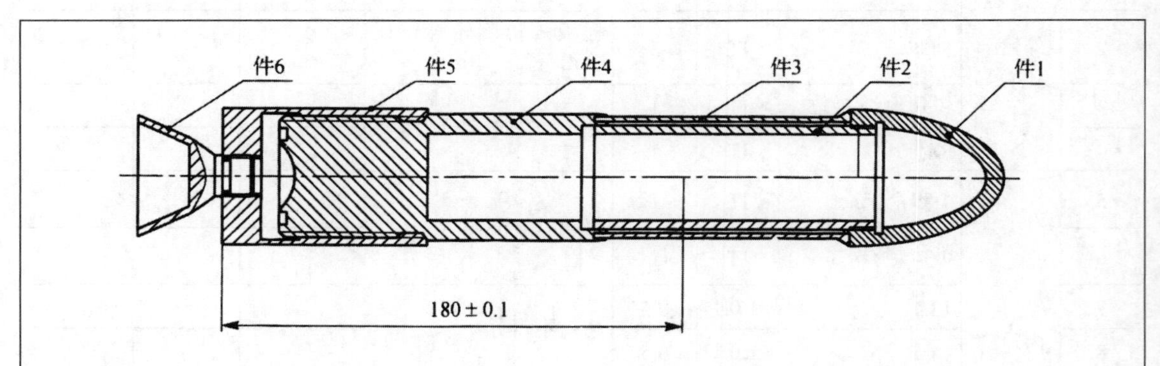

技术要求

1．件 1 与件 3、件 4 与件 5 结合面应平整无间隙

2．组装后各件间同轴度应小于 0.05

名称	火箭模型装配图	第 1 页	比例	1:1	图形	SKC007
		共 7 页	数量	1	材料	铝合金
设计		审核		单位	西安航空职业技术学院	标记
校队		批准				

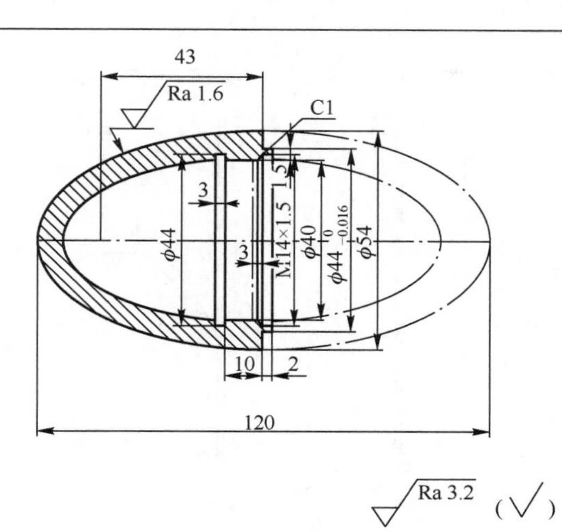

技术要求

1. 工件表面不能有磕碰、划痕、毛刺等
2. 未注公差为IT11～IT9

名称	火箭模型（件1）	第2页	比例	1:1	图形	SKC001
		共7页	数量	1	材料	ZL102

设计		审核		单位	西安航空职业技术学院	标记
校队		批准				

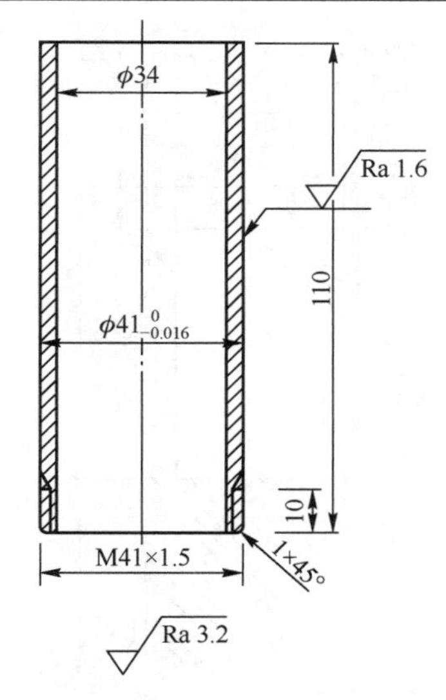

技术要求

1. 工件表面不能有磕碰、划痕、毛刺等
2. 未注公差为IT11～IT9

名称	火箭模型（件2）	第3页	比例	1:1	图形	SKC002
		共7页	数量	1	材料	不锈钢

设计		审核		单位	西安航空职业技术学院	标记
校队		批准				

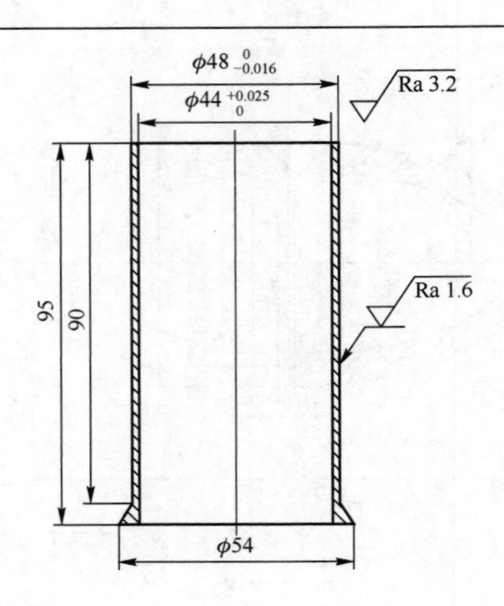

技术要求

1. 工件表面不能有磕碰、划痕、毛刺等
2. 未注公差为 IT11～IT9

名称	火箭模型(件 3)	第 4 页	比例	1:1	图形	SKC003
		共 7 页	数量	1	材料	ZL102

设计		审核		单位	西安航空职业技术学院	标记
校队		批准				

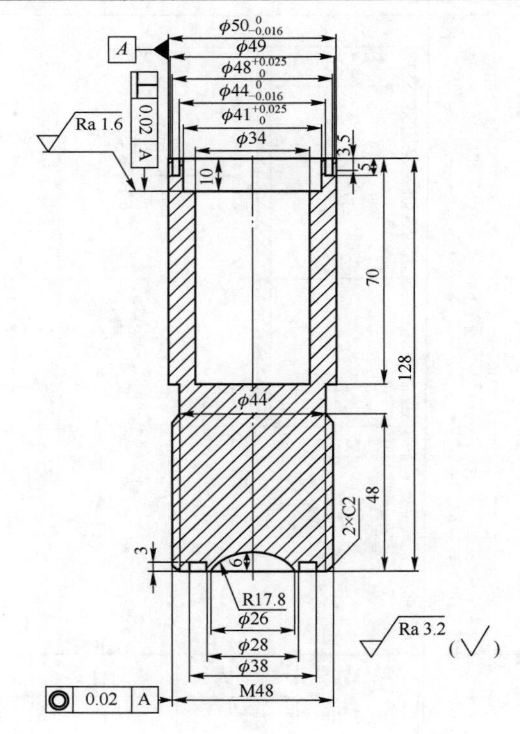

技术要求

1. 工件表面不能有磕碰、划痕、毛刺等
2. 未注公差为 IT11～IT9

名称	火箭模型（件 4）	第 5 页	比例	1:1	图形	SKC004
		共 7 页	数量	1	材料	ZL102
设计		审核		单位	西安航空职业技术学院	标记
校队		批准				

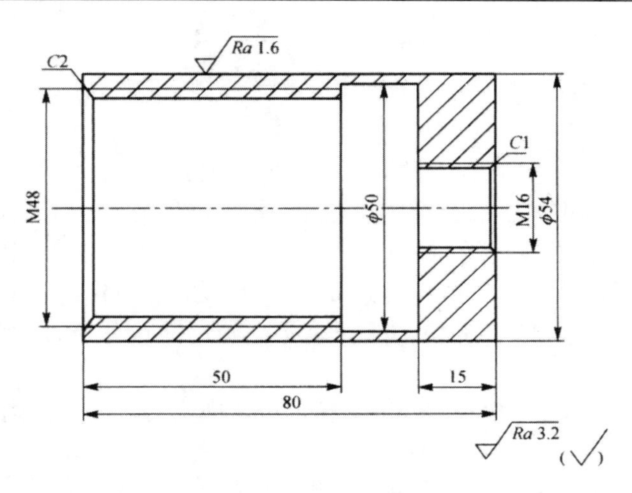

技术要求

1．工件表面不能有磕碰、划痕、毛刺等

2．未注公差为 IT11～IT9

名称	火箭模型（件 5）	第 6 页	比例	1:1	图形	SKC007
		共 7 页	数量	1	材料	ZL102
设计		审核		单位	西安航空职业技术学院	标记
校队		批准				

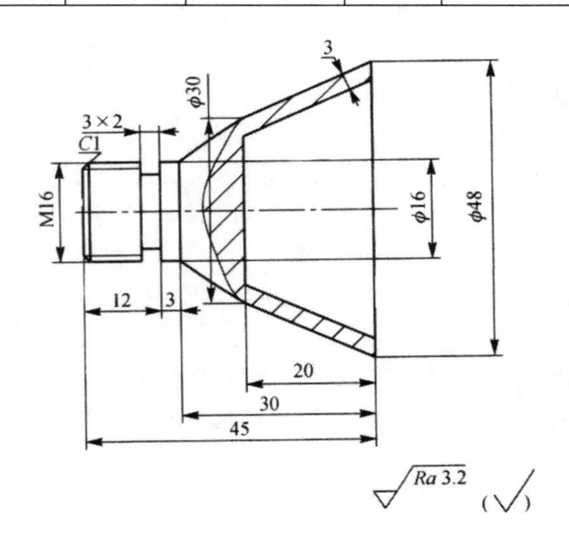

技术要求

工件表面不能有磕碰、划痕、毛刺等

未注公差为 IT11～IT9

名称	火箭模型（件6）	第7页	比例	1:1	图形	SKC007
		共7页	数量	1	材料	ZL102
设计		审核		单位	西安航空职业技术学院	标记
校队		批准				

（一）件1任务知识

1. 薄壁件的特点

对于薄壁套筒类零件，普遍存在的问题是壁薄，假如用卡盘直接装夹，零件就会发生变形；另外加工过程中，薄壁零件还会在切削力的作用下产生变形，而造成零件报废。因此必须采取补强措施，即加工内孔及内端面时应从外侧补强；加工外圆及外端而时，应从内侧补强，往往从内向外胀，既可以提高薄壁的强度又可以提高工艺系统的刚性。此类零件往往采用端面及内、外圆柱面作为定位基准，定位方式常采取不完全定位方式，所以有时会设计专用的数控车削夹具。

薄壁套筒类零件是机械中常见的一种零件，广泛应用在各工业部门。例如，支承旋转轴的各种形式的滑动轴承、夹具上引异刀具的导向套、内燃机气缸套、液压系统中的液压缸以及一般用途的套筒。由于其功用不同，套筒类零件的结构和尺寸有着很大的差别，但其结构上仍有共同点，即零件的主要表面为同轴度要求较高的内外圆表面，零件壁的厚度较薄且易变形，零件长度一般大于直径等。同时它具有重量轻、节约材料、结构紧凑等特点。但薄壁零件的加工车削中比较棘手的问题是薄壁零件刚性差，强度弱，在加工中极容易变形，使零件的形位误差增大，不易保证零件的加工质量。为此对薄壁零件的装夹、刀具的选用、切削用量的选择要合理，保证薄壁零件加工质量。

2. 车削薄壁套筒零件对刀具的要求

车削薄壁套筒零件时选择合理切削用量和刀具几何角度是至关重要的，只有选择合理才能取得良好的切削效果。

（1）选用合理的切削用量。

薄壁零件车削时变形是多方面的，装夹工件时的夹紧力，切削工件时的切削力，工件阻碍刀具切削时产生的弹性变形和塑性变形，使切削区温度升高而产生热变形。

切削力的大小与切削用量密切相关，从“金属切削原理”相关书籍中可知，背吃刀量ap、进给量f和切削速度V_c是切削用量的三个要素。

1）背吃刀量和进给量同时增大，切削力也增大，变形也大，对车削薄壁零件极为不利。

2）减少背吃刀量，增大进给量，切削力虽然有所下降，但工件表面残余面积增大，表面粗糙度值大，使强度不好的薄壁零件的内应力增加，同样也会导致零件的变形。所以，粗加工时，背吃刀量和进给量可以取大些；精加工时，背吃刀量一般为 0.2～0.5mm，进给量一般为0.1～0.2mm/r，甚至更小，切削速度为6～120m/min，精车时用尽量高的切削速度，但不宜过高。合理选用三要素就能减少切削力，从而减少变形。

（2）合理选择刀具的几何角度。

在薄壁零件的车削中合理的刀具几何角度对车削时切削力的大小、车削中产生的热变形、工件表面的微观质量都是至关重要的。刀具前角大小，决定着切削变形与刀具前角的锋利程度。

前角大，切削变形和摩擦力减小，切削力减小，但前角太大，会使刀具的楔角减小，刀具强度减弱，刀具散热情况变差，磨损加快。所以一般车削钢件材料的薄壁零件时，刀具的后角大，摩擦力小，切削力也相应减小，但后角过大也会使刀具强度减弱。在车削薄壁零件时，精车时取较大的后角，粗车时取较小的后角。主偏角为 30°～90°，车薄壁零件的内外圆时取大的主偏角，副偏角为 8°～15°，精车时取较大的副偏角，粗车时取较小的副偏角。

3. 件 1 工艺分析

火箭模型（件 1）是带有内螺纹孔及椭球面的薄壁类零件，结构比较简单，但精度要求高，加工比较困难，适合在数控车床上加工。其难点是内椭球面的加工和薄壁的加工。外圆精度较高的是端面上 2mm 宽的 Φ44mm 的圆，公差为 0.016mm，其他尺寸精度为未注公差，按照 IT11～IT19 加工。外椭球表面粗糙度为 Ra1.6μm；内椭球面表面粗糙度为 Ra3.2μm，螺纹内孔与外圆 Φ54mm 的同轴度要求要高。内外表面不能有磕碰、划痕、毛刺等，表面要光滑，而且内表面是实心的，加工时注意刀具的正确使用。件 1 数控加工工艺过程见表 13-7。

表 13-7　件 1 数控加工工艺过程

数控加工工艺过程综合卡片			产品名称	零件名称	零件图号	材料
厂名（或院校名称）			火箭模型组合件工艺品	火箭模型（件 1）	SKC001	ZL102
序号	工序名称	工序内容及要求	工序简图		设备	夹具
1	下料	毛坯棒料 Φ60mm×65mm（留夹持量）和辅助棒料 Φ60mm×40mm	略		锯床	略
2	钻中心孔	加持毛坯外圆打中心孔	略		CK6140	三爪自定心卡盘
3	钻孔	以毛坯外圆为夹持面，用 Φ12mm 的钻头钻 30mm 深	φ12		CK6140	三爪自定心卡盘
4	扩孔	以毛坯外圆为夹持面，用 Φ20mm 的钻头钻 30mm 深	φ12　φ20　40		CK6140	三爪自定心卡盘

续表

序号	工序名称	工序内容及要求	工序简图	设备	夹具
5	加工内轮廓	以毛坯外圆为夹持面加工端面和Φ44mm的外圆、40mm的内孔和内椭圆面、3×Φ44mm的内螺纹退刀槽、M41mm×1.5的内螺纹	3 C1 1.5 φ44 φ40 M41×1.5 $\phi44_{-0.016}^{0}$ φ54 10 2	CK6140	三爪自定心卡盘
6	加工辅助件	以毛坯外圆为夹持面，加工端面和Φ41mm的外圆后加工M41×1.5mm的外螺纹	C1.5 φ60 M41×1.5 12 15 40	CK6140	三爪自定心卡盘
7	加工外椭球面	夹持辅助件的毛坯外圆，内外螺纹旋合加工外椭球面	φ54	CK6140	三爪自定心卡盘
8	检验	通用量具检测各部分精度	略	CK6140	三爪自定心卡盘

4. 件1加工的工艺过程分析

（1）根据技术要求，零件外圆曲面应光滑无刀痕、无毛刺，且尺寸精度和表面粗糙度要求较高。因此，外椭球面需一次装夹加工完成，并按粗车、精车两个工步进行车削，粗、精加工刀具应分开。

（2）外椭球面车削时无装夹的地方，内轮廓有内螺纹，因此可以想到用工艺辅助件，配合加工外椭球面（见表13-7中的工序7）。

（3）内椭球面加工也有一定困难，相当于端面圆弧，因此在选择刀具时，刀具的主副偏角要大，这样才能保证刀具加工到内椭球面底部时，刀具和工件已加工表面不发生干涉情况，而且刀具在安装时，刀尖要对准工件回转中心线，如图13-9所示。

（4）注意内螺纹孔与外圆的同轴度要求及端面与外圆中心线的垂直度要求都很高。因此，以毛坯外圆为基准加工大端面及内螺纹时，必须采用先加工外圆表面，再加工大端面和内螺纹

的方法来减小工件的圆周跳动，并用百分表找正，才能保证加工要求。另外，车端面时要保证总长尺寸。

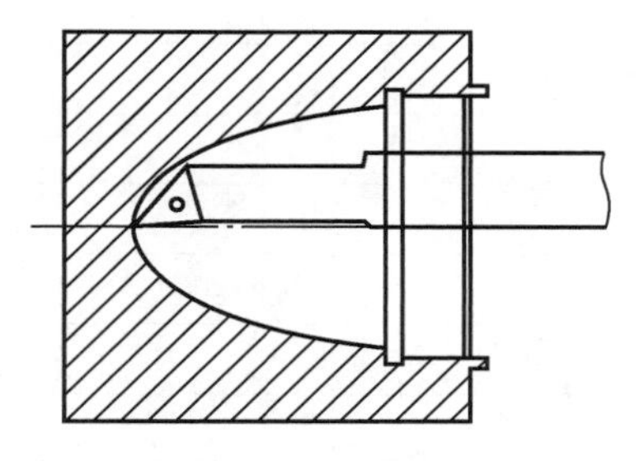

图 13-9 内椭球面刀具选择与安装

5. 火箭模型（件 1）刀具及切削用量的选择

根据上述对薄壁零件特点和刀具要求的分析，选择件 1 刀具切削参数见表 13-8。

表 13-8 件 1 刀具切削参数

序号	加工面	刀具号	刀具规格		主轴转速 n/（r·min^{-1}）	进给速度 V/（mm·r^{-1}）
			类型	材料		
1	以内圆为基准粗车端面及外圆	T0404	90°偏刀（机夹式）	涂层刀	600	0.2
2	粗车内轮廓面	T0101	内孔圆弧刀（机夹式）		600	0.2
3	精车内轮廓	T0101	内孔圆弧刀（机夹式）		1200	0.1
4	加工内沟槽	T0303	沟槽刀（机夹式）		300	0.08
5	加工内三角螺纹	T0202	内三角螺纹刀（机夹式）		600	--
6	粗车外椭球及端面	T0101	90°偏刀（机夹式）		600	0.2
7	精车外椭球及端面	T0101	尖刀（机夹式）		1300	0.1

6. 件 1 数控加工程序单

件 1 数控加工程序单见表 13-9。

表 13-9 件 1 数控加工程序单

加工程序	程序注释
%0001	加工件 1 内轮廓
M03 S500	主轴正转转速为 500r/min
T0404	镗孔刀 4 号刀
G00 X20 Z2	快速定位
G71 U1 R0.5 P10 Q20 X-0.5 Z.1 F100	粗加工内孔
N10 G00 X41 S1200	--
G01 Z0 F100	--
Z-2	--

续表

加工程序	程序注释
X39.5 Z-3	--
Z-15	--
N20 X20	--
G00 Z200	--
M05	暂停测量
M00	--
M03 S300	--
T0303	换三号内沟槽车刀
G00 X38	--
Z-15	--
G01 X44 F20	切槽
G04 P1	暂停 1S
G01 X38 F20	退刀
G00 Z200	快速退刀
M03 S600	--
T0202	换 2 号三角螺纹车刀
G00 X38 Z5	--
G82 X39.9 Z-13 F1.5	加工螺纹
X40.3	
X40.6	
X40.9	
X41.3	
X41.45	
G00 Z200	退刀
M05	主轴停止
M00	--
M03 S600	--
T0101	换 1 号端面圆弧车刀
#9=40	--
N40 G00 X38 Z[#9]	--
#1=90	椭圆起始角度为 90°
N30 #2=40*SIN[#1]	直径方向变量计算公式
#3=50*COS[#1]-5	长度方向变量计算公式
G64 G01 X #2 [#3+#9] F100	椭圆边直线步进

续表

加工程序	程序注释
IF[#1 LE180] GOTOT30	条件转移
G00 Z[5+9#]	--
#9=#9-2	循环加工
IF[#9 GE 0] GOTOT40	条件转移
G00 Z200	退刀
M30	程序结束
O0002	粗加工件 1 外轮廓
M30 S600	--
T0101	--
#9=60	设定毛坯 Φ60mm
#11=0.25	进给速度设定
M98 P0002	调用子程序
G00 X100 Z100	--
M05	--
M00	暂停测量
M03 S1300	精加工件 1 外轮廓
T0101	--
#9=0	--
#11=0.1	进给速度设定
G00 X0 Z2	--
G01 Z0 F100	定位起点
M98 P0002	--
G00 X100 Z100	快速退刀
M30	程序结束
O0002	椭圆轮廓加工子程序
N20 G00 X62	--
Z5	--
X#10	--
#1=60	设定毛坯
#2=27	--
#3=0	--
N10 #4=2*[#2]*SIN[#3]+#9	--
#5=#1*COS[#3]-#1	--
IF[#4 GT60] GOTO30	条件转移

续表

加工程序	程序注释
G64 G01 X#4 Z#5 F#11	连续进给
#3=#3+0.8	角度累加
IF[#3 LE90] GOTO10	条件转移
N30 #9=#9-4	--
IF[#9 GT 1] GOTO20	--
M99	子程序结束

（二）件 2 任务知识

1. 薄壁工件的加工特点

车削薄壁工件时，由于工件的刚度低，在车削过程中，可能呈现以下一些特点。

（1）因工件壁较薄，在夹紧力的作用下容易产生变形，从而影响工件的尺寸精度和形状精度。

（2）因工件壁较薄，切削热会引起工件热变形，使工件尺寸难以控制。

（3）在切削力尤其是背向力的作用下，容易产生振动和变形，影响工件的尺寸精度、表面粗糙度、形状精度和位置精度。

2. 防止和减少薄壁工件变形的方法

（1）把薄壁工件的加工分为粗车和精车两个阶段。粗车时夹紧力稍大些，变形虽然也相应大些，但是由于切削余量比较大，不会影响工件的最终精度；精车时夹紧力可稍小些，一方面夹紧变形小，另一方面精车时还可以消除粗车时因切削力过大而产生的变形。

（2）合理选择刀具的几何参数。精车薄壁工件时，要求刀柄的刚度高，车刀的修光刃不宜过长（一般取为 0.2～0.3 mm），刃口要锋利。

（3）增加装夹接触面积。使用开缝套筒或特制的软卡爪，如图 13-10 所示，增大装夹时的接触面积，使夹紧力分布在薄壁工件上，避免加紧时工件产生变形。

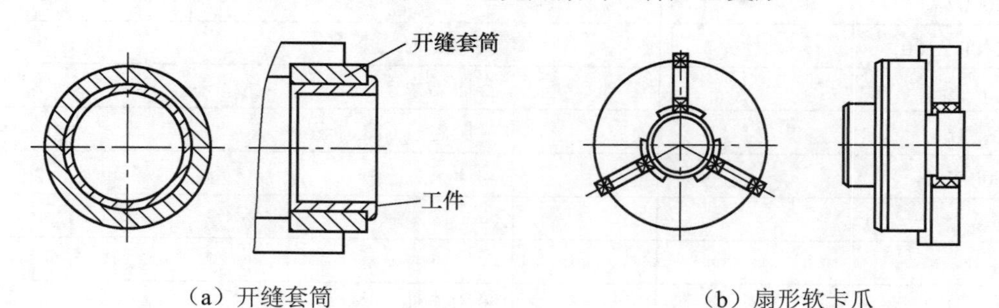

（a）开缝套筒　　（b）扇形软卡爪

图 13-10　开缝套筒和软爪卡盘

（4）应用轴向夹紧夹具。车削薄壁工件时，尽量不使用径向夹紧，而优先选用轴向夹紧的方法，如图 13-11 所示。薄壁工件装夹在车床夹具体内，用螺母的端面来夹紧工件，使夹紧力 F 沿工件轴向分布，这样可以防止薄壁工件内孔产生夹紧变形。

（5）增加工艺肋。有些薄壁工件可以在其装夹部位特制几根工艺肋，以增强刚度，使夹紧力更多地作用在工艺肋上，以减少工件的变形。加工完毕后，再去掉工艺肋，如图 13-12 所示。

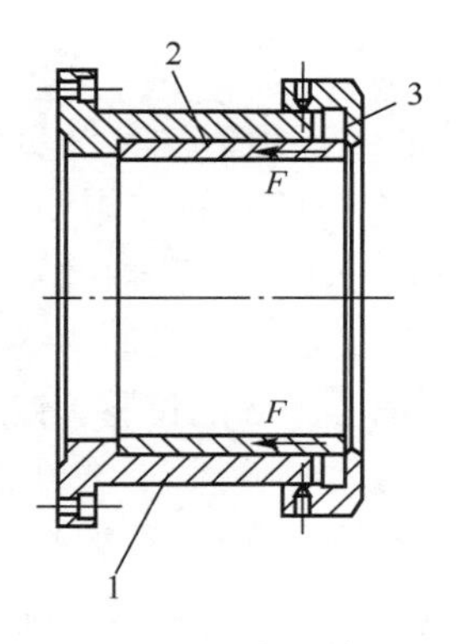

1—夹具体；2—薄壁工件；3—螺母

图 13-11 轴向夹紧夹具

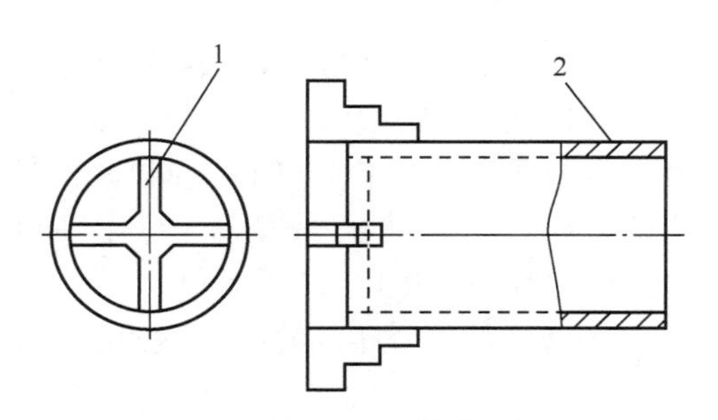

1—工艺肋；2—薄壁工件

图 13-12 增强工艺肋防止薄壁工件变形

（6）浇注充分的切削液。浇注充分的切削液可降低切削温度减少工件热变形，是防止和减少薄壁工件变形的有效方法。

3. 车削薄壁工件时切削用量的选择

针对薄壁工件刚度低易变形的特点，车削薄壁工件时应适当降低切削用量。实践中一般按照中速、小吃刀和快进给的原则来选择，具体参数见表 13-10。

表 13-10 车削薄壁工件时的切削用量

加工性质	切削速度 V_c/min^{-1}	进给量 f/（mm·r^{-1}）	背吃刀量 ap/mm
粗车	70～80	0.6～0.8	1
精车	100～120	0.15～0.25	0.3～0.5

4. 偏心工件的特点

偏心工件的特点介绍如下：

（1）在机械传动中，一般多采用曲柄滑块机构来实现运动形式的转换，使回转运动转变为往复直线运动或使往复直线运动转变为回转运动，偏心轴、曲柄、曲轴都是偏心工件的实例。

（2）偏心工件就是外圆与外圆、内孔与外圆的轴线平行但不重合的工件。其中，外圆与外圆偏心的工件称为偏心轴；外圆与内孔的轴线相互平行但不重合的工件，称为偏心套。两轴线之间的距离称为偏心距 e。

（3）偏心轴、偏心套一般都在车床上加工，其加工基本原理基本相同，都是通过采取适当的装夹方法将需要加工的偏心外圆或内孔的轴线校正到与机床主轴轴线重合的位置后，再进行车削。

（4）根据偏心工件的数量、形状、偏心距的大小和精度不同，偏心工件可以在车床上用三爪自定心卡盘、四爪单动卡盘和用两顶尖装夹进行车削。在成批生产或偏心距精度要求较高时，则采用专用偏心夹具车削。

（5）三爪自定心卡盘上车削偏心工件垫片厚度计算公式为

$$x=1.5e+k$$

$$K\approx 1.5\Delta e$$

$$\Delta e = e - e_{测}$$

其中，x 为垫片厚度（mm）；e 为工件偏心距（mm）；k 为偏心距修正值，其正负值按实测结果确定（mm）；Δe 为试切后的实测偏心距误差值（mm）；e 测为试切后的实测偏心距（mm）。

（6）偏心的基本原理。把所要加工偏心部分的轴线找正到与车床主轴轴线重合，在三爪自定心卡盘的任意一个卡爪与工件基准外圆柱面（已加工好）的接触部位之间，垫上一预先选好厚度的垫片，使工件的轴线相对车床主轴轴线产生等于工件偏心距 e 的位移，夹紧工件后即可车削，垫垫片的卡爪应做好标记。

（7）偏心工件偏心距的检测。一般用百分表在两顶尖之间检测和在 V 形架上检测偏心距。

1）两顶尖之间检测偏心距。两端有中心孔、偏心距较小、不易放在 V 形架上测量的偏心轴类工件可以在两顶尖间检测偏心距。检测时，将百分表测量杆触头垂直轴线接触在偏心部位，用手均匀缓慢转动一周，百分表指示的最大值与最小值之差的一半即为偏心距，将偏心套套在心轴上，用两顶尖支撑，可用同样的方法，检测偏心套工件的偏心距。

2）在 V 形架上检测偏心距。无中心孔或长度较短，偏心距 e<5mm 的偏心工件，可在 V 形架上检测偏心距。检测时，将工件基准圆柱置放在 V 形架上，百分表测量杆触头垂直基准轴线接触在工件偏心部位，用手均匀缓慢转动一周，百分表指示的最大值与最小值之差的一半即为偏心距。

（8）偏心工件装夹实操技巧如下。

1）装夹工件时，工件轴线不能歪斜，以免影响加工质量。

2）为保证偏心轴两轴线平行，装夹时应用百分表校正工件外圆，使外圆侧素线与车床主轴轴线平行。

3）选择具有足够硬度的材料做垫片，以防装夹时发生挤压变形。

4）垫片与卡爪接触的一面应做成与卡爪圆弧相匹配的圆弧面，否则垫片与卡爪之间会产生间隙，造成偏心距误差。

5）在调整垫片厚度、垫垫片时要认准同一个卡爪，以免因卡爪的同轴度误差，使找准偏心距麻烦。

（9）偏心工件加工时应注意的事项如下。

1）由于工件偏心，在开车前车刀不能靠近工件，以防工件碰撞车刀。

2）初学者车偏心工件时，建议采用高速钢车刀车削。

3）为了保证偏心零件的工作精度，在车削偏心工件时，应注意控制轴线间的平行度和偏心距的精度。

5. 件 2 工艺分析

件 2 是一件典型的薄壁回转体零件，此零件的外圆尺寸为 Φ41mm，上偏差为 0，下偏差为–0.016mm，表面粗糙度为 Ra1.6μm，此外还要在外径上加工一个 M41×1.5 的外三角螺纹，结构简单，精度要求严格。内孔的尺寸为 Φ34mm，没有标注精度公差，但技术要求是未注公差按照 IT11～IT9 来加工，内孔与外圆的同轴度和端面与外圆的垂直度要高，总长尺寸精度为 110mm。其中外圆偏心 1mm，属于偏心轴加工，并要与火箭模型（件 4）内孔偏心形成偏心套配合，增加配合的牢固性。整个工件表面不能有磕碰、划痕和毛刺等。件 2 数控加工工艺过程见表 13-11。

表 13-11 件 2 数控加工工艺过程

数控加工工艺过程综合卡片			产品名称	零件名称	零件图号	材料
厂名（或院校名称）			火箭模型组合	火箭模型（件 2）	SKC002	不锈钢
序号	工序名称	工序内容及要求	工序简图		设备	夹具
1	下料	棒料为 Φ45mm × 130mm，留夹持量	略		锯床	略
2	钻中心孔	用一夹一紧的方式在工件一端车工艺台阶，加紧 15mm 钻中心孔	略		CK6140	三爪自定心卡盘
3	加工外轮廓	夹工艺台阶外圆，顶住中心孔粗、精车外圆至 Φ41mm，长 112mm，粗、精车外螺纹，取下工件，夹 Φ41mm 外圆，切断保证总长 110mm	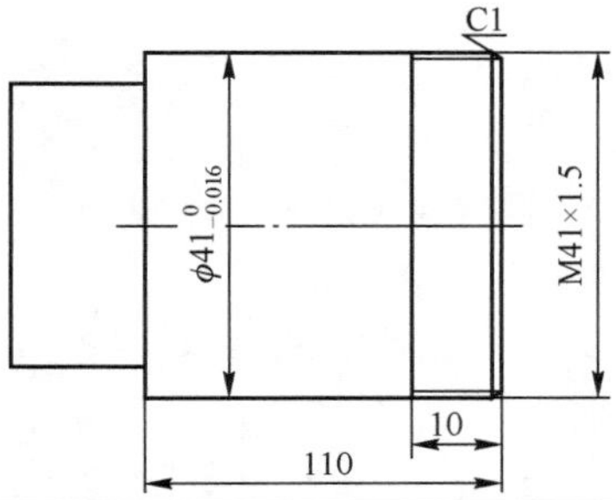 C1 $\phi41_{-0.016}^{0}$ M41×1.5 10 110		CK6140	三爪自定心卡盘
4	加工工艺夹具	用 45#钢件加工弹簧夹套外圆 Φ 43.3mm，内孔 Φ41.3mm，长为 60mm	$\phi43.3$ $\phi41.3$ 60		CK6140	三爪自定心卡盘
5	钻孔	用弹簧夹套夹住 Φ41mm 外圆，钻孔至 Φ20mm	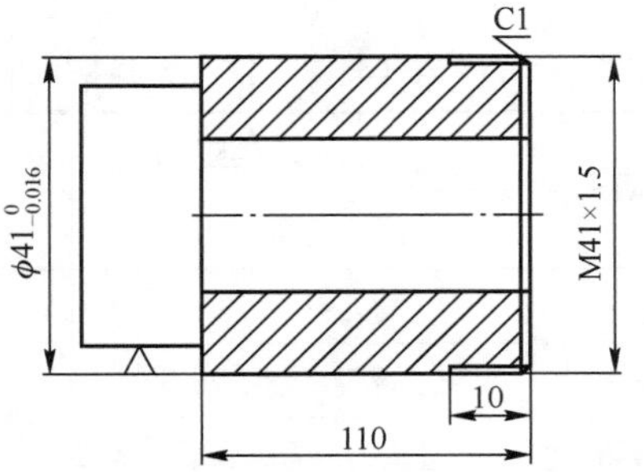 C1 $\phi41_{-0.016}^{0}$ M41×1.5 10 110		CK6140	三爪自定心卡盘
6	粗加工内孔	用弹簧夹套夹住 Φ41mm 外圆，粗加工内孔至 Φ30mm	$\phi30$ 110		CK6140	三爪自定心卡盘

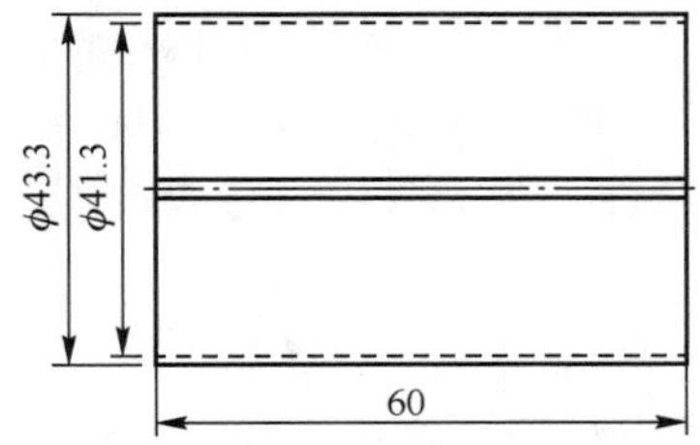

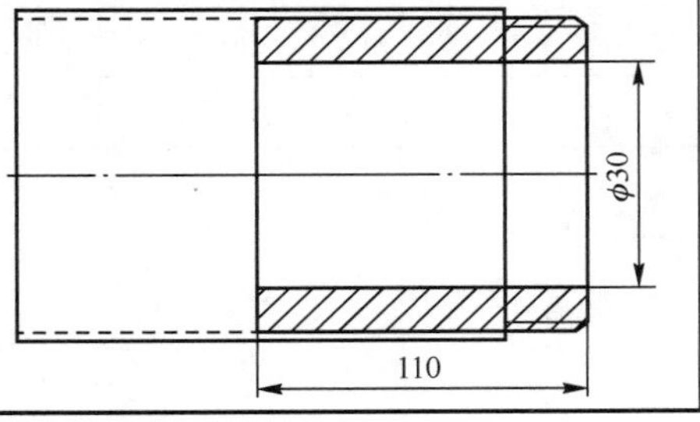

续表

序号	工序名称	工序内容及要求	工序简图	设备	夹具
7	精加工内孔	换软卡爪，精加工内孔至 Φ34		CK6140	三爪自定心卡盘
8	检验	通用量具检验各部分精度	略	CK6140	三爪自定心卡盘

6. 件2加工的工艺过程分析

（1）根据技术要求，零件外圆曲面应光滑无刀痕、无毛刺，且尺寸精度和表面粗糙度要求较高。因此，外圆面需一次装夹加工完成，并按粗车、精车两个工步进行车削，粗精加工刀具应分开。

（2）外圆面车削时无装夹的地方，但是毛坯较长，可以夹住工艺台阶，因此可以采用一夹一顶方式把外圆一刀车到位。

（3）内孔向加工也有一定困难，既要保证精度表向粗糙度，而且是薄壁，所以这里用软卡爪，并设计了弹簧夹套，可以增大受力面积，保证切削刚性。

（4）注意按内孔与外圆的同轴度要求，端面与外圆中心线的垂直度以及未注公差为 IT11～IT19 加工，保证配合性，装夹时用百分表校正，才能保证加工要求。另外，车端面时要保证总长尺寸。

7. 件2刀具及切削用量的选择

根据上述对薄壁零件特点和刀具要求的分析，件2刀具切削参数见表 13-12。

表 13-12　件2刀具切削参数

序号	加工面	刀具号	刀具规格		主轴转速 n/（r·min^{-1}）	进给速度 V/（mm·r^{-1}）
			类型	材料		
1	外圆粗车面	T0101	90°偏刀（机夹式）	涂层刀	600	0.2
2	外圆精车面	T0101	90°偏刀（机夹式）		1300	0.1
3	内孔粗车面	T0404	镗孔刀（机夹式）		500	0.2
4	内孔精车面	T0404	镗孔刀（机夹式）		1200	0.1
5	外三角螺纹	T0303	外三角螺纹刀（机夹式）		800	--

8. 件2数控加工工程序单

件2数控加工程序单见表 13-13。

表 13-13 件 2 数控加工程序单

程序加工	程序注释
%0003	件 2 外轮廓程序名
M03 S600	--
T0101	90°偏刀
G00 X61 Z2	--
G71 U2 R1 P10 Q20 X0.5 Z0.1 F100	循环粗车
N10 G00 X39 S1300	--
G01 Z0 F100	--
X40.85 Z-1	--
Z-111	--
N20 X61	--
G00 X200 Z10	--
M05	--
M00	暂停
M03 S800	--
T0303	换 3 号外三件螺纹车刀
G00 X43 Z5	--
G82 X40.2 Z-10 F1.5	螺纹循环加工
X39.7	
X39.3	--
X39.05	--
G00 X200 Z10	快速退刀
M30	结束手工切断
%0004	件 2 内轮廓程序名
M03 S500	--
T0404	换 4 号镗孔刀
G00 X27 Z2	--
G71 U2 R1 P10 Q20 X-0.5 Z0.1 F100	内孔粗车循环
N10 G0 X34 S1200	--
G01 Z0 F100	--
Z-111	--
N20 X27	--
G00 Z200	--
M30	程序结束

（三）件 3 任务知识

1. 件 3 零件结构特点及技术要求分析

件 3 与件 2 相似，同样有薄壁，壁厚为 2mm，而其总长为 95mm，外圆 Φ48mm 的上偏差为 0，下偏差为–0.016mm；内孔 Φ44mm 的上偏差为 0，下偏差为+0.025mm，精度要求较高，内外表面粗糙度为 1.6μm，因此加工时注意刀具的角度和切削用量问题。其中外圆 Φ54mm，长度 5mm 和总长 95mm 都是未注公差，按技术要求未注公差 IT11～IT9 精度等级加工，工件表面不能有磕碰、划痕和毛刺等。

2. 件 3 加工工艺

件 3 数控加工工艺过程见表 13-14。

表 13-14　件 3 数控加工工艺过程

数控加工工艺过程综合卡片			产品名称	零件名称	零件图号	材料
厂名（或院校名称）			火箭模型组合件工艺品	火箭模型（件 3）	SKC003	ZL102
序号	工序名称	工序内容及要求	工序简图		设 备	夹具
1	下料	棒料 Φ60mm×100mm（留夹持量）	略		锯床	省略
2	钻中心孔	夹住毛坯 Φ60mm，夹持量为 60mm，钻中心孔定位	A3 95		CK6140	三爪自定心卡盘
3	钻孔	用 Φ20mm 钻头钻深 95mm	ϕ20 A3 95		CK6140	三爪自定心卡盘
4	加工内孔	夹住毛坯粗加工内孔，精加工内孔至 Φ44mm	ϕ44 ϕ60 95		CK6140	三爪自定心卡盘

续表

序号	工序名称	工序内容及要求	工序简图		设 备	夹具
5	加工工艺芯棒	加工芯棒轴 Φ44mm，长 150mm，在轴上加工外螺纹，车垫圈，加工与芯棒相配的内螺纹件	芯轴 1：1000 3 螺母 ϕ48 ϕ44 $^{+0.075}_{+0.05}$ M24×1.5 2 8 15 20		CK6140	三爪自定心卡盘
6	加工外圆	用芯棒装夹内孔；粗加工外圆；经加工外圆至 Φ48mm	工件 装夹时此处应贴合		CK6140	三爪自定心卡盘
7	检验	通用量具检验各部分精度	略		CK6140	三爪自定心卡盘

3. 件 3 加工的工艺过程分析

件 3 为薄壁件，而且壁厚只有 2 mm，薄壁长度为 95mm，加工的刚性比较差，为了保证加工的切削刚度采用先加工内轮廓后加工外轮廓的方法。加工内孔时直接夹住毛坯外圆，粗、精加工到 Φ44mm，然后加工工艺夹具芯棒，用心棒夹持内孔，实现工件的轴向定位，避免径向夹紧受力工件变形，从而达到薄壁精度。工件未注公差按照 IT11～IT9 精度等级加工，工件内外表面不能有划痕、毛刺等。要注意装夹工件的跳动，用表校正。

4. 件 3 刀具及切削用量的选择

根据上述对薄壁零件特点和刀具要求的分析，选择件 3 刀具切削参数见表 13-15。

表 13-15 件 3 刀具切削参数

序号	加工面	刀具号	刀具规格		主轴转速 n/（r·min^{-1}）	进给速度 V/（mm·r^{-1}）
			类型	材料		
1	粗加工内孔面	T0404	内镗孔刀（机夹式）	涂层刀	500	0.2
2	精加工内孔面	T0404	内镗孔刀（机夹式）		1200	0.1
3	粗加工内孔面	T0101	90°偏刀（机夹式）		600	0.2
4	精加工内孔面	T0101	90°偏刀（机夹式）		1300	0.1

5. 件 3 数控加工程序单

件 3 数控加工程序单见表 13-16。

表 13-16　件 3 数控加工程序单

加工程序	程序注释
%0005	件 3 内轮廓程序名
M03 S500	--
T0404	调镗孔刀
G00 X20 Z2	--
G71 U1 R1 P10 Q20 X-0.5 Z0.1 F100	粗车循环
N10 G0 X44 S1200	--
G01 Z0 F100	--
Z-96	--
N20 X20	--
G00 Z200	--
M30	--
%0006	上芯轴加工外形程序名
M03 S600	--
T0101	90°偏刀
G00 X61 Z2	快速定位
G71 U2 R1 P10 Q20 X0.5 Z0.1 F100	循环粗车
N10 G0 X48 S1300	--
G01 Z0 F100	--
Z-90	--
X54 Z-95	--
N20 X61	--
G00 X100 Z100	--
M30	程序结束

（四）件 4 任务知识

1．件 4 零件结构特点及技术要求分析

件 4 是典型的螺纹轴零件，它包含内外圆、外螺纹、端面槽和端面圆弧、薄壁等加工要素。这些要素在前面，都有体现，所以此组件的结构特点和前面讲的基本一样，需要注意的是有个内孔加工是平底，对刀具有一定的特殊性，在选择刀具上应注意刀尖要到孔底中心，刀具的偏角和加工方法、平底的粗糙度也要达到它的技术要求 Ra3.2μm。其他的技术要求跟前面讲述的一样：表面除标注的之外，表面粗糙度要达到 Ra3.2μm，而且表面不能有碰痕、划伤。

2．加工工艺

件 4 数控加工的工艺过程见表 13-17。

表 13-17 数控加工的工艺过程

数控加工工艺过程综合卡片			产品名称	零件名称	零件图号	材料
厂名（或院校名称）			火箭模型组合件工艺品	火箭模型(件 4)	SKC004	ZL102
序号	工序名称	工序内容及要求	工序简图		设备	夹具
1	下料	棒料 Φ60mm×135mm	略		锯床	略
2	钻中心孔	夹住毛坯 Φ60mm 长 30mm 钻中心孔.	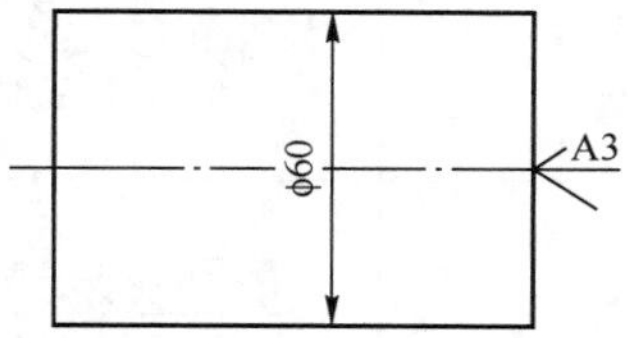 φ60 A3		CK6140	三爪自定心卡盘
3	加工左端外轮廓	夹住毛坯 Φ60mm 长 30mm；外圆刀粗精加工外圆至 Φ50mm 长 90mm	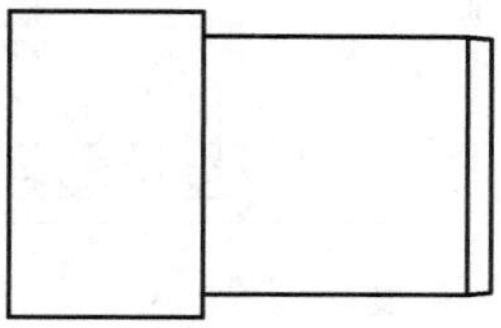		CK6140	三爪自定心卡盘
4	加工左端外端面槽	粗、精加工端面槽深度为 5mm	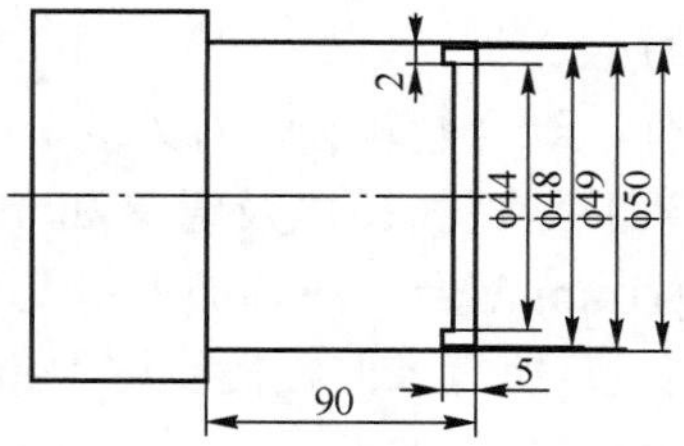 2 φ44 φ48 φ49 φ50 90 5		CK6140	三爪自定心卡盘
5	左端钻孔	用 Φ20mm 麻花钻钻出孔深至 65mm，深度留约 5mm 余量	略		CK6140	三爪自定心卡盘
6	左端粗精加工内孔	粗加工内孔 Φ41mm 和 Φ32mm；精加工内孔	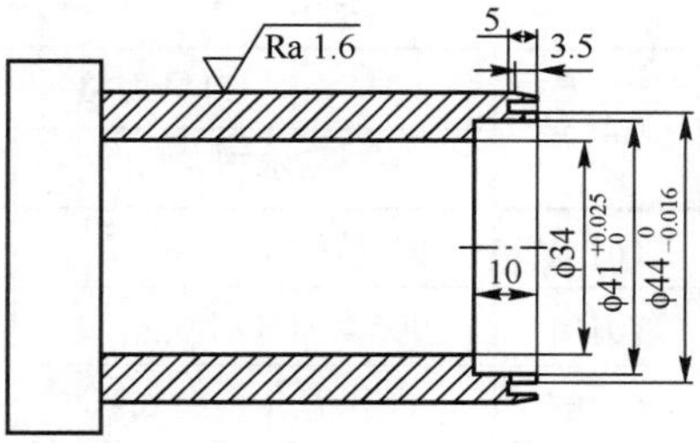 Ra 1.6 5 3.5 10 φ34 $\phi41^{+0.025}_{0}$ $\phi44^{0}_{-0.016}$		CK6140	三爪自定心卡盘
7	加工右端外轮廓	车端面保证总长；粗、精加工外圆；粗、精加工 Φ44mm 长 10mm 的槽；粗精加工 M48mm 的外三角螺纹	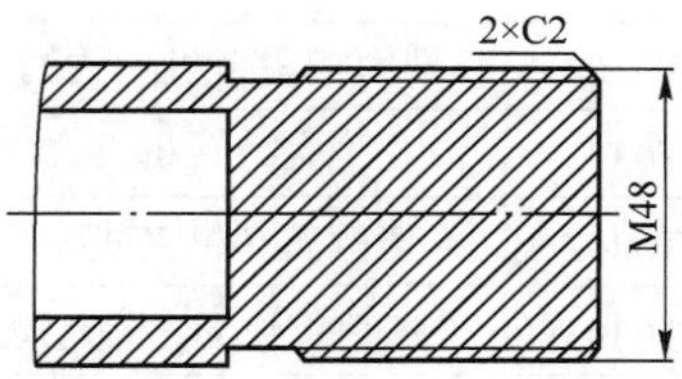 2×C2 M48		CK6140	三爪自定心卡盘

续表

序号	工序名称	工序内容及要求	工序简图	设备	夹具
8	加工右端面槽	粗、精加工右端面槽，深3mm，保证精度	2×C2 Φ28 Φ38 3	CK6140	三爪自定心卡盘
9	加工右端端面圆弧	粗、精加工端面圆弧	2×C2 R17.08 6 Φ26 Φ28	CK6140	三爪自定心卡盘
10	检验	通用量具检测各部分精度	略	CK6140	三爪自定心卡盘

3. 件 4 加工的工艺过程分析

件 4 是轴类典型工件，综合性较强，有外圆、螺纹退刀槽、外三角螺纹、端面槽、内孔和端面圆弧。其中要注意的是端面槽以及道具和端面槽的切削用量和外圆槽的区别。内孔Φ41mm 要与件 2 外圆 Φ41mm 配合，注意加工精度和端面的垂直度，螺纹要与件 5 的内螺纹形成配合，加工时注意精度。所有表面粗糙度达到图注中要求：Ra1.6μm，表面不能有划痕和毛刺等。未注公差按 IT11～IT9 来加工。

4. 件 4 刀具及切削用量的选择

根据上述对薄壁零件特点和刀具要求的分析，选择件 4 刀具切削参数见表 13-18。

表 13-18　件 4 刀具切削参数

序号	加工面	刀具号	刀具规格		主轴转速 n/（r·min^{-1}）	进给速度 V/（mm·r^{-1}）
			类型	材料		
1	左端外圆粗车	T0101	90°偏刀（机夹式）	涂层刀	600	0.2
2	左端外圆精车	T0101	90°偏刀（机夹式）		1300	0.1
3	左端内孔粗车	T0404	内孔刀（机夹式）		500	0.2
4	左端内孔精车	T0404	内孔刀（机夹式）		1200	0.1
5	左端端面槽	T0303	端面槽刀（机夹式）		300	0.06
6	左端平底孔	T0303	内孔平底刀（机夹式）		500	0.1
7	右端螺纹槽	T0202	切槽刀（机夹式）		450	0.1
8	右端外三角螺纹	T0303	外三角螺纹刀（机夹式）		800	--
9	右端端面圆弧	T0404	外三角螺纹刀（机夹式）		500	0.1

5．件 4 数控加工程序单

件 4 数控加工程序单见表 13-19。

表 13-19　件 4 数控加工程序单

加工程序	程序注释
%0007	件 4 左端外轮廓程序名
M03 S600	--
T0101	90°偏刀
G00 X61 Z2	--
G80 X56 Z-73 F100	矩形循环
X52	
X50.5	
G00 X100 Z100	快速退到换刀点
M03 S1300	--
T0101	--
G00 X49 Z2	精加工件 4 左端外轮廓
G01 Z0 F100	
X50 Z-35	
Z-73	
X61	
G00 X100 Z100	--
M05	--
M00	--
M03 S500	设定件 4 左端内轮廓转速
T0404	--
G00 X20 Z2	--
G71 U2 R1 P10 Q20 X0.5 Z0.1 F100	粗车循环
N10 G00 X41 S1200	--
G01 Z0 F100	--
Z-10	--
X30	--
Z-65	--
N20 X20	--
G0 Z200	--
M00	暂停
M03 S500	设定加工左端端面槽转速
T0303	--

续表

加工程序	程序注释
G00 X44 Z2	--
G01 Z-5 F100	--
G04 P1	暂停 1s
G01 Z2 F100	--
G00 Z200	--
M30	程序结束
O0008	--
M03 S500	--
T0303	--
#1=10	--
G00 X27 Z2	--
N10 G1 Z[-64+#1] F100	--
X0	--
Z-64	--
X27	--
#1=#1-1	--
IF[#1GE-6] GOTO10	--
G00 Z200	--
M05	--
M00	--
M03 S600	--
T0404	--
G00 X27 Z2	--
G90 X29 Z-70 F100	加工内平底孔
X31	
X33	
X33.5	
G00 Z200	--
M05	--
M00	--
M03 S1200	设定精加工转速
T0404	--
G00 X34 Z2	--
G01 Z-70 F100	--

续表

加工程序	程序注释
X30	--
G00 Z200	--
M30	--
O0009	--
M03 S600	--
T0101	--
G00 X61 Z2	--
G71 U2 R1 P10 Q20 X0.5 Z0.1 F100	--
N10 G0 X44 S1300	--
G01 Z0 F100	--
X47.85 Z-2	--
Z-58	--
N20 X61	--
G00 X100 Z100	--
M05	--
M00	--
M03 S450	--
T0202	--
G00 X50 Z-53	--
G01 X44 F20	加工内沟槽
G0 X50	--
W2	--
G01 X48100	--
GO1 X44 W-2	--
X50	--
W-5	--
G01 X44 F20	--
G00 X100 Z100	--
M05	--
M0	--
M03 S800	--
T0303	换3号外三角螺纹车刀
G00 X50 Z5	--
G76 C2 R-2 E5 A60 X46.05 Z-48 I0 K0.975 U0.1 V0.1 Q1.2 F1.5	粗、精加工外三角螺纹
G00 X100	--
Z100	--

续表

加工程序	程序注释
M30	--
%0010	--
M03 S500	--
T0303	换 3 号端面槽刀
G00 X28 Z2	--
G00 Z200	--
M03 S500	--
T0404	--
#1=6	圆弧深度定义
N10 G00 X26 Z#1	--
G03 X0 Z[-6+#1] R17.08 F100	加工端面圆弧
G01 Z[2+#1]	--
X26	--
#1=#1-1	--
IF[#1 GE 0] GOTO10	条件转移
G00 Z200	--
M30	程序结束

（五）件 5 任务知识

1. 件 5 结构特点及技术要求分析

件 5 是较为简单的轴类工件，但在整个模型中与件 4 和件 6 行程内外螺纹配合，要注意保证内外螺纹精度。

2. 件 5 加工工艺

件 5 数控加工的工艺过程见表 13-20。

表 13-20　件 5 数控加工工艺过程

数控加工过程综合卡片			产品名称	零件名称	零件图号	材料
厂名（或院校名称）			火箭模型组合件工艺图	火箭模型（件 5）	SKC005	ZL102
序号	工序名称	工序内容及要求	工序简图		设备	夹具
1	下料	棒料 Φ60mm×150mm（留夹持量）	略		锯床	略
2	加工外圆	夹住毛坯 Φ60mm，留足够长度粗精加工 Φ54mm	Φ54		CK6140	三爪自定心卡盘

续表

序号	工序名称	工序内容及要求	工序简图	设备	夹具
3	钻中心孔	夹住毛坯Φ60mm钻中心孔	略	CK6140	三爪自定心卡盘
4	钻孔	夹住毛坯用Φ20mm麻花钻钻孔	略	CK6140	三爪自定心卡盘
5	加工左端内轮廓	加工 M48mm 的螺纹底孔；加工Φ55mm的内沟槽；加工M48mm的内螺纹；切断保证长度	M48	CK6140	三爪自定心卡盘
6	加工右端	钻中心孔；扩孔至M16mm螺纹底孔；攻丝M16mm	M48 φ50 M16	CK6140	三爪自定心卡盘
7	检验	通用量具检测各部分精度	略	CK6140	三爪自定心卡盘

3. 件5加工的工艺过程分析

件5属于简单的轴类工件，由于下料长度较长，不需要辅助夹具来加工外圆，可直接加工切断。但是M48mm的粗牙螺纹的螺距为5mm，螺纹深度较深，外圆为Φ54mm的薄壁加工，右端为M16mm的粗牙螺纹，可以采取攻丝的方法。同样注意表面粗糙度和工件的同轴度，表面不能有磕碰、划痕、毛刺等。

4. 件5刀具及切削用量的选择

根据上述对薄壁零件特点和刀具要求的分析，选择件5刀具切削参数见表13-21。

表13-21　件5刀具切削参数

序号	加工面	刀具号	刀具规格		主轴转速	进给速度
			类型	材料	n/（$r\cdot min^{-1}$）	V/（$mm\cdot r^{-1}$）
1	外圆粗车	T0101	90°偏刀（机夹式）	涂层刀	600	0.2
2	外圆精车	T0101	90°偏刀（机夹式）		1300	0.1
3	左端内孔粗车	T0404	内孔刀（机夹式）		500	0.2
4	左端内孔精车	T0404	内孔刀（机夹式）		1200	0.1
5	内沟槽	T0303	内沟槽刀（机夹式）		300	0.1
6	内三角螺纹	T0202	内三角螺纹（机夹式）		600	--

5. 件5数控加工程序单

件5数控加工程序单见表13-22。

表13-22 件5数控加工程序单

加工程序	程序注释
%0011	--
M03 S600	--
T0101	调1号刀90°偏刀
G00 X61 Z2	--
G80 X57 Z-81 F100	粗车外圆
X54.5	
G00 X100 Z100	--
M05	--
M00	--
M03 S1300	--
T0101	--
G00 X54 Z2	--
G01 Z-81	--
X61	--
G00 X100 Z100	--
M05	--
M00	--
M03 S500	--
T0404	--
G00 X20 Z2	--
G71 U2 R1 P10 Q20 X0.5 Z0.1 F100	粗车件5左端内轮廓
N10 G00 X47 S1200	--
G01 Z0 F100	--
X43 Z-2	--
Z-65	--
N20 X21	--
G00 Z200	--
M05	--
M00	--
M03 S300	--
T0303	--
G00 X46 Z-55	--

续表

加工程序	程序注释
G1 X49.5 F20	加工件5的螺纹退刀槽
G0 X46	
W-5	
G1 X49.5 F20	
G0 X46	
W-5	
G1 X50 F20	
W10	
G0 X46	
G00 Z200	--
M05	--
M00	--
M03 S600	--
T0202	2号刀内三角螺纹到
G00 X40 Z5	--
G76 C2 R-2 E-5 A60 X48 Z-50 I0 K0.975 U0.1 V0.1 Q1.2 F1.5	粗、精加工内三角螺纹刀
G00 Z200	快速退刀
M30	程序结束

（六）件6的任务知识

1. 件6零件结构特点及技术要求

件 6 是轴类工件，左端外形较简单，右端是平底孔，薄壁件，注意薄壁件的加工特点。工件表面不能有磕碰、划痕、毛刺等，在刀具的选用上注意内孔的切削角度以及平底孔的加工工艺方法。

2. 件6加工工艺编制

件6数控加工的工艺过程见表13-23。

表13-23 件6数控加工工艺过程

数控加工工艺过程综合卡片		产品名称	零件名称	零件图号	材料
厂名（或院校名称）		火箭模型组合件工艺图火箭模型	火箭模型（件6）	SKC006	Zl102
序号	工序名称	工序内容及要求	工序简图	设备	夹具
1	下料	棒料Φ60mm×60mm（留夹持量）	略	锯床	略

续表

序号	工序名称	工序内容及要求	工序简图	设备	夹具
2	加工左端外轮廓	粗、精加工外圆至 46mm；加工螺纹退刀槽；粗精加工 M16mm 的螺纹	3×2 C1 ϕ60 M16 3 12 30 45	CK6140	三爪自定心卡盘
3	加工工艺辅助件	加工 M16mm 的内螺纹，作为辅助件	略	CK6140	三爪自定心卡盘
4	钻孔	用中心钻在左端钻出中心孔定位；用 Φ20mm 麻花钻钻孔，深度上留有余量加工平底孔	略	CK6140	三爪自定心卡盘
5	加工右端内轮廓	车出端面，保证总长；夹持辅助件，M16mm 的外螺纹旋上辅助件的内螺纹；粗、精加工内锥孔	3 ϕ48	CK6140	三爪自定心卡盘
6	检验	通用量具检测各部分精度	略	CK6140	三爪自定心卡盘

3．件 6 加工的工艺过程分析

件 6 也是典型的螺纹和孔加工的轴类工件，此件要与件 5 的内螺纹形成配合，在加工此件时要注意螺纹与端面的垂直度和工件的跳动度，右端有个平底孔，加工钻孔时注意钻孔的深度。粗加工时应留右余量，同时还要注意右端的壁厚较小，粗、精加工要分开，以及切削用量的使用问题。加工表面不能有毛刺和划痕，注意加工的同轴度。

4．件 6 刀具及切削用量的选择

根据上述对薄壁零件特点和刀具要求的分析，选择件 6 刀具切削参数见表 13-24。

表 13-24　件 6 刀具切削参数

序号	加工面	刀具号	刀具规格		主轴转速 n/（$r\cdot min^{-1}$）	进给速度 V/（$mm\cdot r^{-1}$）
			类型	材料		
1	外圆粗车	T0101	90°偏刀（机夹式）	涂层刀	600	0.2
2	外圆精车	T0101	90°偏刀（机夹式）		1300	0.1

续表

序号	加工面	刀具号	刀具规格		主轴转速 n/（r·min^{-1}）	进给速度 V/（mm·r^{-1}）
			类型	材料		
3	螺纹退刀槽	T0202	切槽刀（机夹式）	涂层刀	450	0.1
4	外三角螺纹	T0303	外三角螺纹刀（机夹式）		800	--
5	右端内孔粗车	T0404	镗孔刀（机夹式）		500	0.2
6	右端内孔精车	T0404	镗孔刀（机夹式）		1200	0.1

5．件 6 数控加工工序单

件 6 数控加工程序单见表 13-25。

表 13-25　件 6 数控加工程序单

加工程序	程序注释
%0012	--
M3 S600	--
T0101	调 1 号刀 90°偏刀
G0 X61 Z2	--
G71 U2 R1 P10 Q20 X0.5 Z0.1 F100	粗加工件 6 左端的外轮廓
N10 G0 X14 S1300	--
G1 Z0 F100	--
X15.85 Z-1	--
Z-12	--
X16	--
Z-15	--
X30 Z-25	--
X48 Z-45	--
N20 X61	--
G0 X100 Z100	--
M05	--
M00	--
M3 S450	--
T0202	调 2 号槽刀加工螺纹退刀槽
G0 X20 Z-12	--
G1 X12 F20	--
G4 P1	刀具进给暂停 2s
G1 X20	--
G0 X100 Z100	--
M05	--

续表

加工程序	程序注释
M00	暂停
M3 S800	--
T0303	--
G0 X18 Z5	--
G82 X15.3 Z-13 F2	粗、精加工外三角螺纹
X14.8	--
X14.3	--
X13.9	--
X13.5	--
X13.4	--
G0 X100 Z100	快速退刀
M30	--
%0013	--
M3 S500	--
T0404	调 4 号镗孔刀
G0 X20 Z2	--
G71 U2 R1 P10 Q20 X-0.5 Z0.1 F100	粗车内轮廓
N10 G0 X41.42 S1200	--
G1 Z0 F100	--
X23.42 Z-41.42	--
N20 X0	--
G0 Z200	--
M30	程序结束

（七）加工过程说明

1. 加工准备

（1）查看机床当前状态，确定机床运行状态良好。

（2）检查毛坯准备情况，查看 6 块毛坯料是否按照要求的尺寸规格准备好。

（3）检查装夹辅具是否备齐，使用状态是否良好。

（4）根据零件图进行工艺分析，制作工艺规程卡和程序卡。

（5）装夹工件。

（6）选择与装夹刀具。这六件套组合件在加工过程中需要使用到 90°外圆粗车刀、93°外圆精车刀，3mm 宽内孔槽刀、螺距为 1.5mm 的内孔螺纹车刀、内孔车刀、螺距为 1.5mm 的外螺纹车刀、2mm 宽的端面槽刀、3mm 宽的外切槽刀。

2. 程序输入与校验

加工每一个零件时都要先将编制好的加工程序输入到数控系统中并保存好，在使用前要利用数控机床的图形仿真功能进行程序校验。

3. 对刀

在前面已经介绍了外圆车刀、外切槽刀、端面槽刀和内孔车刀的对刀方法，下面重点介绍内孔槽刀、内螺纹车刀以及外螺纹车刀的对刀方法。

（1）内孔槽刀对刀。

1）X 轴对刀。

①用手轮或手动移动刀架，将内孔槽刀的主切削刃移动到已加工内孔的内表面，并使主切削刃与表面紧密接触，如图 13-13 所示。

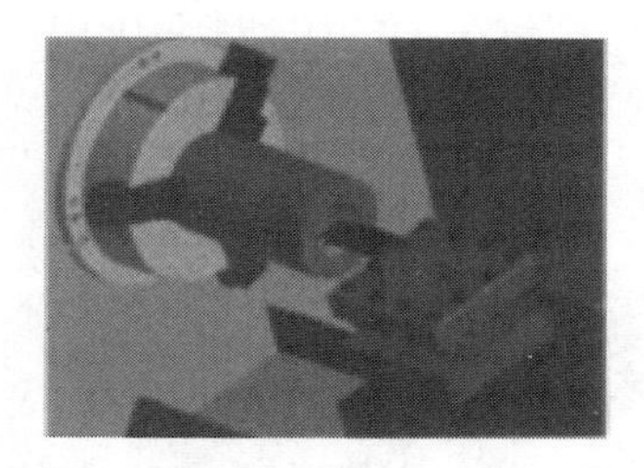

图 13-13　内孔槽刀 X 轴对刀

②在操作系统面板中进入刀具补偿存储器界面，将光标移到相应的刀具补偿号位置处，输入内孔 X 直径值并确认，这样 X 轴对刀结束。

2）Z 轴对刀。

①在手动模式下，主轴自动正转（转速小于 50r/min）或用手不断扳动上轴旋转。

②用手轮或手动移动刀架，将内孔槽刀的左端面靠近工件已加工端面处，并使左端面与工件端面紧密接触，如图 13-14 所示。

图 13-14　内孔槽刀 Z 轴对刀

③在操作系统面板中进入刀具补偿存储器界面，将光标移动到相应的刀具补偿号位置处，输入 Z0 并确认，这样 Z 轴对刀结束。

（2）内螺纹车刀对刀。

1）X 轴对刀。

①用手轮或手动移动刀架，将内螺纹车刀的主切削刃刀尖移动到已加工内孔的内表面，并使主切削刃刀尖与内表面紧密接触，如图 13-15 所示。

图 13-15　内螺纹车刀 X 轴对刀

②在操作系统面板中进入刀具补偿存储器界面，将光标移动到相应的刀具补偿号位置处，输入内孔 X 直径值，并确认，这样 X 轴对刀结束。

2）Z 轴对刀。

①用手轮或手动移动刀架将内螺纹车刀的主切削刃的刀尖点与工件端面重合，如图 13-16 所示。移动过程中要注意刀具不要碰撞到工件。可以采用目测观察法来判断刀尖点与工件端面是否重合。

图 13-16　内螺纹车刀 Z 轴对刀

②在操作系统面板中进入刀具补偿存储器界面，将光标移动到相应的刀具补偿号位置处，输入 Z0，并确认，这样 Z 轴对刀结束。

（3）外螺纹车刀对刀。

1）X 轴对刀。

①在手动模式下，主轴自动正转（转速小于 50r/min）或用手不断扳动主轴旋转。

②用手轮或手动移动刀架，将外螺纹车刀的主切削刃刀尖移动到已加工外圆的外表面，并使主切削刃刀尖与外表面紧密接触，如图 13-17 所示。

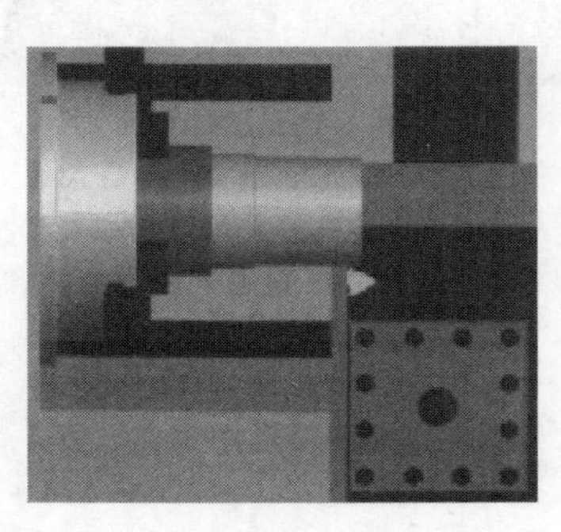

图 13-17　外螺纹车刀 X 轴对刀

③在操作系统面板中进入刀具补偿存储器界面。将光标移动到相应的刀具补偿号位置处，输入刀尖所在外圆 X 直径值并确认，这样 X 轴对刀结束。

2）Z 轴对刀。

①用手轮或手动移动刀架，将外螺纹车刀的主切削刃的刀尖点与工件端面重合，如图 13-18 所示。移动过程中要注意刀具不要碰撞到工件。可以采用目测观察法来判断刀尖点与工件端面是否重合。

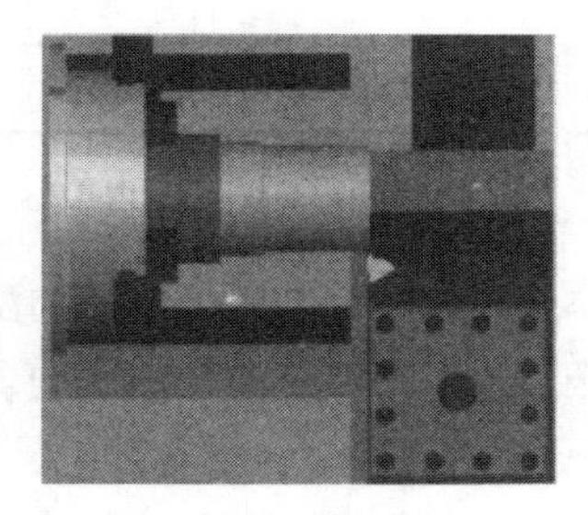

图 13-18 外螺纹车刀 Z 轴对刀

②在操作系统面板中进入刀具补偿存储器界面，将光标移动到相应的刀具补偿号位置处，输入 Z0，并确认，这样 Z 轴对刀结束。

4. 自动加工与质量控制

（1）选择要加工的程序，在自动模式（AUTO）下按启动键执行加工程序完成零件加工。

（2）为便于控制薄壁件的加工质量，薄壁件加工时采用软卡爪或开口的薄壁套等措施来防止薄壁件变形。

5. 零件检测与评分标准

零件检测与评分标准见表 13-26。

表 13-26 零件检测与评分标准

班级			姓名	
零件名称				
类别	考评内容	配分	扣分标准	得分
程序操作	加工程序	10	一处错误扣 2 分	
工艺处理	刀具的合理选择、安装和调整	6	一处错误扣 2 分	
	工件的装夹和定位	6	一处错误扣 1 分	
	刀具对刀操作	6	一处错误扣 2 分	
	加工顺序与工艺路线	6	一处错误扣 1 分	
加工操作过程	机床操作	8	一处错误扣 3 分	
	加工量具的正确使用	6	一处错误扣 2 分	
	安全生产与文明操作	6	一处错误扣 2 分	
	加工时间	6	超时 20min 内酌情扣分	

续表

类别	考评内容	配分	扣分标准	得分
零件质量	零件尺寸精度	13	超差一处扣 1 分	
	零件形位公差精度	9	超差 0.01mm 扣 1 分	
	零件配合精度	10	超差 1 个等级扣 2 分	
	表面粗糙度	8	超差一个等级扣 4 分	
综合评分				

6. 操作注意事项

（1）零件加工过程中要通过配合加工来控制组合件的配合精度。

（2）零件加工过程中要通过配合加工来控制组合件的配合精度。

（3）加工薄壁时要注意加工变形的问题。

（4）使用内螺纹车刀、内孔车刀以及内孔槽刀时要注意刀头的尺寸和刀杆的长度应该足够大。避免刀具或刀架与工件发生碰撞。

（5）在内孔较深、刀具深入孔内较长时要考虑刀具刚性不足对加工的影响。

（6）内轮廓加工时，刀具在内孔中退刀的空间要够大，否则会发生刀具与工件碰撞的危险。

（八）任务总结

外圆和外圆轴线或内孔与外回轴线平行而不重合（偏一个距离）的零件称为偏心工件。外圆与外圆偏心的零件称为偏心轴，如图 13-19 所示；内孔与外圆偏心的零件称为偏心套，如图 13-20 所示；两轴线之间的趾离称为偏心距 e。

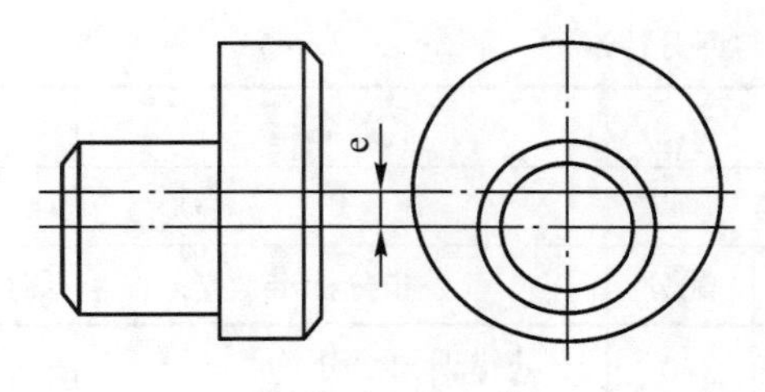

图 13-19　偏心轴

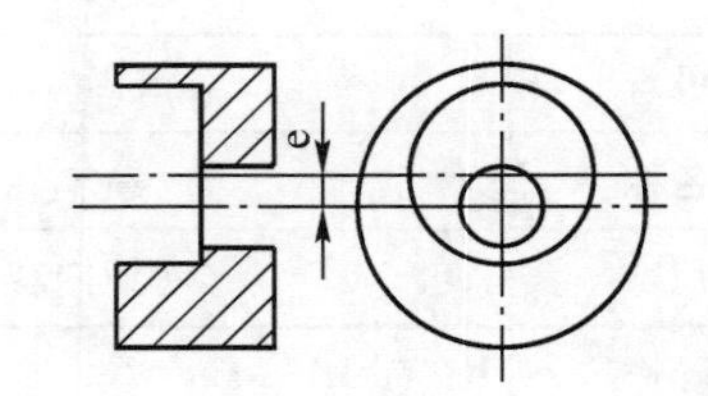

图 13-20　偏心套

加工偏心回转体类零件的常用装夹方法有四爪单动卡盘装夹、三爪自定心卡盘装夹、两顶尖装夹、偏心卡盘装夹和专用夹具装夹。因两顶尖装夹切削用量小，一般精加工时才使用；而一般工厂里较少配置偏心卡盘，故偏心卡盘装夹不常用；专用夹具装夹必须根据零件大小、形状加工制造车削专用夹具。这里重点介绍常用的四爪单动卡盘和三爪自定心卡盘装夹车削加工偏心回转体类零件的装夹方法。

（1）四爪单动卡盘装夹的方法和步骤。

1）预调卡盘卡爪，使其中两爪呈对称分布，另两爪处于不对称位置，其偏离主轴中心的距离大致等于工件的偏心距离，如图 13-21 所示。

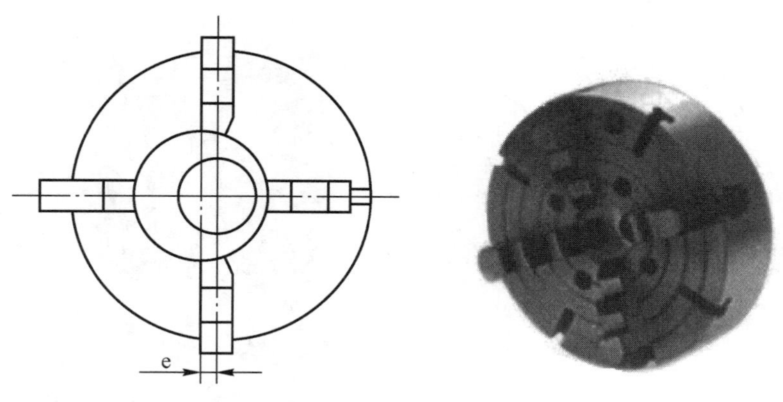

图 13-21 四爪单动卡盘装夹偏心零件示意图

2）装夹工件时，用百分表找正使偏心轴线与车床主轴轴线重合，如图 13-22 所示。找正 a 点用卡爪调整，找正 b 点用木锤或者铜棒轻击。

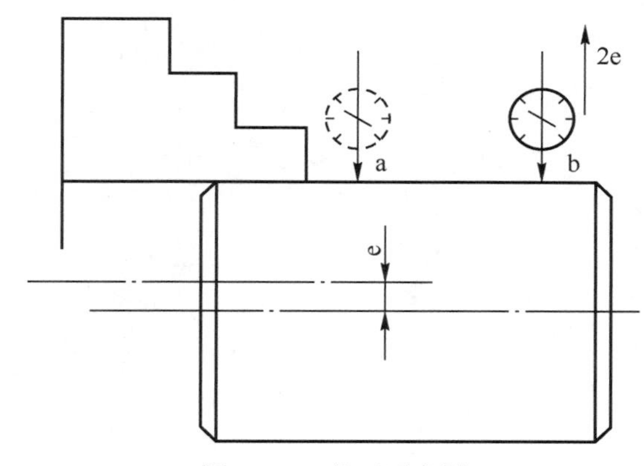

图 13-22 找正示意图

3）偏心距测量。用百分表表杆触头垂直接触在工件外圆上，并使百分表压缩量为 0.5～1mm，用手缓慢转动卡盘使工件转一周，百分表指示处读数的最大值和最小值的一半即为偏心距。按此方法校正使 a、b 两点的偏心距基本一致，在图样规定的公差范围内。

4）将卡盘四爪均匀地锁紧一遍。检查确认偏心轴线和侧、顶母线在夹紧时没有位移。检查方法与步骤 3）一样。装夹好后的工件即可用于加工。

5）复查偏心距。当工件加工到只剩约 0.5mm 精车余量时，需要复查偏心距。将百分表触头垂直接触在工件外圆上，用手缓慢转动杆盘使工件转一周，检查百分表指示处读数的最大值和最小值的一半是否在偏心距公差允许范围内。若偏心距超差，则略紧相应卡爪即可。

（2）三爪自定心卡盘装夹的方法和步骤。

先把偏心工件中非偏心部分的外圆车好，随后在卡盘任意一个卡爪与工件接触面之间垫上一块预先选好厚度的垫片，使工件轴线相对于车床主轴轴线产生的位移等于工件的偏心距。如图 13-23 所示。校正母线与偏心距，方法同四爪卡盘装夹的方法和其步骤 2）和 3）相同，并把工件夹紧后即可开始车削。对于精度要求较高的偏心件，车削过程中要复查调整偏心垫片的厚度，方法与四爪卡盘装夹的方法和其步骤 5）相同。

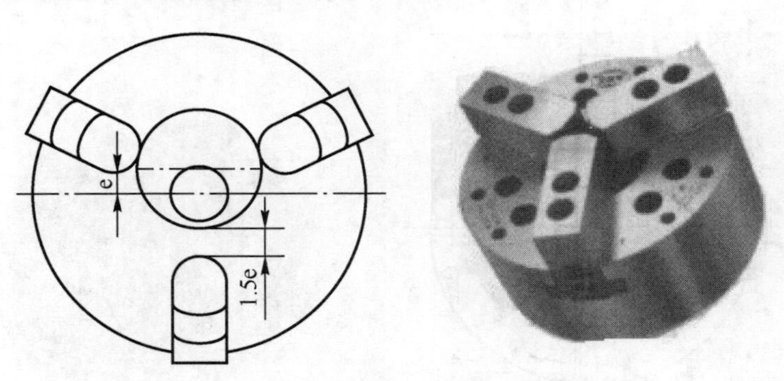

图 13-23　三爪自定心卡盘装夹偏心零件示意图

项目思考

（1）如何防止和减少薄壁工件的加工变形？

（2）偏心工件具有哪些特点？

（3）使用三爪自定心卡盘装夹偏心件时如何计算偏心垫片的厚度？

附录 数控车工教学应用试题

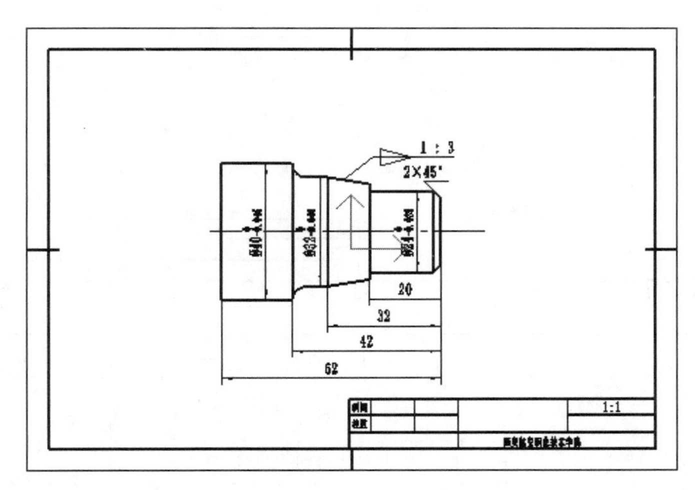

姓名		考号		机床号		总得分	

序号	考核项目	考核内容	配分	评分标准	检测结果	扣分	得分	备注
1	外圆	Φ24	10	超差 0.01 扣 1 分				
		Φ32	10	超差 0.01 扣 1 分				
		Φ40	10	超差 0.01 扣 1 分				
2	锥度	1:3	10	不合格 0 分				
3	圆弧	R4	8	超差 0.5 扣 2 分				
4	倒角	C2	4	未倒 0 分				
5	长度	20、32、42	18	超差 0.1 扣 2 分				
		62						
6	工艺及程序编制	工件定位及加紧合理、可靠	20					
		工艺路线合理、无原则性错误						
		刀具及切削参数选择合适						
7	安全文明生产	着装规范	10					
		刀具、工具、量具放置规范						
		刀具装夹及工件安装是否规范						
		量具的正确使用						
		加工完成后对设备的保养清洁						
加工时间		定额时间：180 分钟（包括编程时间），提前十分钟停止加工						

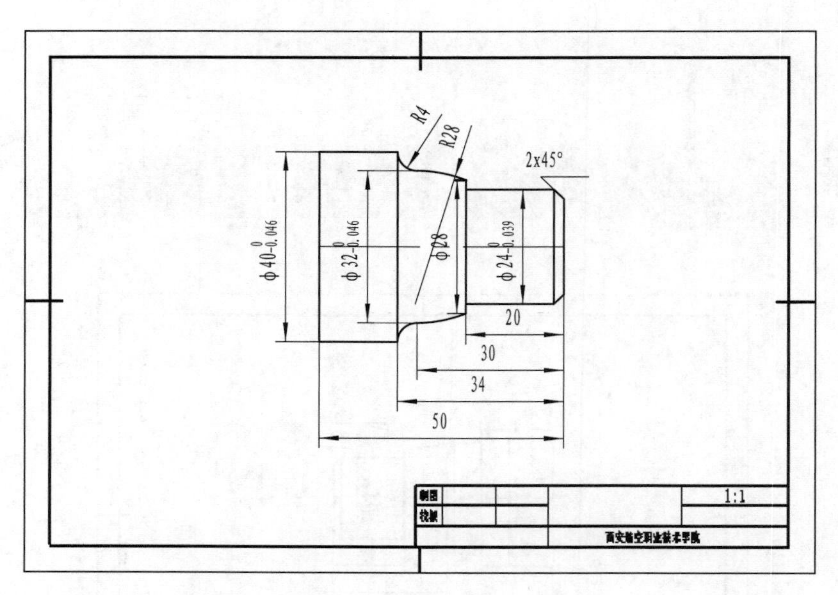

姓名		考号		机床号		总得分		
序号	考核项目	考核内容	配分	评分标准	检测结果	扣分	得分	备注
1	外圆	Φ24	10	超差 0.01 扣 1 分				
		Φ32	10	超差 0.01 扣 1 分				
		Φ40	10	超差 0.01 扣 1 分				
2	圆弧	R4	8	超差 0.5 扣 2 分				
		R28	8	超差 0.5 扣 2 分				
3	倒角	C2	4	未倒 0 分				
4	长度	20、30、34	20	超差 0.1 扣 2 分				
		50						
5	工艺及程序编制	工件定位及加紧合理、可靠	20					
		工艺路线合理、无原则性错误						
		刀具及切削参数选择合适						
6	安全文明生产	着装规范	10					
		刀具、工具、量具放置规范						
		刀具装夹及工件安装是否规范						
		量具的正确使用						
		加工完成后对设备的保养清洁						
加工时间		定额时间：180 分钟（包括编程时间），提前十分钟停止加工						

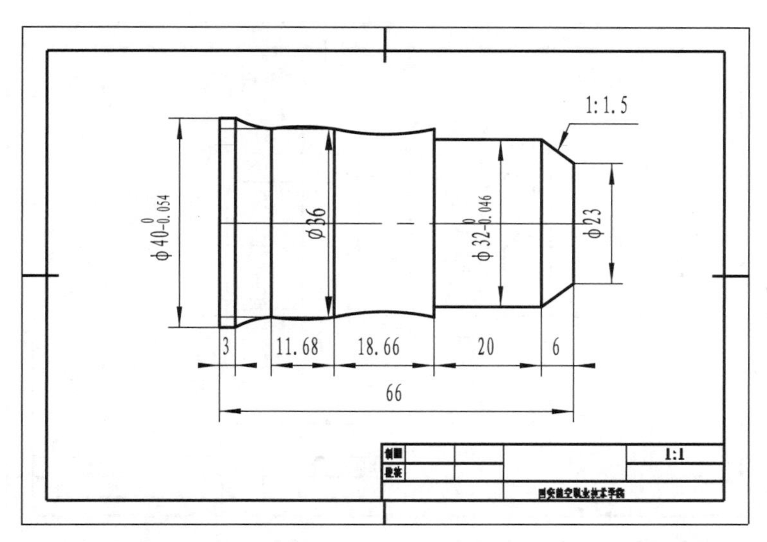

姓名		考号		机床号		总得分		
序号	考核项目	考核内容	配分	评分标准	检测结果	扣分	得分	备注
1		Φ32	10	超差 0.01 扣 1 分				
		Φ40	10	超差 0.01 扣 1 分				
2	锥度	1:1.5	10	不合格 0 分				
3	圆弧	R15	20	超差 0.5 扣 2 分				
		R42.48						
		R40.05						
4	长度	20、32、42	20	超差 0.1 扣 2 分				
		62						
5	工艺及程序编制	工件定位及加紧合理、可靠	20					
		工艺路线合理、无原则性错误						
		刀具及切削参数选择合适						
6	安全文明生产	着装规范	10					
		刀具、工具、量具放置规范						
		刀具装夹及工件安装是否规范						
		量具的正确使用						
		加工完成后对设备的保养清洁						
加工时间		定额时间：180 分钟（包括编程时间），提前十分钟停止加工						

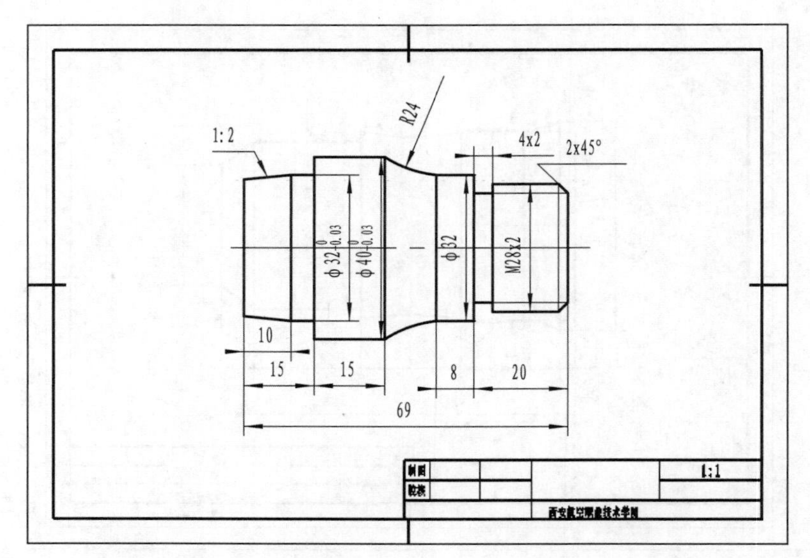

姓名		考号		机床号		总得分		
序号	考核项目	考核内容	配分	评分标准	检测结果	扣分	得分	备注
1	外圆	Φ32	10	超差 0.01 扣 1 分				
		Φ40	10	超差 0.01 扣 1 分				
2	螺纹	M28×2	8	不合格 0 分				
		Ra3.2	2	降 1 级扣 1 分				
3	锥度	1:2	5	不合格 0 分				
4	圆弧	R24	8	超差 0.5 扣 2 分				
5	倒角	C1、C2	4	未倒 0 分				
6	长度	8、10、15	18	超差 0.1 扣 2 分				
		15、20、69						
7	退刀槽	4×2	5	超差 0.1 扣 1 分				
8	工艺及程序编制	工件定位及加紧合理、可靠	20					
		工艺路线合理、无原则性错误						
		刀具及切削参数选择合适						
9	安全文明生产	着装规范	10					
		刀具、工具、量具放置规范						
		刀具装夹及工件安装是否规范						
		量具的正确使用						
		加工完成后对设备的保养清洁						
加工时间		定额时间：180 分钟（包括编程时间），提前十分钟停止加工						

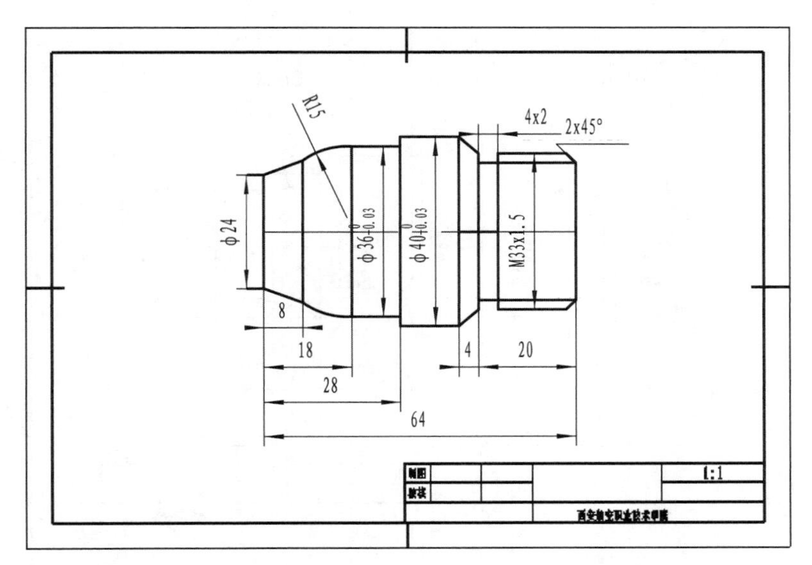

姓名		考号		机床号		总得分		
序号	考核项目	考核内容	配分	评分标准	检测结果	扣分	得分	备注
1	外圆	Φ36	10	超差 0.01 扣 1 分				
		Φ40	10	超差 0.01 扣 1 分				
2	螺纹	M33×1.5	8	不合格 0 分				
		Ra3.2	2	降 1 级扣 1 分				
3	锥度	1:0.5	5	不合格 0 分				
4	圆弧	R15	8	超差 0.5 扣 2 分				
		R2						
5	倒角	C2	4	未倒 0 分				
6	长度	4、8、18	18	超差 0.1 扣 2 分				
		20、28、64						
7	退刀槽	4×2	5	超差 0.1 扣 1 分				
8	工艺及程序编制	工件定位及加紧合理、可靠	20					
		工艺路线合理、无原则性错误						
		刀具及切削参数选择合适						
9	安全文明生产	着装规范	10					
		刀具、工具、量具放置规范						
		刀具装夹及工件安装是否规范						
		量具的正确使用						
		加工完成后对设备的保养清洁						
加工时间		定额时间：180 分钟（包括编程时间），提前十分钟停止加工						

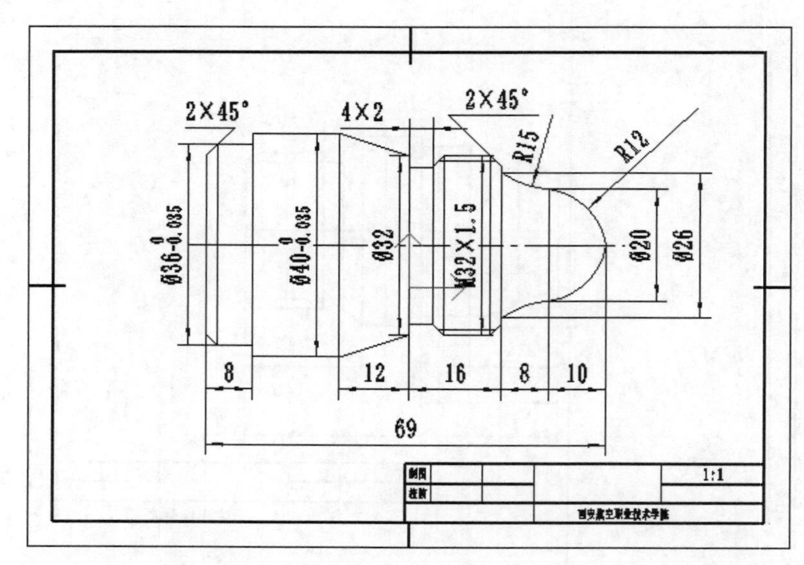

姓名		考号		机床号		总得分		
序号	考核项目	考核内容	配分	评分标准	检测结果	扣分	得分	备注
1	外圆	Φ36	10	超差 0.01 扣 1 分				
		Φ40	10	超差 0.01 扣 1 分				
2	螺纹	M32×1.5	8	不合格 0 分				
		Ra3.2	2	降 1 级扣 1 分				
3	锥度	1:0.67	5	不合格 0 分				
4	圆弧	R12	8	超差 0.5 扣 2 分				
		R15						
5	倒角	C2	4	未倒 0 分				
6	长度	8、8、10	18	超差 0.1 扣 2 分				
		12、16、69						
7	退刀槽	4×2	5	超差 0.1 扣 1 分				
8	工艺及程序编制	工件定位及加紧合理、可靠	20					
		工艺路线合理、无原则性错误						
		刀具及切削参数选择合适						
9	安全文明生产	着装规范	10					
		刀具、工具、量具放置规范						
		刀具装夹及工件安装是否规范						
		量具的正确使用						
		加工完成后对设备的保养清洁						
加工时间		定额时间：180 分钟（包括编程时间），提前十分钟停止加工						

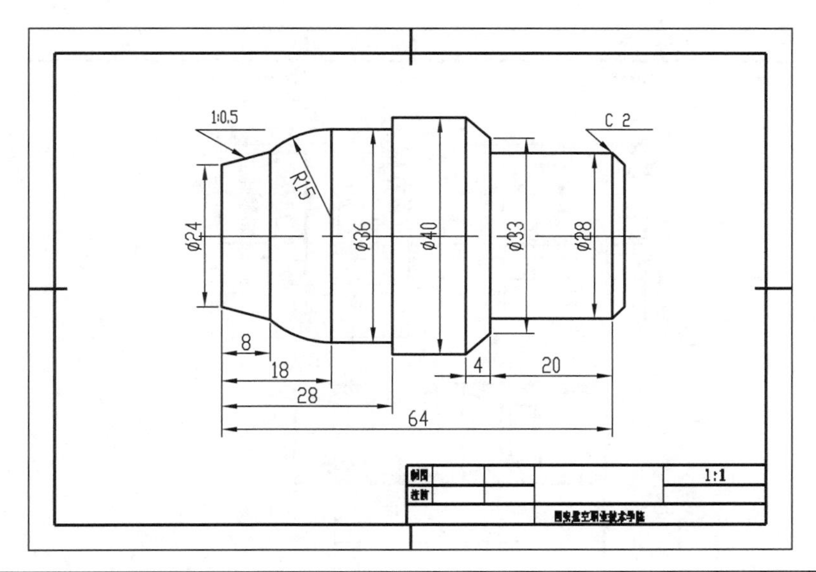

姓名		考号		机床号		总得分			
序号	考核项目	考核内容	配分	评分标准	检测结果	扣分	得分	备注	
1	外圆	Φ28	10	超差 0.01 扣 1 分					
		Φ36	10	超差 0.01 扣 1 分					
		Φ40	10	超差 0.01 扣 1 分					
2	锥度	1:0.5	10	不合格 0 分					
3	圆弧	R15	8	超差 0.5 扣 2 分					
4	倒角	C2	4	未倒 0 分					
5	长度	4、8、18	18	超差 0.1 扣 2 分					
		20、28、64							
6	工艺及程序编制	工件定位及加紧合理、可靠	20						
		工艺路线合理、无原则性错误							
		刀具及切削参数选择合适							
7	安全文明生产	着装规范	10						
		刀具、工具、量具放置规范							
		刀具装夹及工件安装是否规范							
		量具的正确使用							
		加工完成后对设备的保养清洁							
加工时间		定额时间：180 分钟（包括编程时间），提前十分钟停止加工							

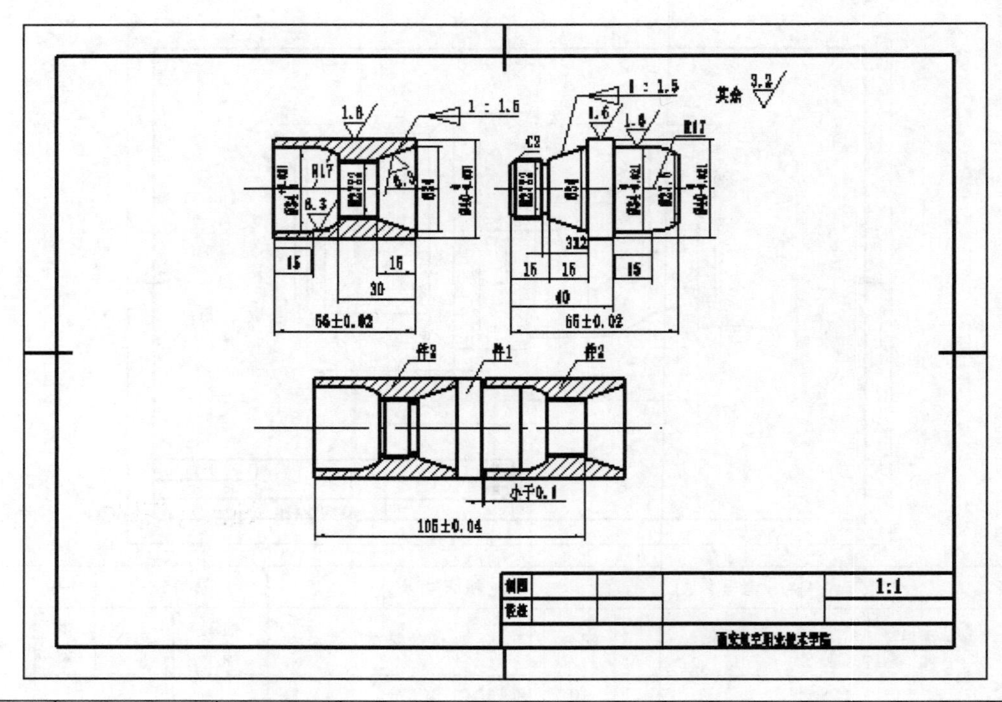

姓名		考号		机床号		总得分	

序号	考核项目	考核内容及技术要求	配分	评分标准	检测结果	扣分	得分	备注
1	外圆	Φ34	5	超差 0.01 扣 1 分				
		Φ40	5	超差 0.01 扣 1 分				
2	内孔	Φ34	5	超差 0.01 扣 1 分				
3	螺纹	M27×2	8	不合格 0 分				
		Ra3.2	2	降 1 级扣 1 分				
4	锥度	1:1.5	5					
5	圆弧	R17	8	超差 0.5 扣 2 分				
6	倒角	C2	4	未倒 0 分				
7	槽	3×2	5	超差 0.1 扣 1 分				
8	长度	15、30、40	18	超差 0.1 扣 1 分				
		56、65、105						
9	配合	小于 0.1	10	超差 0.1 扣 1 分				
10	工艺及程序编制	工件定位及加紧合理、可靠	20					
		工艺路线合理、无原则性错误						
		刀具及切削参数选择合适						
11	安全文明生产	着装规范	10					
		刀具、工具、量具放置规范						
		刀具装夹及工件安装是否规范						
		量具的正确使用						
		加工完成后对设备的保养清洁						
加工时间		定额时间：180 分钟（包括编程时间），提前十分钟停止加工						

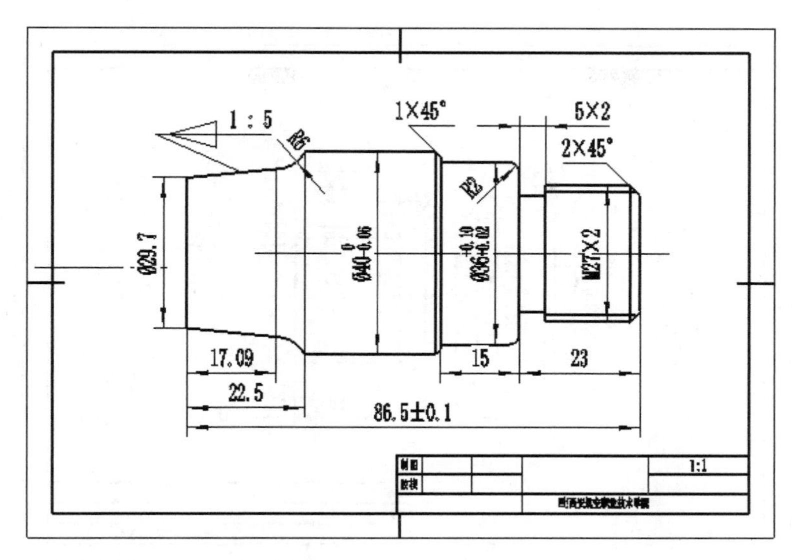

姓名		考号		机床号		总得分		
序号	考核项目	考核内容	配分	评分标准	检测结果	扣分	得分	备注
1	外圆	Φ36	10	超差 0.01 扣 1 分				
		Φ40	10	超差 0.01 扣 1 分				
2	锥度	1:5	10	不合格 0 分				
3	圆弧	R6	8	超差 0.5 扣 2 分				
		R2						
4	倒角	C1、C2	4	未倒 0 分				
5	退刀槽	5×2	10	超差 0.1 扣 1 分				
6	长度	15、17.09	18	超差 0.1 扣 2 分				
		22.5、86.5						
7	工艺及程序编制	工件定位及加紧合理、可靠	20					
		工艺路线合理、无原则性错误						
		刀具及切削参数选择合适						
8	安全文明生产	着装规范	10					
		刀具、工具、量具放置规范						
		刀具装夹及工件安装是否规范						
		量具的正确使用						
		加工完成后对设备的保养清洁						
加工时间		定额时间：180 分钟（包括编程时间），提前十分钟停止加工						

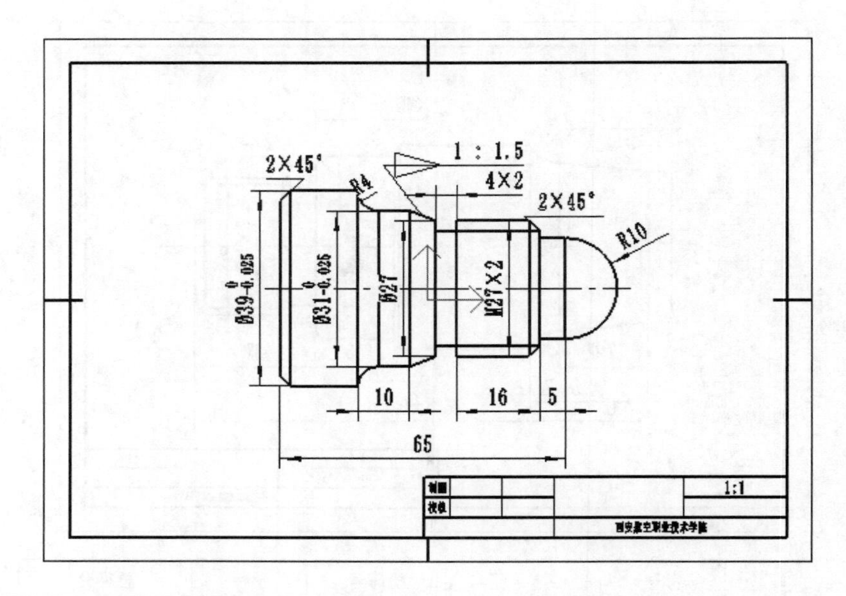

姓名		考号		机床号		总得分		
序号	考核项目	考核内容	配分	评分标准	检测结果	扣分	得分	备注
1		Φ31	10	超差 0.01 扣 1 分				
		Φ39	10	超差 0.01 扣 1 分				
2	螺纹	M27×2	8	不合格 0 分				
		Ra3.2	2	降 1 级扣 1 分				
3	锥度	1:1.5	5	不合格 0 分				
4	圆弧	R4	8	超差 0.5 扣 2 分				
		R10						
5	倒角	C1、C2	4	未倒 0 分				
6	退刀槽	4×2	5	超差 0.1 扣 1 分				
7	长度	5、10、	18	超差 0.1 扣 2 分				
		16、65						
8	工艺及程序编制	工件定位及加紧合理、可靠	20					
		工艺路线合理、无原则性错误						
		刀具及切削参数选择合适						
9	安全文明生产	着装规范	10					
		刀具、工具、量具放置规范						
		刀具装夹及工件安装是否规范						
		量具的正确使用						
		加工完成后对设备的保养清洁						
加工时间		定额时间：180 分钟（包括编程时间），提前十分钟停止加工						

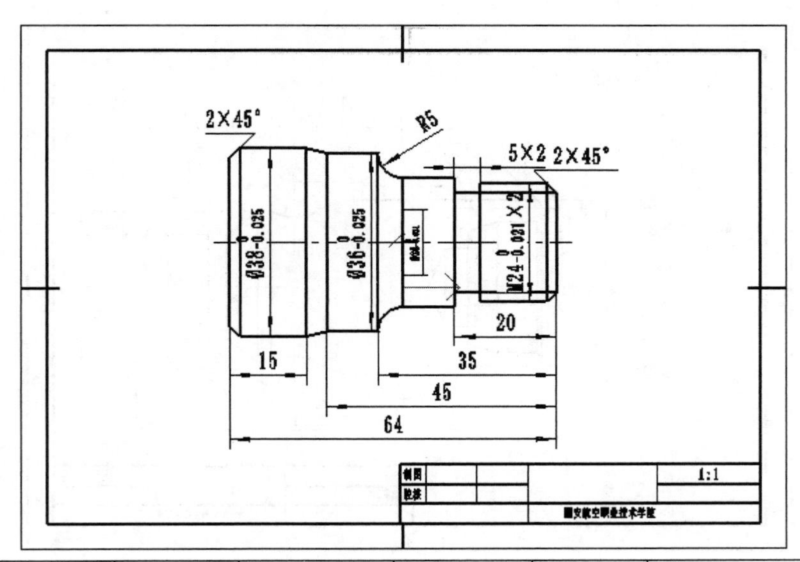

姓名		考号		机床号		总得分		
序号	考核项目	考核内容	配分	评分标准	检测结果	扣分	得分	备注
1		Φ36	10	超差 0.01 扣 1 分				
		Φ38	10	超差 0.01 扣 1 分				
2	螺纹	M24×2	8	不合格 0 分				
		Ra3.2	2	降 1 级扣 1 分				
3	锥度	1:0.94	5	不合格 0 分				
4	圆弧	R5	8	超差 0.5 扣 2 分				
5	倒角	C1、C2	4	未倒 0 分				
6	退刀槽	5×2	5	超差 0.1 扣 1 分				
7	长度	15、20、35	18	超差 0.1 扣 2 分				
		45、64						
8	工艺及程序编制	工件定位及加紧合理、可靠	20					
		工艺路线合理、无原则性错误						
		刀具及切削参数选择合适						
9	安全文明生产	着装规范	10					
		刀具、工具、量具放置规范						
		刀具装夹及工件安装是否规范						
		量具的正确使用						
		加工完成后对设备的保养清洁						
加工时间		定额时间：180 分钟（包括编程时间），提前十分钟停止加工						

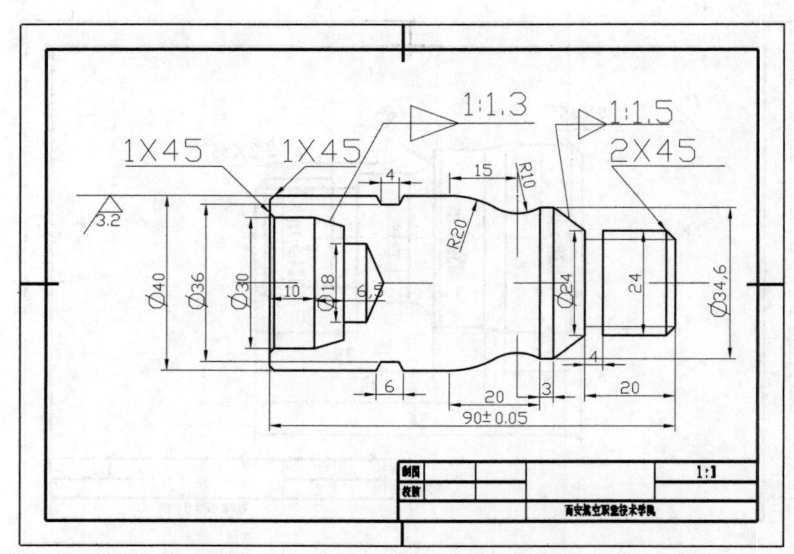

姓名		考号		机床号	总得分			
序号	考核项目	考核内容及技术要求	配分	评分标准	检测结果	扣分	得分	备注
1	外圆	Φ36	10	超差 0.01 扣 1 分				
		Φ40	10	超差 0.01 扣 1 分				
2	内孔	Φ30	5	超差 0.01 扣 1 分				
3	螺纹	M24×2	8	不合格 0 分				
		Ra3.2	2	降 1 级扣 1 分				
4	锥度	1:1.5	5					
		1:1.3						
5	圆弧	R10	8	超差 0.5 扣 2 分				
		R20						
6	倒角	C1、C2	4	未倒 0 分				
7	槽	4×2	5	超差 0.1 扣 1 分				
8	长度	3、4、6、6.5	18	超差 0.1 扣 1 分				
		10、12.5、15						
		20、20、90						
9	工艺及程序编制	工件定位及加紧合理、可靠	20					
		工艺路线合理、无原则性错误						
		刀具及切削参数选择合适						
10	安全文明生产	着装规范	10					
		刀具、工具、量具放置规范						
		刀具装夹及工件安装是否规范						
		量具的正确使用						
		加工完成后对设备的保养清洁						
加工时间		定额时间：180 分钟（包括编程时间），提前十分钟停止加工						

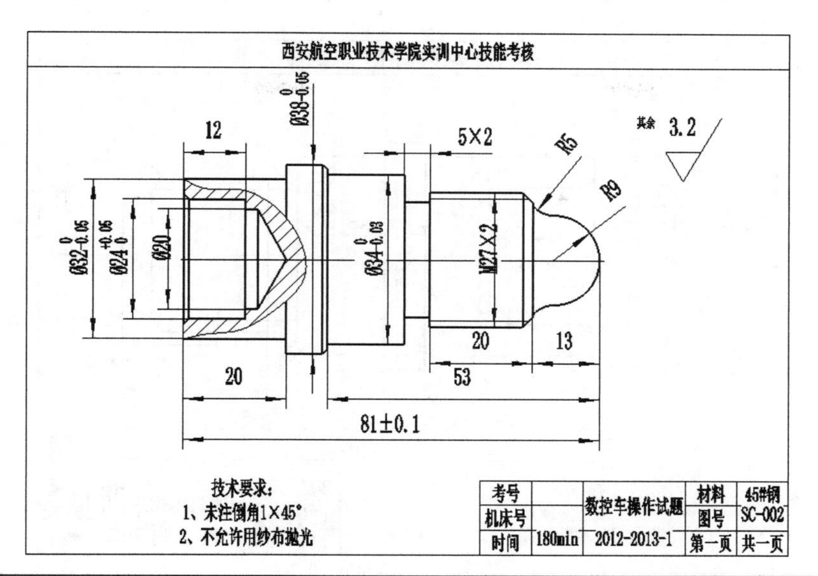

姓名		考号		机床号		总得分		
序号	考核项目	考核内容及技术要求	配分	评分标准	检测结果	扣分	得分	备注
1	外圆	Φ32	5	超差 0.01 扣 1 分				
		Φ34	5	超差 0.01 扣 1 分				
		Φ38	5	超差 0.01 扣 1 分				
2	内孔	Φ24	10	超差 0.01 扣 1 分				
3	螺纹	M27×2	8	不合格 0 分				
		Ra3.2	2	降 1 级扣 1 分				
4	圆弧	R9	8	超差 0.5 扣 2 分				
		R5						
5	倒角	C2	4	未倒 0 分				
6	槽	5×2	5	超差 0.1 扣 1 分				
7	长度	13、20、20	18	超差 0.1 扣 1 分				
		53、81						
8	工艺及程序编制	工件定位及加紧合理、可靠	20					
		工艺路线合理、无原则性错误						
		刀具及切削参数选择合适						
9	安全文明生产	着装规范	10					
		刀具、工具、量具放置规范						
		刀具装夹及工件安装是否规范						
		量具的正确使用						
		加工完成后对设备的保养清洁						
加工时间		定额时间：180 分钟（包括编程时间），提前十分钟停止加工						

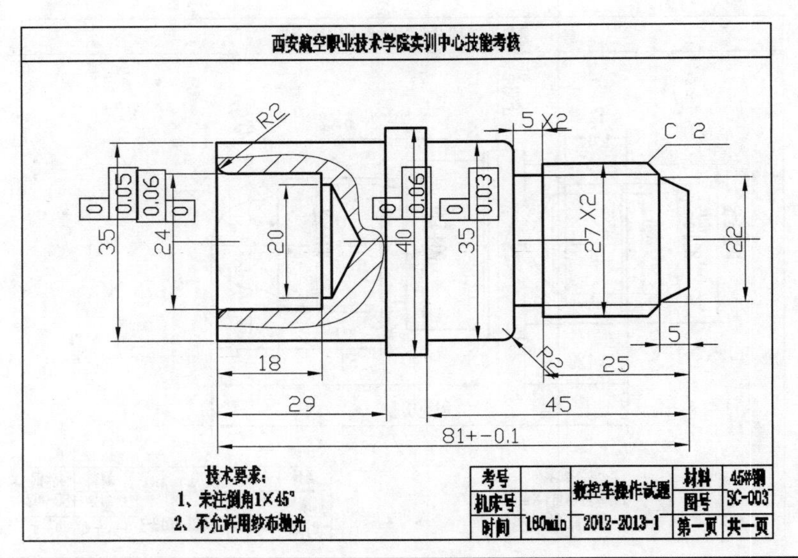

姓名		考号		机床号		总得分		
序号	考核项目	考核内容及技术要求	配分	评分标准	检测结果	扣分	得分	备注
1	外圆	Φ35	10	超差 0.01 扣 1 分				
		Φ40	10	超差 0.01 扣 1 分				
2	内孔	Φ24	5	超差 0.01 扣 1 分				
3	螺纹	M27×2	8	不合格 0 分				
		Ra3.2	2	降 1 级扣 1 分				
4	锥度	1:2.5	5					
5	圆弧	R2	8	超差 0.5 扣 2 分				
		R20						
6	倒角	C2	4	未倒 0 分				
7	槽	5×2	5	超差 0.1 扣 1 分				
8	长度	5、18、25	18	超差 0.1 扣 1 分				
		29、45、81						
9	工艺及程序编制	工件定位及加紧合理、可靠	20					
		工艺路线合理、无原则性错误						
		刀具及切削参数选择合适						
10	安全文明生产	着装规范	10					
		刀具、工具、量具放置规范						
		刀具装夹及工件安装是否规范						
		量具的正确使用						
		加工完成后对设备的保养清洁						
加工时间		定额时间：180 分钟（包括编程时间），提前十分钟停止加工						

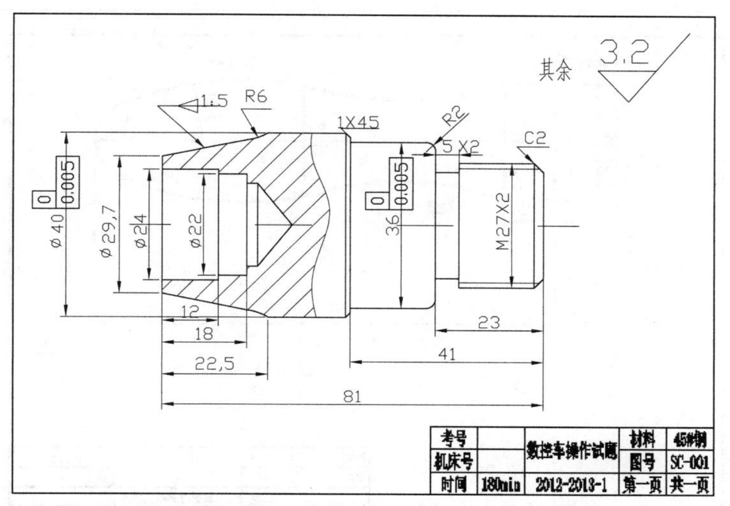

姓名		考号		机床号		总得分		
序号	考核项目	考核内容及技术要求	配分	评分标准	检测结果	扣分	得分	备注
1	外圆	Φ36	5	超差 0.01 扣 1 分				
		Φ40	5	超差 0.01 扣 1 分				
2	内孔	Φ24	5	超差 0.01 扣 1 分				
		Φ22	5	超差 0.01 扣 1 分				
3	螺纹	M27×2	8	不合格 0 分				
		Ra3.2	2	降 1 级扣 1 分				
4	锥度	1:5	10					
5	圆弧	R2	8	超差 0.5 扣 2 分				
		R6						
6	倒角	C2	4	未倒 0 分				
7	槽	5×2	5	超差 0.1 扣 1 分				
8	长度	12、18、22.5	18	超差 0.1 扣 1 分				
		5、23、41、81						
9	工艺及程序编制	工件定位及加紧合理、可靠	20					
		工艺路线合理、无原则性错误						
		刀具及切削参数选择合适						
10	安全文明生产	着装规范	10					
		刀具、工具、量具放置规范						
		刀具装夹及工件安装是否规范						
		量具的正确使用						
		加工完成后对设备的保养清洁						
加工时间		定额时间：180 分钟（包括编程时间），提前十分钟停止加工						

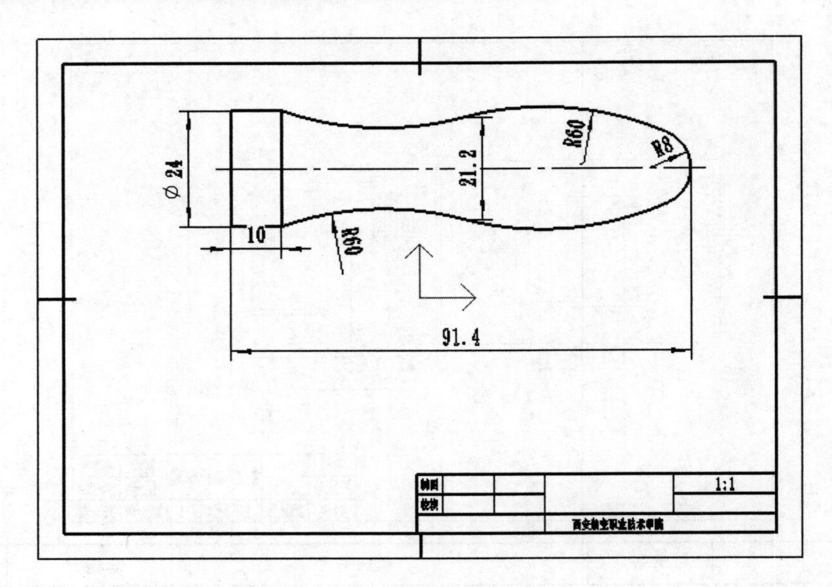

姓名		考号		机床号		总得分		
序号	考核项目	考核内容	配分	评分标准	检测结果	扣分	得分	备注
1	外圆	Φ24	20	超差 0.01 扣 1 分				
2	圆弧	R8	10	超差 0.5 扣 2 分				
		R60	10					
		R60	10					
3	长度	10、91.4	20	超差 0.1 扣 2 分				
4	工艺及程序编制	工件定位及加紧合理、可靠	20					
		工艺路线合理、无原则性错误						
		刀具及切削参数选择合适						
5	安全文明生产	着装规范	10					
		刀具、工具、量具放置规范						
		刀具装夹及工件安装是否规范						
		量具的正确使用						
		加工完成后对设备的保养清洁						
加工时间		定额时间：180 分钟（包括编程时间），提前十分钟停止加工						

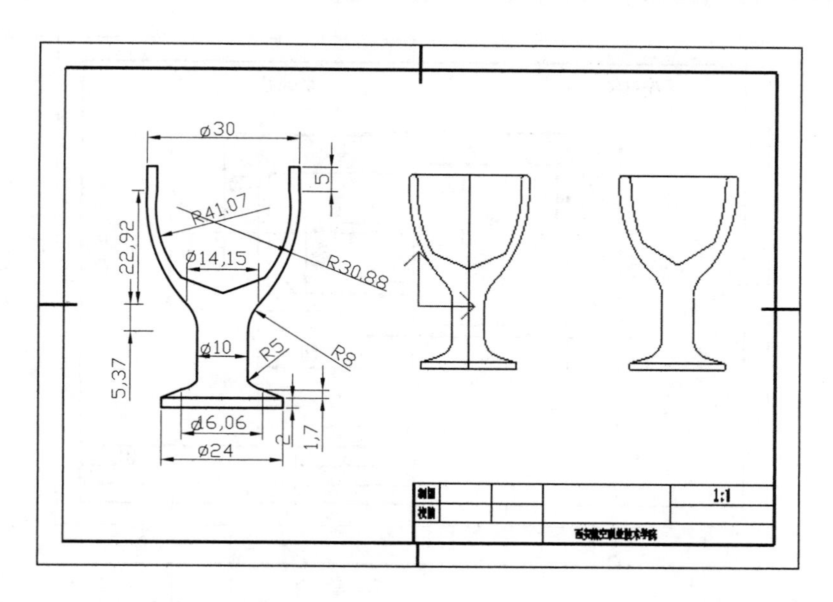

姓名		考号		机床号		总得分		
序号	考核项目	考核内容及技术要求	配分	评分标准	检测结果	扣分	得分	备注
1	外圆	Φ10	10	超差 0.01 扣 1 分				
		Φ24	10	超差 0.01 扣 1 分				
		Φ30	10	超差 0.01 扣 1 分				
2	内孔	Φ27	10	超差 0.01 扣 1 分				
3	圆弧	R5	10	超差 0.5 扣 2 分				
		R8						
		R30.88						
		R41.07						
4	倒角	R0.5	5	未倒 0 分				
5	长度	1.7、2、5	15	超差 0.1 扣 1 分				
		5.37、22.92						
6	工艺及程序编制	工件定位及加紧合理、可靠	20					
		工艺路线合理、无原则性错误						
		刀具及切削参数选择合适						
7	安全文明生产	着装规范	10					
		刀具、工具、量具放置规范						
		刀具装夹及工件安装是否规范						
		量具的正确使用						
		加工完成后对设备的保养清洁						
加工时间		定额时间：180 分钟（包括编程时间），提前十分钟停止加工						

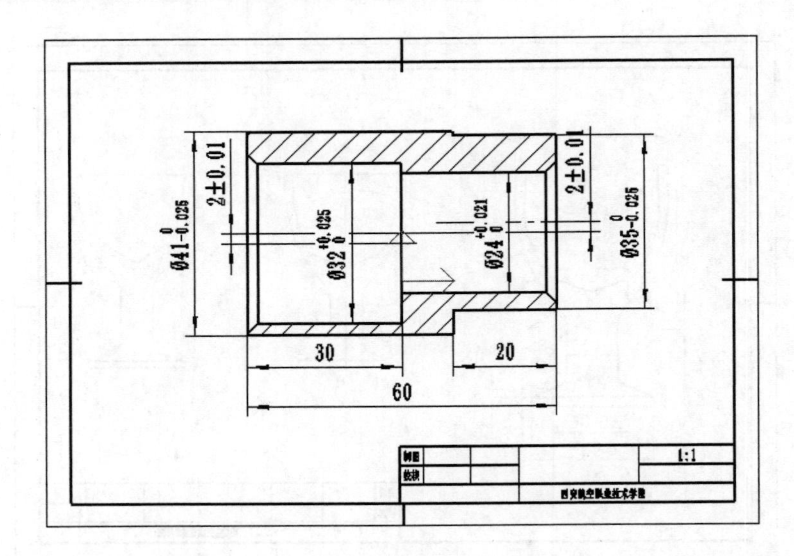

姓名		考号		机床号		总得分		
序号	考核项目	考核内容及技术要求	配分	评分标准	检测结果	扣分	得分	备注
1	外圆	Φ35	10	超差 0.01 扣 1 分				
		Φ41	10	超差 0.01 扣 1 分				
2	偏心	2	10	超差不得分				
3	内孔	Φ24	10	超差 0.01 扣 1 分				
		Φ32	10	超差 0.01 扣 1 分				
4	倒角	C2	5	未倒 0 分				
5	长度	20、30、60	15	超差 0.1 扣 1 分				
6	工艺及程序编制	工件定位及加紧合理、可靠	20					
		工艺路线合理、无原则性错误						
		刀具及切削参数选择合适						
7	安全文明生产	着装规范	10					
		刀具、工具、量具放置规范						
		刀具装夹及工件安装是否规范						
		量具的正确使用						
		加工完成后对设备的保养清洁						
加工时间		定额时间：180 分钟（包括编程时间），提前十分钟停止加工						

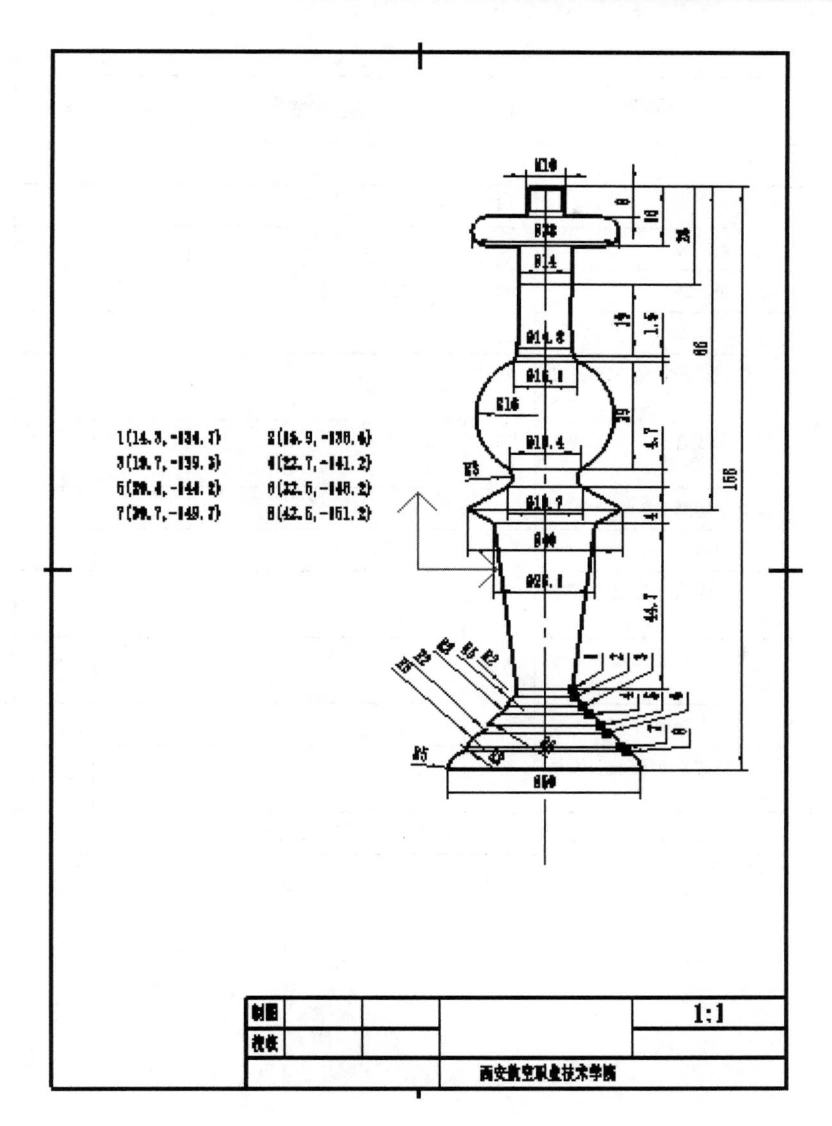

姓名		考号		机床号		总得分		
序号	考核项目	考核内容	配分	评分标准	检测结果	扣分	得分	备注
1	外圆	Φ14	10	超差 0.01 扣 1 分				
		Φ50	10	超差 0.01 扣 1 分				
2	螺纹	M10	8	不合格 0 分				
		Ra3.2	2	降 1 级扣 1 分				
3	锥度	1:1.9	5	不合格 0 分				
4	圆弧	R2	13	超差 0.5 扣 2 分				
		R3						
		R4						
		R5						

续表

序号	考核项目	考核内容	配分	评分标准	检测结果	扣分	得分	备注
4	圆弧	R16						
5	倒角	C1	4	未倒0分				
6	长度	1.5、4.7、8	18	超差0.1扣2分				
		16、26、29						
		44.7、86、156						
7	工艺及程序编制	工件定位及加紧合理、可靠	20					
		工艺路线合理、无原则性错误						
		刀具及切削参数选择合适						
8	安全文明生产	着装规范	10					
		刀具、工具、量具放置规范						
		刀具装夹及工件安装是否规范						
		量具的正确使用						
		加工完成后对设备的保养清洁						
加工时间		定额时间：180分钟（包括编程时间），提前十分钟停止加工						

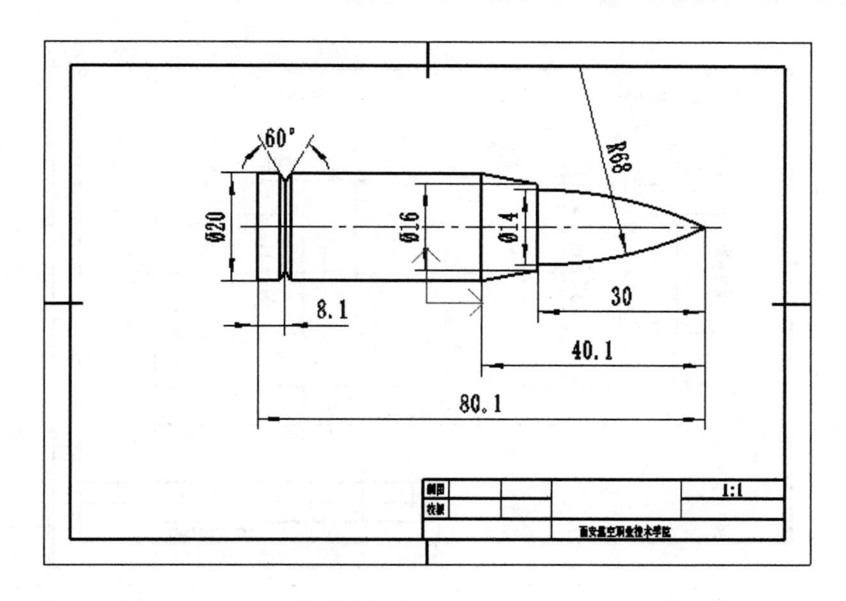

姓名		考号		机床号		总得分		
序号	考核项目	考核内容	配分	评分标准	检测结果	扣分	得分	备注
1	外圆	Φ20	30	超差 0.1 扣 1 分				
2	圆弧	R68	10	超差 0.5 扣 2 分				
3	长度	8.1、30、40.1	30	超差 0.1 扣 2 分				
		80.1						
4	工艺及程序编制	工件定位及加紧合理、可靠	20					
		工艺路线合理、无原则性错误						
		刀具及切削参数选择合适						
5	安全文明生产	着装规范	10					
		刀具、工具、量具放置规范						
		刀具装夹及工件安装是否规范						
		量具的正确使用						
		加工完成后对设备的保养清洁						
加工时间		定额时间：180 分钟（包括编程时间），提前十分钟停止加工						

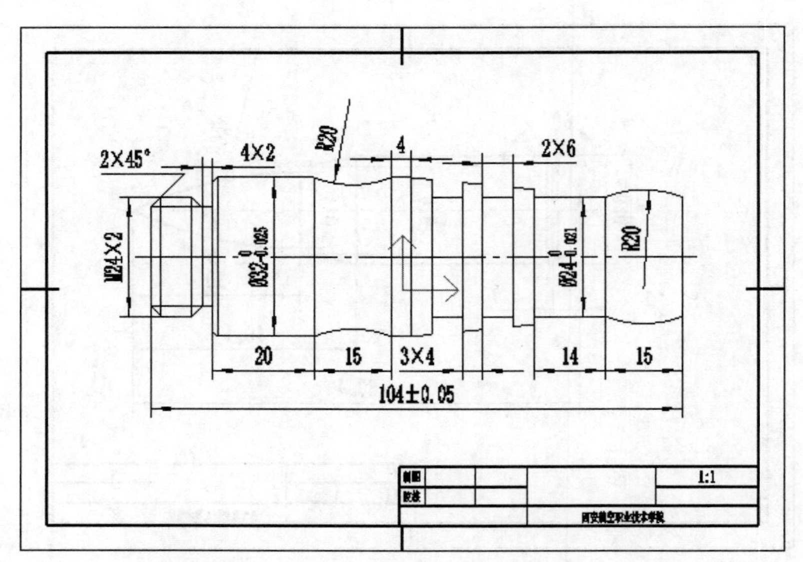

姓名		考号		机床号		总得分		
序号	考核项目	考核内容及技术要求	配分	评分标准	检测结果	扣分	得分	备注
1	外圆	Φ24	10	超差 0.01 扣 1 分				
		Φ32	10	超差 0.01 扣 1 分				
2	螺纹	M24×2	8	不合格 0 分				
		Ra3.2	2	降 1 级扣 1 分				
3	圆弧	R20	8	超差 0.5 扣 2 分				
		R20						
4	倒角	C2	4	未倒 0 分				
5	槽	4×2	10	超差 0.1 扣 1 分				
		2×6						
6	长度	14、15、15	18	超差 0.1 扣 1 分				
		4、20、104						
7	工艺及程序编制	工件定位及加紧合理、可靠	20					
		工艺路线合理、无原则性错误						
		刀具及切削参数选择合适						
8	安全文明生产	着装规范	10					
		刀具、工具、量具放置规范						
		刀具装夹及工件安装是否规范						
		量具的正确使用						
		加工完成后对设备的保养清洁						
加工时间		定额时间：180 分钟（包括编程时间），提前十分钟停止加工						

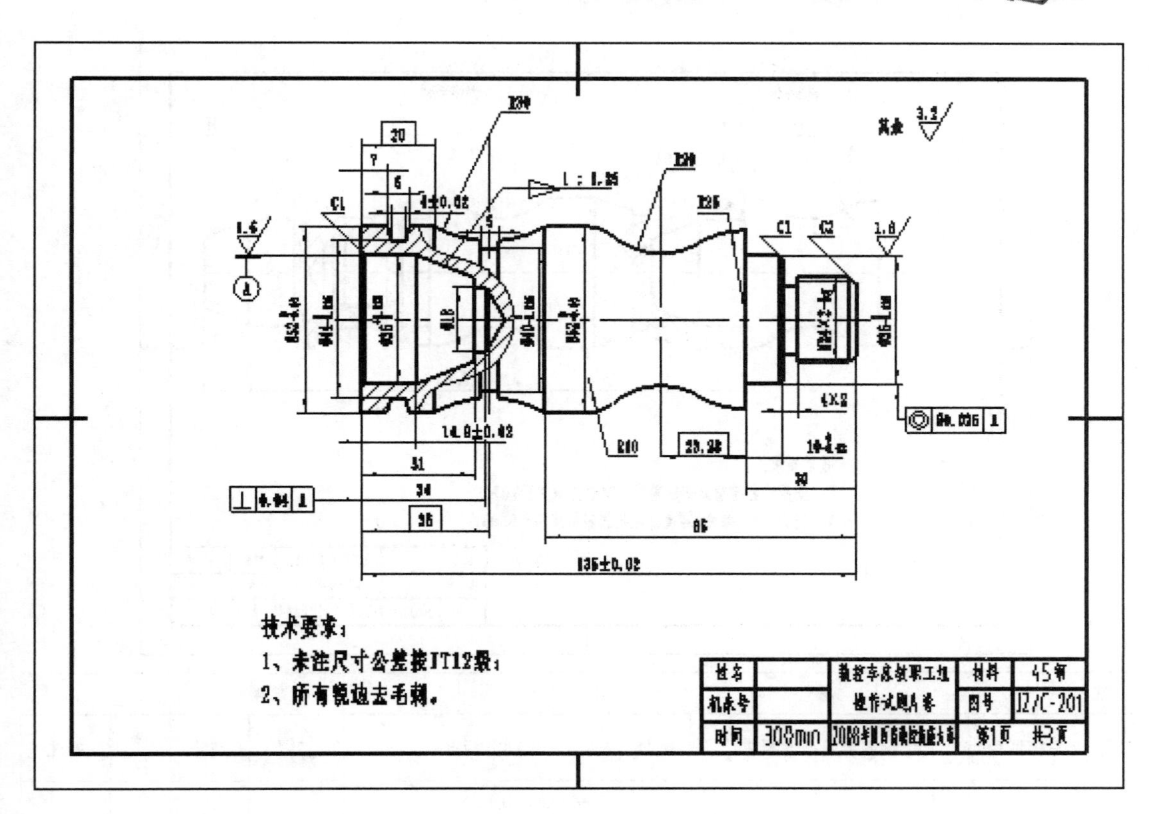
其余 3.2
1.6
C1
C2
R30
R25
R10
1:1.25
4×2
技术要求：
1、未注尺寸公差按IT12级；
2、所有锐边去毛刺。
姓名
数控车床教职工组
操作试题A卷
材料
45钢
机床号
图号
JZ/C-201
时间
300min
第1页
共3页

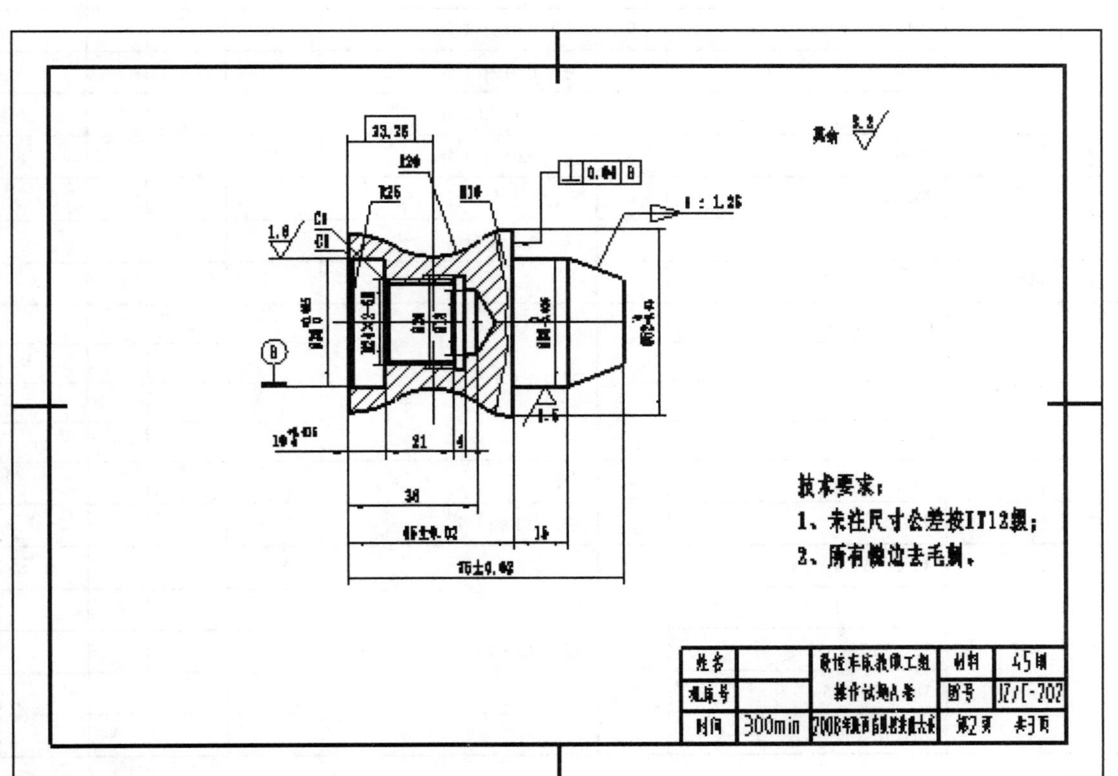
其余 3.2
R20
R25
R10
1:1.25
1.6
技术要求：
1、未注尺寸公差按IT12级；
2、所有锐边去毛刺。
姓名
数控车床教职工组
操作试题A卷
材料
45钢
机床号
图号
JZ/C-202
时间
300min
第2页
共3页

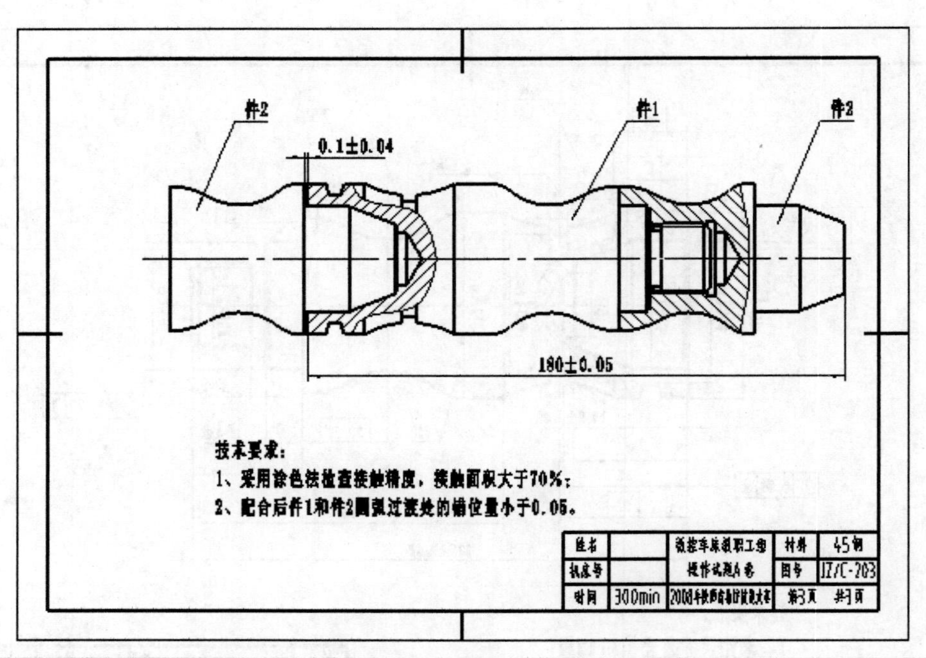

姓名		考号		机床号		总得分		
序号	考核项目	考核内容及技术要求	配分	评分标准	检测结果	扣分	得分	备注
1	外圆	Φ36	5	超差 0.01 扣 1 分				
		Φ40	5	超差 0.01 扣 1 分				
		Φ44	5	超差 0.01 扣 1 分				
		Φ52	5	超差 0.01 扣 1 分				
2	内孔	Φ36	5	超差 0.01 扣 1 分				
3	螺纹	M24×2	8	不合格 0 分				
		Ra3.2	2	降 1 级扣 1 分				
4	锥度	1:1.25	5					
5	圆弧	R10	8	超差 0.5 扣 2 分				
		R20						
		R25						
		R30						
6	倒角	C1、C2	4	未倒 0 分				
7	槽	4×2	5	超差 0.1 扣 1 分				
8	长度	4、5、6、7、10	8	超差 0.1 扣 1 分				
		20、21、31、34						
		35、23.28、85						
		38、45、135						
		15、75、180						

续表

姓名			考号		机床号		总得分			
序号	考核项目	考核内容及技术要求		配分	评分标准		检测结果	扣分	得分	备注
9	配合	小于 0.1		5	超差 0.1 扣 1 分					
10	工艺及程序编制	工件定位及加紧合理、可靠		20						
		工艺路线合理、无原则性错误								
		刀具及切削参数选择合适								
11	安全文明生产	着装规范		10						
		刀具、工具、量具放置规范								
		刀具装夹及工件安装是否规范								
		量具的正确使用								
		加工完成后对设备的保养清洁								
加工时间		定额时间：180 分钟（包括编程时间），提前十分钟停止加工								

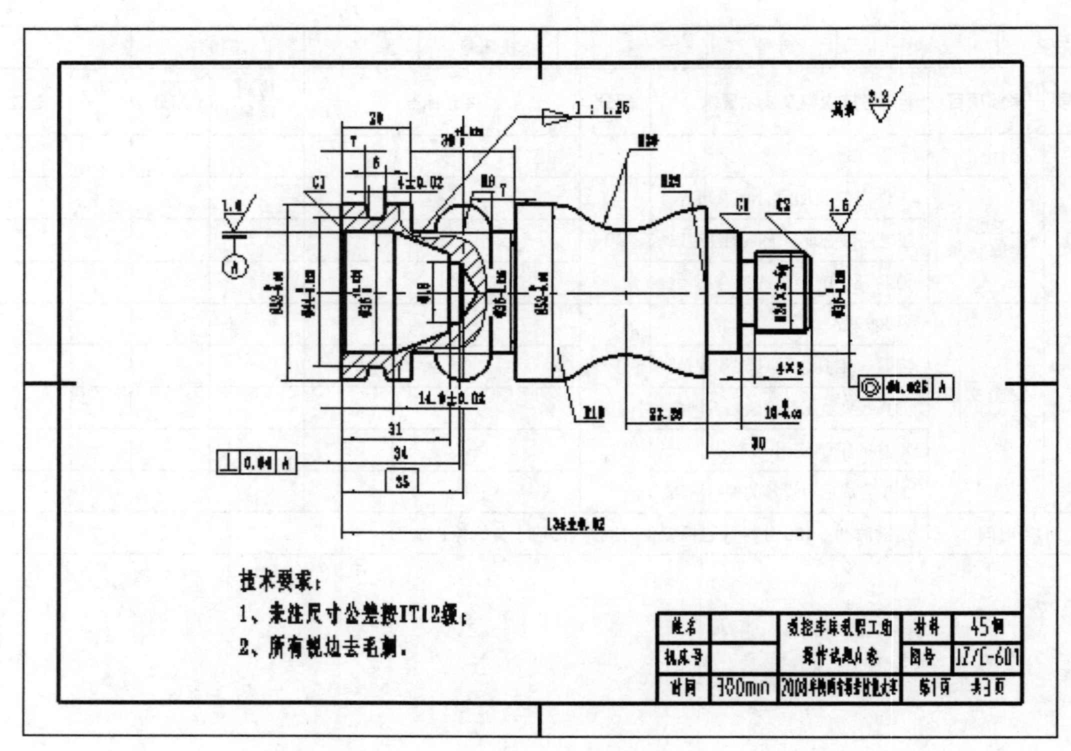
其余 3.2
1 : 1.25
技术要求：
1、未注尺寸公差按IT12级；
2、所有锐边去毛刺。
姓名
机床号
时间
材料
45钢
图号
JZ/C-601
第1页
共3页

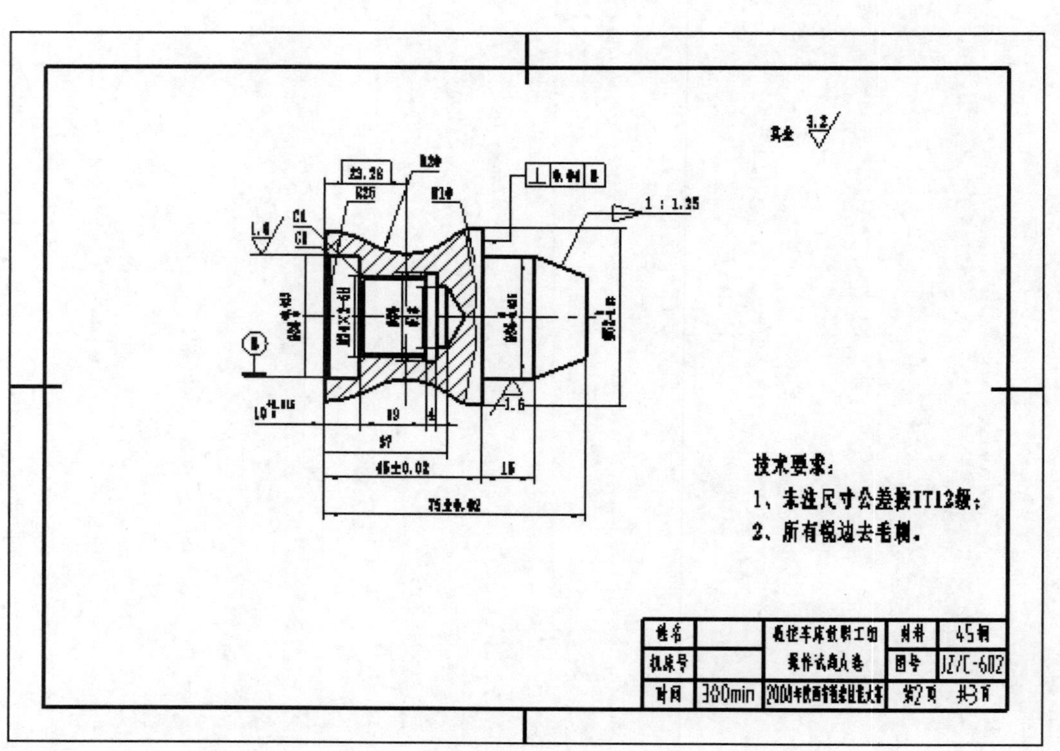
其余 3.2
1 : 1.25
45±0.02
技术要求：
1、未注尺寸公差按IT12级；
2、所有锐边去毛刺。
姓名
机床号
时间
材料
45钢
图号
JZ/C-602
第2页
共3页

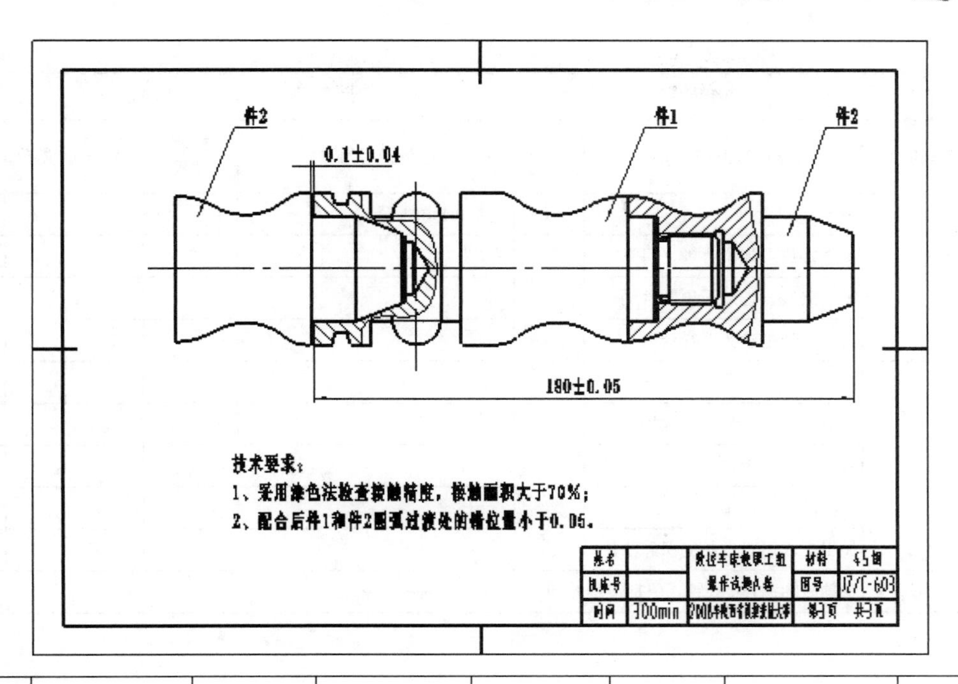

姓名		考号		机床号		总得分	

序号	考核项目	考核内容及技术要求	配分	评分标准	检测结果	扣分	得分	备注
1	外圆	Φ36	5	超差 0.01 扣 1 分				
		Φ44	5	超差 0.01 扣 1 分				
		Φ52	5	超差 0.01 扣 1 分				
2	内孔	Φ36	5	超差 0.01 扣 1 分				
3	螺纹	M24×2	8	不合格 0 分				
		Ra3.2	2	降 1 级扣 1 分				
4	锥度	1:1.25	5	超差 0.01 扣 1 分				
5	圆弧	R10	8	超差 0.5 扣 2 分				
		R20						
		R25						
		R30						
		R8						
6	倒角	C1、C2	4	未倒 0 分				
7	槽	4×2	5	超差 0.1 扣 1 分				
8	长度	4、6、7、10、34	8	超差 0.1 扣 1 分				
		20、14.9、31						
		35、23.28、85						
		38、45、135						
		19、15、75、180						

续表

<table>
<tr><td>姓名</td><td colspan="2"></td><td>考号</td><td></td><td>机床号</td><td></td><td>总得分</td><td colspan="2"></td></tr>
<tr><td>序号</td><td>考核项目</td><td>考核内容及技术要求</td><td>配分</td><td colspan="2">评分标准</td><td>检测结果</td><td>扣分</td><td>得分</td><td>备注</td></tr>
<tr><td>9</td><td>配合</td><td>小于 0.1</td><td>10</td><td colspan="2">超差 0.1 扣 1 分</td><td></td><td></td><td></td><td></td></tr>
<tr><td rowspan="3">10</td><td rowspan="3">工艺及程序编制</td><td>工件定位及加紧合理、可靠</td><td rowspan="3">20</td><td colspan="2"></td><td></td><td></td><td></td><td></td></tr>
<tr><td>工艺路线合理、无原则性错误</td><td colspan="2"></td><td></td><td></td><td></td><td></td></tr>
<tr><td>刀具及切削参数选择合适</td><td colspan="2"></td><td></td><td></td><td></td><td></td></tr>
<tr><td rowspan="5">11</td><td rowspan="5">安全文明生产</td><td>着装规范</td><td rowspan="5">10</td><td colspan="2"></td><td></td><td></td><td></td><td></td></tr>
<tr><td>刀具、工具、量具放置规范</td><td colspan="2"></td><td></td><td></td><td></td><td></td></tr>
<tr><td>刀具装夹及工件安装是否规范</td><td colspan="2"></td><td></td><td></td><td></td><td></td></tr>
<tr><td>量具的正确使用</td><td colspan="2"></td><td></td><td></td><td></td><td></td></tr>
<tr><td>加工完成后对设备的保养清洁</td><td colspan="2"></td><td></td><td></td><td></td><td></td></tr>
<tr><td colspan="2">加工时间</td><td colspan="8">定额时间：180 分钟（包括编程时间），提前十分钟停止加工</td></tr>
</table>

参考文献

[1] 郝建民．机械工程材料．西安：西北工业大学出版，2003.

[2] 徐自立．工程材料．武汉：华中科技大学出版，2003.

[3] 张继世．机械工程材料基础．北京：高等教育出版社，2000.

[4] 王笑天．金属材料学．北京：机械工业出版社，1987.

[5] 许德珠．机械工程材料．第2版．北京：高等教育出版社，2001.

[6] 梁耀能．工程材料与加工工程．北京：机械工业出版社，2007.

[7] 王伯平．互换性与测量技术基础．北京：机械工业出版社，2005.

[8] 付风岚．公差与检测技术基础．北京：科学出版社，2006.

[9] 徐茂功．公差配合与技术测量．北京：机械工业出版社，2006.

[10] 范真．几何量公差与检测学习指导．北京：化学工业出版社，2001.

[11] 谢铁邦．互换性与技术测量．第3版．武汉：华中理工大学，1998.

[12] 黄云清．公差配合与技术测量．北京：机械工业出版社，2000.

[13] 赵建中．机械制造基础．北京：北京理工大学出版社，2008.

[14] 蒋建强．机械制造技术．北京：北京师范大学出版社，2005.

[15] 任家隆．机械制造基础．北京：高等教育出版社，2003.

[16] 王先逵．机械制造工艺学．北京：机械工业出版社，2002.

[17] 张世昌．机械制造技术基础．北京：高等教育出版社，2001.

[18] 邓文英．金属工艺学．北京：高等教育出版社，2000.

[19] 严霜元．机械制造基础．北京：中国农业出版社，2004.

[20] 明兴祖．数控加工技术．北京：化学工业出版社，2003.

[21] 杨伟群．数控工艺培训教程．北京：清华大学出版社，2002.

[22] 方沂主．数控机床编程与操作．北京：国防工业出版社，1999.

[23] 机械职业技能鉴定中心．车工技能鉴定考核．北京：机械工业出版社，2004.

[24] 龚仲华．数控机床编程与操作．北京：机械工业出版社，2004.

[25] 张超英．数控加工综合实训．北京：化学工业出版社，2003.

[26] 国家职业标准·数控铣工．北京：中国劳动社会保障出版社，2005.

[27] 胡家富．铣工中级．北京：机械工业出版社，2000.

[28] 沈建峰．数控车床编程与操作实训．北京：国防工业出版社，2005.

[29] 韩鸿鸾．数控加工工艺．北京：中国劳动社会保障出版社，2005.